中国博士后科学基金"中国碳达峰的区域异质性路径与碳减排的协同策略研究"（2023M742147）资助出版

中国碳达峰的
区域路径与协同策略

曲越　秦晓钰　著

REGIONAL PATHWAYS
AND COLLABORATIVE STRATEGIES FOR
CHINA'S CARBON PEAK

中国社会科学出版社

图书在版编目（CIP）数据

中国碳达峰的区域路径与协同策略 / 曲越，秦晓钰著. -- 北京：中国社会科学出版社，2025.5. -- ISBN 978-7-5227-4897-9

Ⅰ.X511

中国国家版本馆 CIP 数据核字第 2025AP9495 号

出 版 人	季为民
责任编辑	戴玉龙
责任校对	熊兰华
责任印制	郝美娜
出　　版	中国社会科学出版社
社　　址	北京鼓楼西大街甲 158 号
邮　　编	100720
网　　址	http://www.csspw.cn
发 行 部	010-84083685
门 市 部	010-84029450
经　　销	新华书店及其他书店
印　　刷	北京明恒达印务有限公司
装　　订	廊坊市广阳区广增装订厂
版　　次	2025 年 5 月第 1 版
印　　次	2025 年 5 月第 1 次印刷
开　　本	710×1000　1/16
印　　张	16.25
字　　数	279 千字
定　　价	128.00 元

凡购买中国社会科学出版社图书，如有质量问题请与本社营销中心联系调换
电话：010-84083683
版权所有　侵权必究

前　言

随着经济全球化的发展，世界各国家和地区的经济发展和居民生活水平有了显著提升，与此同时，二氧化碳（CO_2）排放正逐渐成为人类面临的重大环境问题之一。数据显示，21世纪前20年全球碳排放量增加了40%，2019年全球碳排放量达到创历史新高的343.6亿吨，2020年中国碳排放量达到98.99亿吨，占全球碳排放量的比重提升至30.7%，CO_2的减排和治理迫在眉睫。

针对这一全球性环境问题，世界近200个国家和地区在20世纪90年代共同签署了《联合国气候变化框架公约》（UNFCCC），具有法律效力的气候协议《京都议定书》和《巴黎协定》也相继出台，2020年，在第75届联合国大会上，习近平总书记向国际社会做出庄严承诺，中国力争CO_2排放于2030年前达到峰值、2060年前实现碳中和，《"十四五"规划和二〇三五年远景目标》进一步提出，中国到2035年要在碳排放达峰后实现经济发展中CO_2排放的稳中有降，基本形成绿色和谐的生产和生活方式，2021年，《2030年前碳达峰行动方案的通知》出台，把碳达峰、碳中和纳入国家发展全局，加快经济的绿色低碳转型和高质量发展。

然而，受地理位置、自然资源、产业结构、技术水平和发展历史等因素的影响，中国区域经济发展呈现出明显的不平衡性，这种不平衡性同样体现在CO_2排放上，国家在"十四五"规划中也明确鼓励地方根据具体情况制定2030年前碳排放达峰的具体行动方案，有条件的地方率先达峰。

因此，本书以中国"双碳"目标的实现路径为研究对象，以"指标测度—影响机制—实证研究—策略制定"为研究主线，首先，基于环境扩展的多区域投入产出模型（EEMRIO），测算出近20年以金砖五国（BRICS）为代表的世界主要新兴经济体、中国各行业、各省份以及主要城市的CO_2排放量；其次，对环境库兹涅茨曲线（EKC）进行拓展，从非线性视角分析经济社会发展对 CO_2 排放的多阶段影响机制；再次，结合面板平滑转换模型（PSTR）通过不同层次的聚类分析（K-means），实证探究碳达峰的国别、行业、省际和城市层面的异质性碳达峰路径；最后，依据碳达峰目标的区域异质性实现路径，对不同区域在碳达峰目标实现过程中的角色进行定位，进而提出中国碳达峰目标实现的区域协同策略。本书的研究符合当前的国家战略需求，具有重要学术价值和应用价值。本书的边际贡献主要体现在以下几个方面：（1）从区域差异性视角丰富碳排放理论，通过对全球投入产出数据和中国区域投入产出数据的嵌套匹配，将碳排放核算理论拓展到省级和城市细分层面，结合区域经济和产业发展特征，对碳排放的区域核算方法进行补充和完善；（2）从非线性平滑转换的视角，验证了EKC理论在中国行业和区域层面的适用性，明确了区域经济发展与碳排放的异质性、多阶段关系机制；（3）为中国区域碳达峰行动方案的制定提供了理论依据，明确各行业、省份和城市的碳达峰异质性路径，准确定位各区域的碳峰值点，提高中国区域碳达峰行动的决策效率；（4）服务政府的碳达峰决策，明确各行业、省份和城市在碳达峰目标实现过程中的角色定位，在兼顾效率与公平的前提下，提出中国碳达峰目标实现的区域协同策略。

目　录

第一章　绪　论 ……………………………………………………… 1
　　第一节　研究背景 …………………………………………………… 1
　　第二节　研究意义 …………………………………………………… 3
　　第三节　国内外研究综述 …………………………………………… 5
　　第四节　研究思路与方法 …………………………………………… 14
　　第五节　研究创新 …………………………………………………… 18

第二章　理论基础 …………………………………………………… 20
　　第一节　经济发展阶段理论 ………………………………………… 20
　　第二节　可持续发展理论 …………………………………………… 28
　　第三节　EKC 曲线 …………………………………………………… 34
　　第四节　门限阈值理论 ……………………………………………… 38
　　第五节　区域投入产出理论 ………………………………………… 41

第三章　碳排放的测算 ……………………………………………… 45
　　第一节　碳排放测算方法的比较和拓展 …………………………… 45
　　第二节　国别碳排放数据测算 ……………………………………… 54
　　第三节　中国行业碳排放数据测算 ………………………………… 63
　　第四节　中国省级碳排放数据测算 ………………………………… 68
　　第五节　中国城市碳排放数据测算 ………………………………… 74

第四章　碳排放的影响因素与机制分析 …………………………… 80
　　第一节　经济发展与碳排放的关系 ………………………………… 80
　　第二节　产业结构与碳排放的关系 ………………………………… 83

第三节　人口集聚与碳排放的关系 ············· 86
第四节　技术进步与碳排放的关系 ············· 88
第五节　EKC 曲线及其进一步拓展 ············· 92
第六节　经济社会发展对碳排放的影响机制
　　　　——基于门限思想 ················· 95

第五章　碳达峰的国别异质性路径 ············· 100

第一节　引言 ························· 100
第二节　模型介绍 ······················ 101
第三节　新兴经济体的碳达峰路径
　　　　——基于国别面板数据的分析 ··········· 104
第四节　碳达峰的国别异质性路径 ·············· 112
第五节　小结 ························· 129

第六章　中国碳达峰的省际异质性路径 ··········· 132

第一节　引言 ························· 132
第二节　碳达峰的总体路径
　　　　——基于中国省级面板数据的分析 ········· 134
第三节　产业结构视角下的省际聚类分析 ··········· 142
第四节　碳达峰的省际异质性路径
　　　　——省际聚类分析视角 ·············· 144
第五节　小结 ························· 154

第七章　中国碳达峰的城市异质性路径 ··········· 156

第一节　引言 ························· 156
第二节　碳达峰的总体路径
　　　　——基于中国城市级面板数据的分析 ········ 158
第三节　产业结构视角下的城市聚类分析 ··········· 169
第四节　碳达峰的城市异质性路径
　　　　——城市聚类分析视角 ·············· 172
第五节　小结 ························· 184

第八章　中国碳达峰的区域协同策略 ·········· 186

第一节　碳达峰过程中的角色定位 ·········· 186

第二节　碳达峰的国际协同策略 ·········· 191

第三节　碳达峰的行业协同策略 ·········· 199

第四节　碳达峰的省际协同策略 ·········· 203

第五节　碳达峰的城市协同策略 ·········· 206

第六节　小结 ·········· 209

第九章　结论与展望 ·········· 213

第一节　研究结论 ·········· 213

第二节　展望 ·········· 225

参考文献 ·········· 230

第一章 绪 论

第一节 研究背景

随着经济全球化的发展,世界各国家和地区的经济发展水平和居民生活水平均有了显著的提升,伴随着人类活动范围的扩大和深度的提升,环境污染问题逐渐显现,尤其是全球气候变暖正逐渐成为人类面临的重大环境问题之一,能源燃烧和工业生产是生产领域碳排放的主要来源,人口集聚和城市化进程的加快让生活领域的碳排放规模也逐渐扩大,各国家和地区在生产和生活过程中的二氧化碳(CO_2)排放导致全球温室气体猛增,CO_2排放已经对全球的生命系统形成重要威胁。

世界能源统计年鉴的数据显示,21世纪前20年全球碳排放量增加了40%,2019年全球碳排放量达到创历史新高的344亿吨,经济发展最为活跃的亚太地区成为全球碳排放的重要来源,2020年亚太国家和地区的碳排放量占全球的比重已经超过50%,其中,仅2020年中国碳排放量就达到将近100亿吨,占全球碳排放量的比重提升至31%,由此可见,CO_2的全球减排和治理已经迫在眉睫,全球经济的低碳和可持续发展成为大势所趋。

针对CO_2排放快速增长这一全球性环境问题,世界近200个国家和地区在20世纪90年代共同签署了《联合国气候变化框架公约》(UNFCCC),随着各国家和地区在全球气候变化领域共识的增强,《京都议定书》和《巴黎协定》也在发达国家的主导下相继出台,为世界各国家和地区碳达峰和碳中和目标的提出和实现提供了指引和依据,全球性气候协议和法律文本的出台标志着全球应对气候变化的行动开始走上新的台阶。

21世纪以来,世界各国家和地区也相继制定了一系列针对环境污染和气候变化的法律和制度,同时,越来越多的国家和地区根据自身发展情况，制定了本国的碳达峰和碳中和目标以及行动方案，数据显示，截至 2019 年，全球共有 46 个国家和地区实现了碳达峰目标，其中以发达国家和地区为主，发展中国家和地区的比重较低，截至 2021 年年底，全球共有 132 个国家和地区提出了碳中和目标。在"双碳"目标和相关法律法规的引导下，全球各国家和地区在新能源使用、产业结构升级和碳减排技术开发等领域做出了不懈努力，在应对碳排放和气候变化方面逐渐达成共识，各国家和地区的碳补偿等工作也在有条不紊地展开。

在全球共同应对气候变化问题的背景下，以《京都议定书》和《巴黎协定》为蓝本，2020 年 9 月，在第 75 届联合国大会上，习近平总书记向国际社会庄严提出中国逐步实现碳达峰和碳中和的目标，承诺 2030 年前中国的 CO_2 排放不再增长，达到峰值之后逐步降低，并在控制碳排放的基础上，通过植树造林、节能减排和技术捕捉等形式，抵消自身产生的 CO_2 排放量，实现 CO_2 "零排放"，到 2060 年实现碳中和，走上低碳运行的高质量经济发展模式。

"十四五"规划和二〇三五年远景目标进一步提出，中国到 2035 年要在碳排放达峰后实现经济发展中 CO_2 排放的稳中有降，从根本上扭转生态环境的恶化局面，基本形成绿色和谐的生产和生活方式，在"十四五"时期，中国要加快推动绿色低碳发展，降低碳排放强度，推进碳排放权市场化交易。

2020 年年底的中央经济工作会议进一步将做好碳达峰、碳中和工作作为 2021 年八大重点任务之一，要求各地方抓紧制定 2030 年前碳排放达峰行动方案，支持有条件的地方率先达峰，要加快调整优化产业结构、能源结构，推动煤炭消费尽早达峰，大力发展新能源，加快建设全国用能权、碳排放权交易市场，完善能源消费双控制度。

2021 年，《中共中央 国务院关于完整准确全面贯彻新发展理念做好碳达峰碳中和工作的意见》和《国务院关于印发 2030 年前碳达峰行动方案的通知》相继出台，把碳达峰、碳中和纳入国家发展全局，进一步加快了经济的绿色低碳转型和高质量发展。"双碳"目标导向和经济的低碳、可持续发展已成为中国"十四五"时期的重要发展战略和长远发展目标。

然而，受资源禀赋、经济发展水平、产业结构和城市化进程等经济社会因素的影响，中国的区域经济发展呈现出明显的不平衡性，这种不平衡性同样也体现在 CO_2 的排放上。总体来看，中西部以能源和重工业为支柱产业的地区和城市，其 CO_2 的排放数量明显高于其他地区和城市，而以高新技术和服务业等产业为依托的东部城市群，在保持高水平经济增长的同时，在 CO_2 排放的控制和碳中和技术研发领域处于领先地位，因此，中国不同行业、同一省份的不同城市也存在差异化的碳排放情况。由此可见，中国区域经济发展的不平衡性决定了各省份、各行业、各城市碳达峰行动时间表的差异性，各地区的通力合作和协调发展是中国碳达峰目标顺利实现的重要保障，国家在"十四五"规划中也明确鼓励地方根据具体情况制定 2030 年前碳排放达峰行动方案，有条件的地方率先达峰。

鉴于此，本书通过对中国碳达峰区域路径和协调策略的研究，致力于解决如下问题。

（1）与中国类似的世界主要新兴经济体的碳排放情况如何？中国各行业、各省份、各城市的碳排放情况呈现怎样的特征？

（2）碳排放的增长受到哪些经济社会因素的影响？中国碳排放增长的影响机制和影响路径怎样呈现？是否符合库兹涅茨曲线（EKC）的基本特征？

（3）与中国类似的世界主要新兴经济体的碳达峰实现路径有何特点？中国各行业、各省份、各城市的异质性碳达峰路径是怎样的？碳峰值点分别在哪里？

（4）中国的贸易伙伴、不同行业、不同省份、不同城市在中国"双碳"目标的实现中分别扮演着什么样的角色？发挥着怎样的作用？

（5）中国如何通过区域和行业的统筹协调，在既提升效率又保证公平的前提下，保质保量地完成 2030 碳达峰和 2060 碳中和的目标？

第二节　研究意义

本书以中国"双碳"目标的实现路径为研究对象，从区域协调的视角分析了中国碳达峰的区域异质性路径，并以此为依据，提出了中国碳达峰目标实现的区域协同策略。研究从区域经济、环境经济和国际贸易等综合视角，回答了中国碳达峰的区域路径和协同策略的问题，对当前中国"双碳"行动方案的制定和目标的实现均具有一定的理论和实践意义。

一 理论意义

1. 将区域经济与环境经济进行学科交叉融合研究，从区域异质性视角丰富了碳排放理论，将碳排放核算理论从国别层面拓展到行业、省级和城市层面，结合中国的区域经济和产业发展特征，对碳排放的区域核算方法进行补充和完善。本书梳理和比较了国内外碳排放的测算方法，基于环境扩展的多区域投入产出方法（EEMRIO）对碳排放的测算方法进行拓展，依据中国碳排放核算数据库（CEADs）编纂的中国各层次碳排放清单，将国际投入产出表与中国的投入产出数据进行嵌套和匹配，在充分考虑中国各区域经济发展、产业结构和能源结构差异性的基础上，构建中国区域碳排放的测算体系，核算中国各行业、各省份和各城市的碳排放数量，明确中国的区域 CO_2 排放现状，弥补了区域碳排放测算方面的不足。

2. 从非线性平滑转换的视角，融入门限模型的思想，验证了环境库兹涅茨曲线（EKC）理论在中国区域和行业层面的适用性，明确了经济发展与碳排放的区域异质性关系机制。从经济发展水平、产业结构、技术水平和人口集聚程度等视角分析中国碳排放增长的影响因素，在此基础上，从 EKC 曲线的不足和区域经济社会发展不平衡的现实出发，对 EKC 曲线进行进一步拓展，放宽 EKC 曲线的轴对称等假设，融入门限模型的阈值思想和平滑转换机制，厘清中国经济社会发展对碳排放的非线性、多阶段影响机制，完善和补充了碳排放影响机制领域的研究。

3. 将产业链和全球价值链理论应用到中国"双碳"目标实现的产业协同路径中，拓展了产业理论、区域理论与环境理论之间的融合发展边界。从区域经济和产业链上下游的协同发展角度，将价值链、产业链、区块链和经济可持续发展相融合，探索中国碳达峰目标实现的协同路径。

二 实践意义

1. 结合中国的经济发展现实，明确了各行业、各省份和各城市的碳排放情况，为中国"双碳"目标的实现提供了数据支撑。研究拓展了现有的碳排放核算方法，对中国行业、省级和城市等各层面的碳排放情况及其影响因素进行了系统梳理，能够为中国各级政府部门提供各层面碳排放的数据和资料。

2. 为中国各区域碳达峰行动方案的制定提供理论依据，明确各省份、各行业和各城市的碳达峰异质性路径,准确定位各区域和行业的碳峰值点,提高中国各级政府区域碳达峰行动的决策效率。本书在梳理中国不同行业、不同省份和不同城市的碳达峰异质性路径时,对各层次的研究对象进行了聚类分析,充分考虑了各层面的具体发展情况,是各级政府部门按照国家要求制定符合自身情况的碳达峰行动方案的依据和参考。

3. 服务地方政府的碳达峰决策,明确中国各区域和行业在碳达峰目标实现过程中的角色定位,在兼顾效率与公平的前提下提出中国碳达峰目标实现的区域协同策略。碳达峰决策需要充分尊重客观事实,明确各行为主体的角色和作用,本书以产业结构和技术水平为研究主线,既尊重了效率优先的原则,也考虑了兼顾公平的准则,为中国碳达峰目标的实现提供了可行的区域协同路径和高效的统筹决策体系,是中国碳达峰决策的重要依据和信息支撑。

第三节 国内外研究综述

随着全球二氧化碳排放数量的持续增加,国内外学者针对碳排放的相关研究也持续增多,受经济发展水平、发展阶段、技术水平和产业结构等因素的影响,国外发达国家关于碳排放领域的研究起步较早,中国在"双碳"目标提出前后,有关碳排放的研究也迅速增加,总体来看,碳排放领域的研究机构、研究内容和研究方法以环境经济学为基础,逐渐拓展到经济学、社会学和管理学等交叉领域。本书借鉴了国内外相关领域的研究成果,并结合中国的国情对碳达峰和碳中和领域进行了拓展和补充。具体来看,碳排放核算方法的研究是本书的数据基础和研究前提,碳排放影响因素的相关文献为本书的研究奠定了理论和机制基础,有关碳达峰和碳中和实现路径方面的文献给本书从中国视角展开研究提供了重要借鉴。

一 碳排放的核算研究

随着工业生产和居民消费中温室气体排放规模的增长,有关 CO_2 排放的相关研究也逐渐增多,碳排放的核算问题成为被首要关注的研究领域,尤其是国别和区域碳排放规模的核算成为该领域的研究热点,核算方法得到不断创新和完善,区域间碳排放转移的研究逐渐深化。

从国别层面来看，Soytas等（2007）从消费视角核算了美国的碳排放规模，结果显示，能源消费是碳排放增长的直接原因，而居民收入对碳排放的影响并不显著，Sheinbaum等（2012）从生产领域核算了墨西哥制造业的碳排放规模，认为能源结构和碳排放强度的变化对CO_2排放的增长起着重要作用，生产技术和生产结构的变化也能对CO_2的排放产生影响，Wang和Wei（2020）采用面板平滑过渡回归技术核算了OECD国家的碳排放轨迹，指出技术进步是新兴经济体实现碳减排目标的重要手段，孙建卫等（2010）基于联合国政府间气候变化专门委员会（IPCC）的温室气体清查方法，建立了中国碳排放估算体系框架，认为能源活动和工业生产的碳排放是中国碳排放的主要来源，并指出中国的碳排放数量呈现先缓慢下降后快速上升的趋势，彭水军等（2015）采用多区域投入产出模型对中国生产侧和消费侧的碳排放量进行了测算，结果显示生产侧的碳排放数量明显大于消费侧，中国碳排放数量的增长主要受到国内最终需求规模增长和生产部门投入结构变化的影响。

从行业层面来看，魏文栋等（2020）运用IPCC清单编制法、网络法和多区域环境投入产出模型建立了涵盖生产侧、供给侧和消费侧的电力碳排放核算框架，并编制了中国电力行业的区域碳排放清单，也验证了电力行业碳排放的区域差异性。赵若楠等（2020）从生命周期视角建立了中国光伏行业的碳排放清单，核算结果表明，电耗是光伏行业碳排放的主要来源，但光伏发电系统仍然是一种极具吸引力的缓解气候变化的选择（Breyer，2015），张继宏和程芳萍（2021）核算了中国制造业的碳排放情况，指出黑色金属冶炼及压延加工业、非金属矿物制品业、化学原料及化学制品制造业、石油加工和炼焦是制造业碳排放的主要来源。

从区域层面来看，齐绍洲和付坤（2013）采用系统核算方法和非系统核算方法将中国碳排放的核算拓展到了省级层面，Shan等（2016）以IPCC的核算数据为基础，采用直观能源消耗方法和更新的排放因子重新计算中国的省级碳排放量，以降低中国二氧化碳排放估算的不确定性，提升了碳排放估算的准确性，揭示了省级CO_2排放与社会、经济变化之间的关系，姚亮和刘晶茹（2010）基于投入产出技术的生命周期评价方法对中国八大区域的碳排放转移问题进行了研究，指出东部沿海较发达地区为CO_2的净转出地，京津和北部沿海等地区则表现出产业转移的碳减排效应，通过东部沿海产业转移，西北和东北等地区成为碳排放转入和碳泄漏重灾区（肖雁飞等，2014），东部地区是 CO_2 直接排放量最大的地区，在 CO_2 减排中发挥着重要作用，中西部地区需要扶持政策，避免高排放产业的转移（Guo 等，2012）。丛建辉等（2014）和 Mi 等（2016）将 CO_2 的测算理论拓展到了城市层面，基于生产和消费的角度对城市碳排放核算的边界进行了界定，并指出消费视角核算是未来城市碳排放核算方法发展的重要方向，Shan 等（2017）进一步按照 IPCC 地域排放核算方法对排放清单进行了重新编制，并基于能源平衡表提出了中国城市 CO_2 排放清单的构建方法。

另外，在国别、省级以及城市级碳核算的过程中，区域碳排放的转移问题成为影响碳核算准确性的关键，对这一问题的研究也引起了广泛的关注，贸易造成了区域间隐含的 CO_2 排放转移机制，造成了碳排放总量的扭曲，CO_2 排放通过国内和全球生产网络在区域间转移（Meng 等，2013）。贸易隐含碳是指贸易产品中隐含的 CO_2（Lenzen，1998），世界贸易量的增加导致碳排放显著增长（Peters 和 Hertwich，2008），中国的净出口隐含碳数额已经相当可观（张为付和杜运苏，2011），作为生产者和消费者，贸易双方都是碳排放的受益者，都应该对气候变化负责（齐晔等，2008），贸易隐含碳的控制政策需要国际协调才能发挥最大功效（Shui 和 Harriss，2006）。目前国际贸易隐含碳的测算方法主要包括生命周期评估法（Lombardi，2003）、能源矿物燃料排放量计算法（Shan 等，2017）、投入产出法（魏本勇等，2009）和 Kaya 碳排放恒等式（O'Mahony，2019），但是这四种方法各有优劣，各国尚未就测算标准达成一致（彭水军等，2016）。王文举和向其凤（2011）结合国际双边贸易数据对世界主要碳排放大国进出口产品中的隐含碳排放进行了核算，指出发展中国家为发达国家的消费者排放了数量巨大的 CO_2，Zheng 等（2020）认为西南和中部地区的崛起推动了中国整体贸易隐含碳的增加，强化了后金融危机时期的 CO_2 空间流动格局，随着中国东南和北部地区的出口量的不断飙升，与出口相关的碳排放在经历了多年的下降后出现反弹。

二 碳排放的影响因素研究

在碳排放核算方法的创新过程中，对核算因子和指标的不断梳理和探讨，使与 CO_2 排放有关的经济和社会因素逐渐受到重视，在碳排放核算方法逐渐完善和成熟的背景下，以碳排放增长的影响因素为基础，经济社会发展和碳排放规模增长之间的关系得到进一步的梳理和分析。

首先，从经济发展领域来看，能源消费和工业生产是目前 CO_2 排放的主要来源。能源强度和能源结构与碳排放的数量呈现直接的相关关系（宋德勇和卢忠宝，2009；林伯强和蒋竺均，2009），工业部门在生产过程中产生的温室气体对全球气候变化的影响十分显著，产业结构是碳排放规模的直接决定因素（Cole 等，2005）；居民收入水平是衡量碳排放大小的又一重要因素，国家和地区的人均收入水平与环境质量之间呈现明显的倒"U"形关系，Panayotou（1993）首次用环境库兹涅茨曲线（EKC）来描述这一关系，人均 GDP 增长是目前 CO_2 排放量增长的最大驱动因素，Agras 和 Chapman（1999）将价格纳入计量经济学 EKC 框架，进一步验证了人均收入和 CO_2 排放之间的关系。因此，经济增长对中国 CO_2 排放的抑制作用远远大于能源强度和碳排放系数，CO_2 排放与经济增长的脱钩是中国碳达峰目标实现的必备条件（Li 和 Qin，2020）。如何协调经济发展与 CO_2 排放的关系逐渐成为各地区碳减排的工作重心，有效控制和减少碳排放的根本途径在于切实转变增长方式，实现经济低碳转型和高质量发展（鲁万波等，2013）。

其次，从社会发展领域来看，人口规模的快速增长使居民在生活和消费过程中产生的 CO_2 稳步上升。中国的 CO_2 排放与居民生活水平的提高密切相关，生活领域碳排放的快速增长已经成为各国家和地区不可忽视的问题（王锋等，2010）。城镇化水平、产业结构、贸易开放程度和能源消费结构对 CO_2 排放数量有显著影响（Du 等，2019），伴随城市化率的提升，人口向大城市不断集聚，城市基础设施的建设、交通工具的燃油消耗和居民生活中的能源和电力消耗均成为 CO_2 快速增长的重要原因，中国要实现低碳转型应当在保证 GDP 增长的前提下，优化城市化速度，让节能和发展清洁能源相辅相成（林伯强和刘希颖，2010）。城市人口规模和产业集聚与人均 CO_2 排放之间均呈倒"U"形关系，且二者对区域碳排放的协同效应明显，城市化过程中所带来的交通工具数量的上升、人口的大量聚集和居民生活能源消费强度的增长等问题正对全球气候变暖产生越来越重要的影响（张华明等，2021）。

再次，从技术创新的视角来看，技术进步是改善 CO_2 排放效率的重要因素。地区 CO_2 排放量还取决于其区域内的生产技术、能源利用效率以及在国内和全球供应链中的地位和参与程度（Meng 等，2013），科技创新是中国经济和社会低碳发展的重要推动力量，直接决定了碳排放强度的变化轨迹和阈值（李菁等，2021），区域禀赋、技术进步、产业结构和贸易开放是国家和地区碳排放的直接影响因素（孙耀华和李忠民，2011），生产过程中的投入组合、部门能源强度、燃料组合和碳系数变化所产生的技术效应是碳减排的关键（Zhang，2012），通过经济结构调整和绿色技术进步这对"双引擎"有效驱动碳排放绩效改善，已经成为实现中国经济低碳转型发展的必然选择（邵帅等，2022）。

最后，国家在环保和低碳领域的政策对 CO_2 的排放同样起到重要的引导作用。国家环保领域的公共政策能够对碳排放的规模和结构产生积极引导（Sinn，2008），行政政策对于空间碳排放和区域经济发展均会产生重要的影响（杨曦等，2021），环境规制作为填补环境方面市场失灵的重要方法，能够激发环境领域的技术变革和创新（Arimura 和 Sugino，2007；李菁等，2021），政策变量同样是 EKC 曲线拓展研究的重要外生变量（包群和彭水军，2006），将政府干预与市场机制相结合，鼓励绿色技术创新和应用，对促进中国的碳减排具有重要意义（Fan 等，2015）。

三　碳减排（碳达峰）的路径研究

随着《京都议定书》的逐渐履行和《巴黎协定》的签订，在考虑影响碳排放增长的经济和社会因素的基础上，各国家和地区开始积极探索碳减排和碳达峰的方案和计划，不同国家和地区的异质性碳达峰路径成为这一时期的研究重点。

碳达峰的国别路径方面，各国家和地区的碳达峰路径差异性较大，但碳减排的区域合作已经成为全球共识，并取得众多进展。Wang 和 Wei（2020）认为，技术进步和环境规制均是 CO_2 减排的重要驱动因素，OECD 国家应该根据自身的实际情况确定其技术进步和环境规制的水平，并向世界新兴经济体提供低碳技术支持。Wara 和 Victor（2008）指出，美国现有的针对发展中国家的 CO_2 补偿政策（补偿上限）只会填补质量最低的补偿，并没有对发展中国家的碳排放施加实质性的限制，美国应与其他发达国家合作，为发展中国家碳减排政策的重大变化提供资金，并积极寻求与主要发展中国家达成一系列基础设施协议，将其长期发展轨迹转向经济与碳排放协调发展方向。陈诗一和许璐（2022）研究指出，全球绿色价值链的构建是实现"双碳"目标的重要途径，中国应积极参与全球碳治理，在国际碳减排政策的制定方面增加话语权，分步骤、分层次有序实现碳达峰目标，并发展绿色金融产品、推进碳减排相关税收政策，促进全球价值链的可持续发展。

碳达峰的行业路径方面，高碳行业的转型和技术升级成为当前的重点研究领域，行业间的协同发展和产业链上下游的统筹合作是实现碳达峰目标的有效路径。余碧莹等（2021）指出，中国与能源相关的 CO_2 排放量主要来自电力、钢铁、化工、交通等行业，通过能源系统实施不同减排努力，结合碳捕集与封存技术，中国有望顺利实现 2030 年前碳达峰和 2060 年前碳中和的目标。风光新能源发电的大力推进和发展是中国电力行业实现 2030 年前碳达峰的必然选择，优化电力结构进而提高中国电力系统中风光发电、潮汐发电、水电和生物发电的比重是未来中国电力行业碳减排工作的重点（王丽娟等，2022）；中国钢铁行业的碳达峰取决于中国粗钢的产量和能耗，提高钢铁系统的能效水平、加大废钢资源利用、推进电力清洁化等措施是 2030 年钢铁行业实现碳达峰的重要途径（汪旭颖等，2022）；中国化工行业碳达峰目标的实现路径依赖于能源结构调整、节能和低碳技术改造、低碳循环及高效利用等途径（庞凌云，2022）；推广新能源汽车是中国道路交通运输行业 CO_2 减排的主要驱动因素，持续降低新生产燃油车碳排放强度、推进运输结构调整同样能够起到碳减排的效果（黄志辉等，2022）。在能源结构方面，虽然目前中国很多地区能源消费仍然以煤为主，但是，随着煤消费量的减少和天然气、电力消费量的增加，未来将形成煤、油、气和电力消费较为均衡的局面（李忱息等，2022）。在多方的共同努力下，中国有望通过发展新能源与可再生能源以及推广高耗能工业的节能减排技术，使电力、工业和高耗能工业部门分阶段实现碳排放达峰，进而实现 2030 年碳排放峰值的目标（马丁和陈文颖，2016；蔡博峰等，2021）。

碳达峰的区域路径方面，以中国的区域经济不均衡发展现实为依据，中国的省级和城市级差异化碳达峰路径的研究逐渐增多，为中国的差异化区域碳达峰行动方案的制定提供了切实可行的依据和研究基础。Narayan 等（2016）基于互相关估计的新方法为倒"U"形 EKC 曲线的合理性提供了重要的支撑，EKC 曲线同时也从经济发展水平的角度解释了中国区域 CO_2 排放不均衡的原因（谭丹和黄贤金，2008），在减少中国 CO_2 排放的过程中，应该注意区域 CO_2 排放的协同治理，以及国家环保政策的落实、碳排放管理与技术的协同保障（陈菡等，2020），在中国整体"双碳"目标的实现过程中，各区域须因地制宜，根据自身的产业结构、能源结构和经济发展水平,制定合理有序的分步碳达峰和碳中和策略(曲越等,2021),并根据碳排放驱动因素特征及变化趋势制定动态、可持续的低碳发展水平提升策略,在经济高质量发展的基础上谋求产业低碳转型,并将自身的"双碳"目标实现路径深度融入国家构建新发展格局的重大战略中(张友国和白羽洁,2021),庄贵阳和魏鸣昕(2021)也认为,"双碳"目标下的城市引领机制,必须充分尊重区域差异化达峰路径,各城市的碳达峰路径应该各有侧重,并以区域协同政策为支撑,强化政策协同、产业协同、技术协同、能源协同和生态协同。

总体来看,技术进步是各层次碳达峰路径研究的核心,也是各国家和地区顺利实现碳达峰目标的保障。涂正革(2012)指出,技术进步推动能源强度下降是中国减少碳排放的核心驱动力,推动产业结构调整、能源结构优化,促进节能技术与工艺创新、走新型工业化道路,是实现中国低碳发展的必经之路(柴麒敏和徐华清,2015),中国已经实施了多项减少温室气体排放的政策,但这些政策的实施效果需要进一步提升,并且需要进行区域和行业的综合统筹,才能保证碳达峰目标的顺利实现(Den 等,2016),在技术创新驱动的低碳经济发展模式下,中国的 CO_2 排放现状将随着产业结构的优化而持续改善,并有望在2025年之前达到碳排放峰值(Green 和 Stern,2017)。

四 碳补偿(碳中和)的路径研究

在碳排放和碳达峰路径研究的基础上,不同国家和地区碳中和的可行方案已成为研究的关注对象,鉴于碳中和技术创新的复杂性、完成时间的长期性和区域碳排放路径的差异性,碳中和的政府统筹引导和区域协调发展成为这一领域的主要研究方向。

政府的公共政策引导和环境制度规制是碳中和目标实现的前提和保障,碳中和技术的创新、行动方案的制定和实施均需要政府的推动和支持,这也是碳中和研究的重点之一。生态补偿是促进经济和环境可持续发展的重要途径和手段,生态补偿运行的关键在于补偿过程中各相关主体的权责分配问题,补偿主体和受偿主体需要明确划分,不同的地区、不同的责任人应当根据自身的情况发挥补偿作用(毛显强等,2002),政府的财政和税收政策的倾斜和规划对地区的生态补偿起到重要的引领和指导作用,中国财政分权体制下生态转移支付为地方政府环境治理提供激励创新政策工具,中国应建立全国统一的生态功能区转移支付制度体系（伏润民和缪小林，2015），实施差异化的税收补偿政策、在生态区实施相对自由的贸易政策等有助于政府主导的区际生态补偿政策的实施（安虎森和周亚雄，2013），制度创新是实现中国碳达峰、碳中和目标的必备条件，尤其是以技术创新为驱动力的碳中和实现过程，更加高度依赖政府的政策导向和政策支持（陈诗一和祁毓，2022）。

市场机制是碳中和目标实现的微观基础和资源优化配置的重要手段，以碳排放权交易为代表的碳市场机制是碳中和目标实现的重要途径。各国家和地区碳排放交易机制的建立和完善是国内外学者探讨的焦点。政府的宏观碳减排和碳中和政策存在一定范围内的局限性，政府主导下的市场化碳减排手段是必不可少的组成部分，有助于提升国家碳减排的效率，降低碳中和成本（林伯强，2022）。以市场机制为依托的碳交易是规范企业行为、推动产业转型的重要途径，碳排放权市场的建立和碳减排的商品化推动了碳中和的制度创新（Bumpus，2011，李治国和王杰，2021），碳排放权交易制度已成为中国节能减排的重要环境规制手段之一，作为实现温室气体减排的重要政策手段，碳排放权交易在实现碳减排目标的同时，也对企业绿色技术创新起到了促进作用（宋德勇等，2021）。碳定价制度是碳交易市场和碳排放权交易制度的前提和关键，碳定价需要在综合考虑各方面因素的基础上进行统筹合理规划，才能为低碳、零碳和负碳技术创新以及产业转型升级提供有效的激励（张希良等，2022）。

技术创新是碳中和目标实现的技术保障和关键因素，现有国内外研究集中在技术引领下的新能源发展、能源结构调整以及经济社会的绿色低碳发展方面。科技创新在碳减排和碳中和的过程中起到核心支撑作用，能够促使中国的能源结构不断优化，促进碳排放强度下降，进而推动产业结构调整，科学谋划实现碳达峰、碳中和的路径与方案，需要立足可持续发展新阶段，以科技创新为推动力，形成绿色低碳的发展模式、生活方式和空间布局（刘仁厚，2021）。各国均将技术创新视为碳中和的重要手段，其中煤炭燃烧的碳捕集与封存被广泛认为是减少二氧化碳排放的重要途径（Zhang 等，2015），陆地生物碳汇技术通过将工业生产和能源消耗领域的碳排放进行收集和转化，以降低全球温室气体总量（Van 等，2004），新能源的开发、清洁能源的生产以及碳减排相关技术的研发在碳中和目标的实施中起到至关重要的作用。太阳能、核能和氢经济的发展从能源结构和产业结构方面为碳中和做出了贡献（Muradov 和 Veziro ğlu，2008）。

另外，鉴于中国的能源结构和新能源技术存在较大的区域差距，在碳中和过程中，要发挥东西部的协同作用，发展替代燃料和新能源技术，优化区域间的能源协同布局（Peng，2018），同时，立足于当前国际碳治理形势，积极借鉴发达国家的碳中和经验，搭建全方位的碳中和治理体系，构建市场化的绿色技术创新体系，并激励创新制度和国际合作框架（安国俊，2021），努力构建以碳排放科学限制、碳固化技术完备和碳制度体系保障为核心的中国碳中和特色路径，为推动全球碳治理进程、构建人类命运共同体而努力（余丽和周旭磊，2022）。

五　研究评述

通过文献梳理发现，随着全球气候问题的逐渐显现，国内外文献对碳达峰和碳中和的关注度持续上升，有关国别和区域碳核算方法的研究在不断完善和创新，影响碳排放的经济社会因素也逐渐被梳理清楚，结合自身的经济和社会发展情况，各国家和地区开始积极探索碳减排和碳达峰的方法和路径。碳中和领域的研究也逐渐开始起步，中国"双碳"目标的区域协调路径也开始受到更多关注。

综合来看，现有研究仍存在以下几个方面的不足：①区域层面的碳排放核算方法和核算数据尚不完善，行业、省级和城市级碳排放核算方法的拓展和核算数据的应用还需要进一步深化；②有关区域层面尤其是城市层面EKC曲线形态和机制的研究较少，在经济和社会各因素的影响下，中国行业、省级和城市层面EKC曲线的具体形态和特征还有待验证；③各国家和地区碳达峰路径的差异性较大，需要结合当地的经济和社会发展情况进行异质性分析，处于不同经济发展阶段、具有不同产业结构特征的中国各省份和城市，如何根据自身的情况制定合理的碳达峰路径也需要更多的实证研究和探讨。

因此，本书的研究主要围绕以下内容展开：首先，将区域差异性纳入国别、行业、省级和城市层面碳排放的测算中，结合具体的经济社会发展特征，分析中国的碳排放情况，明确碳排放区域差异性的原因；其次，从非线性平滑转换的视角研究区域EKC曲线的具体形态和碳排放的异质性路径，结合具体的碳排放数据，分别对中国整体的碳排放路径、省际和城市层面的碳达峰异质性路径进行梳理，并明确各层面的碳峰值点；最后，从效率与公平的视角对中国各行业、各省份和各城市在碳达峰中的角色进行定位，基于碳达峰的异质性路径，提出碳达峰的区域差异化行动方案和碳达峰目标顺利实现的区域协调策略，为中国"双碳"目标的实现提供切实可行的路径。

第四节　研究思路与方法

一　研究思路

本书以"指标测度—影响机制—实证研究—策略制定"为研究主线。首先，对碳核算的理论进行阐述，对现有碳核算方法进行比较，结合区域投入产出数据，将碳核算方法拓展到区域层面，结合中国的区域经济发展现实，对中国各行业、各省份和各城市的碳排放量进行测算，通过这些测算，追寻各区域的差异化碳足迹；其次，结合 EKC 曲线的基本理论，分析碳排放的经济和社会影响因素，从非线性视角结合门限模型的基本思想，探讨经济社会发展对碳排放的多阶段影响机制；再次，在碳排放数据核算的基础上，结合 PSTR 模型实证探究世界主要新兴经济体、中国各省份和各城市的异质性碳达峰路径，并明确各层面碳达峰的峰值点；最后，基于效率与公平视角，对中国各省份和各城市在碳达峰目标实现过程中的角色进行定位，并提出中国碳达峰目标实现的区域协同策略，具体研究思路见图 1-1。

二　研究框架

本书的研究框架主要包括以下九个章节。

第一章，绪论。介绍本书研究的国内外碳治理背景，结合中国的"双碳"目标阐述研究问题的理论和现实意义，对国内外有关碳排放核算方法、碳排放影响因素、碳达峰与碳中和实现路径的文献进行综述，明确现有研究的不足之处及本书的研究价值，进一步阐述本书的研究思路与研究方法，并说明研究的拟创新点和边际贡献。

第二章，理论基础。介绍和梳理与本书研究相关的经典理论，为研究的展开奠定了理论基础和机制来源。介绍经济发展阶段理论，明确不同经济发展阶段下，产业结构、经济发展水平、人口规模等因素与碳排放之间的关系；阐述可持续发展理论的精髓，奠定经济、社会与环境的协调、可持续发展基调，明确研究的基本指导思想；对 EKC 曲线的分析

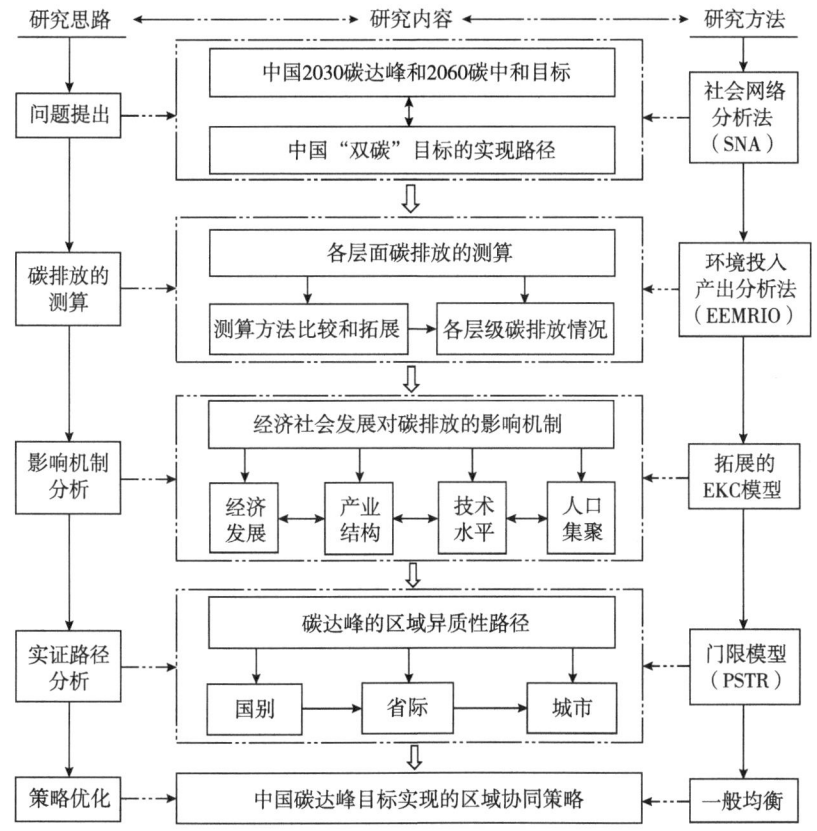

图 1-1 研究思路

和拓展是下文碳排放影响因素分析的基础；介绍门限阈值理论，并将门限思想运用到下文经济社会发展对碳排放影响机制的分析中；区域投入产出模型是下文碳排放核算的主要方法，国际和国内的区域投入产出数据也是本书研究的主要数据来源。

第三章，碳排放的测算。本章对国别、行业、省级和城市层面碳排放数据的核算是本书研究的主要数据基础。在梳理和比较国内外碳排放测算方法的基础上，基于环境扩展的多区域投入产出方法（EEMRIO）对碳排放的测算方法进行行业和区域拓展，依据政府间气候变化专门委员会（IPCC）和中国碳排放核算数据库（CEADs）编纂的各层级碳排放清单，在充分考虑各区域经济发展、产业结构和能源结构差异性的基础上，计算出近 20 年来世界主要新兴经济体、中国各行业、省级和城市层面的碳排放数量。

第四章，碳排放的影响因素与机制分析。从经济发展水平、产业结构、技术水平和人口集聚程度等视角分析碳排放增长的影响因素，在此基础上，从环境库兹涅茨曲线（EKC）的不足和经济社会发展不平衡的现实，对 EKC 曲线进行进一步拓展，结合门限阈值思想厘清区域经济社会发展对碳排放的非线性、多阶段影响机制。

第五章，碳达峰的国别异质性路径。构建面板平滑转化模型（PSTR），分析世界 31 个主要新兴经济体的经济社会发展和碳排放的关系，基于面板数据，实证分析各新兴经济体碳达峰的非线性、多阶段平滑转换路径，并基于产业结构视角对各新兴经济体进行聚类分析，在此基础上，研究各类新兴经济体的碳达峰异质性路径，明确碳峰值点和碳达峰时间，并与中国的情况进行对比，总结经验，吸取教训。

第六章，中国碳达峰的省际异质性路径。结合 PSTR 模型，分析中国 30 个主要省份的经济社会发展和碳排放的关系，基于面板数据，实证分析各省份碳达峰的非线性、多阶段平滑转换路径，并基于产业结构视角对各省份进行聚类分析，以此为基础，研究各类省份的碳达峰异质性路径，明确碳峰值点和碳达峰时间。

第七章，中国碳达峰的城市异质性路径。结合 PSTR 模型，研究中国 247 个主要代表城市的经济社会发展和碳排放的关系，基于面板数据，实证分析各城市碳达峰的非线性、多阶段平滑转换路径，并基于产业结构视角对各城市进行聚类分析，在此基础上，研究各类城市的碳达峰异质性路径，明确碳峰值点和碳达峰时间。

第八章，中国碳达峰的区域协同策略。以中国的整体碳达峰趋势和各区域、各行业的异质性碳达峰路径为基础，对各类行业、各类省份和各类城市在中国碳达峰过程中的角色进行定位，厘清"补偿主体"和"受偿主体"，明确各"技术创新主体""产业转型和升级主体""能源转型和升级主体""生活碳减排主体"的碳治理责任和义务，并在兼顾效率与公平的原则下，提出中国碳达峰目标实现的整体统筹和区域协同策略。

第九章，结论与展望。总结本书的主要研究结论，并基于此提出中国"双碳"目标顺利实现的区域协同策略，为中国"双碳"行动方案的制定提供数据基础和参考依据。

三 研究方法

本书研究过程中使用的研究方法主要有以下六种。

(一) 社会网络分析法 (SNA)

运用社会网络分析方法, 对31个新兴经济体及中国各行业、各省份和各城市的碳排放现状进行分析, 利用投入产出数据梳理各区域的碳排放关系, 明确中国的整体碳足迹和碳空间格局。

(二) 环境扩展的多区域投入产出法 (EEMRIO)

EEMRIO模型实际上是MRIO模型在环境领域的拓展, 是环境经济与区域经济的有效结合 (姚亮等, 2013)。本书运用EEMRIO方法, 对国际和国内区域投入产出数据进行嵌套和匹配, 结合区域碳排放清单和碳排放强度等数据, 对国别、中国省级和城市级层面的碳排放数量进行测算, 在测算过程中, 充分考虑到了区域的异质性, 并对测算方法进行了层次拓展。

(三) 门限回归分析法 (TRM)

门限回归模型的基本思想是通过门限变量的控制作用, 对经济发展变量在不同阶段的特征进行区分, 其实质是根据不同阶段的阈值取值, 用分段的线性回归模式来描述总体非线性问题 (孙晓华和辛梦依, 2013)。本书在第四章将TRM模型的阈值思想运用到经济社会发展对碳排放影响机制的分析中, 以经济发展水平为阈值变量, 分阶段分析经济社会各变量对碳排放的非线性机制。

(四) 聚类分析法 (K-means)

聚类分析法是一种迭代求解的综合聚类分析算法, 具有数据迭代、自动识别和强关系簇的特点, 能够根据样本数据的属性关联度进行聚类划分 (Ketchen, 1996)。本书在第五章到第七章中分别运用聚类分析法, 以产业发展阶段等数据作为指标依据对世界31个新兴经济体、中国各省份和各城市分别进行聚类划分, 然后对不同类别对象的碳达峰异质性路径进行具体分析。

(五) 面板平滑转换回归方法 (PSTR)

PSTR模型是一种门限阈值非线性模型, 由面板门限模型和平滑转化自回归模型演变而来, 通过引入门限变量和平滑转换函数, 能够很好地刻画不同经济变量之间的平滑多机制关系 (Colletaz和Hurlin, 2006)。本书在第五章到第七章中分别运用PSTR模型，从非线性视角运用面板数据，实证分析世界31个新兴经济体、中国各省份和各城市的异质性、多阶段碳达峰路径。明确各层面的碳峰值点和碳达峰行动方案。

（六）一般均衡分析方法（CGE）

本书在第九章中将CGE模型的一般均衡思想应用于中国碳达峰区域统筹策略的制定。在兼顾效率与公平的原则下，分别从行业、省份和城市的不同视角提出中国碳达峰目标实现的可行方案和路径。

第五节　研究创新

本书对中国碳达峰的异质性区域路径和协同策略进行研究，研究的边际贡献和创新点主要体现在以下四个方面。

第一，从区域差异性的视角丰富了碳排放理论，并拓展了碳排放的核算方法。结合区域经济发展的异质性思想，对现有碳排放核算方法进行完善，将碳排放核算的理论和方法从国家层面拓展到行业与区域层面，结合区域经济发展的不平衡性，融入区域经济指标和空间碳转移思想，构建中国省级与城市级的碳排放测算体系，明确中国的区域碳排放足迹。

第二，拓展了EKC理论的适用性，将门限回归思想融入区域碳排放影响机制的分析中。一般意义上的EKC曲线标准形式较为固化，本书从EKC曲线的不足及中国的区域经济发展现实出发，放宽了EKC理论的基本假设，拓展了EKC曲线在中国省域与城市层面的适用性，结合门限阈值理论的基本思想，从非线性视角揭示经济社会发展对区域碳排放的多阶段影响机制，进一步探究碳排放机制的不规则性和其内在运作机理。

第三，结合PSTR模型，对各层级碳排放的峰值点进行平滑转换处理，更加科学地确定中国各省份和各城市的异质性碳达峰路径。现有研究对碳达峰机制的分析大部分是采用分段回归的形式，但这种形式对阈值点的处理过于机械化，本书采用PSTR模型，更好地遵循阈值点分段非连续和平滑转化的特点，结合具体的碳排放数据，对中国各层面的碳达峰路径进行更加精准的量化，对碳峰值和碳足迹的测度更加科学合理。

第四,在兼顾效率与公平的原则下,提出中国碳达峰目标实现的区域协同策略。秉承既要追求效率又要兼顾公平的原则,以各层面的异质性碳达峰路径为基础,根据自身的情况制定符合中国经济发展现实的碳达峰行动方案,找准各行业、各省份和各城市在碳达峰目标实现中的角色定位。提出中国碳达峰目标实现的区域协同策略。

第二章 理论基础

本书基于经济发展、区域经济、环境经济和产业经济等多领域的相关理论，并结合具体的研究问题对这些理论进行了拓展、延伸与交叉融合发展。经济发展阶段理论是本书的研究起点。它通过对经济发展不同阶段特征的表述，从本源上阐述了造成国别和区域碳排放差异的原因。可持续发展理论阐述了经济发展与环境保护之间的依存关系，并论述了经济发展对环境质量产生的影响，是碳排放影响因素研究的基础和依据；EKC 曲线进一步梳理并刻画了经济发展水平与环境质量之间的关系机制，本书以此为基础，将 EKC 曲线的研究应用到碳排放和碳达峰领域。门限阈值理论的基本思想为碳达峰机制的研究提供了重要启示。同时，为本书碳达峰路径的实证分析提供了实证方法和研究思路。区域投入产出模型及其基本思想是分析区域经济发展同碳排放关系的重要依据和方法。它们有助于厘清中国碳排放的区域空间布局。

第一节 经济发展阶段理论

对经济发展阶段的划分和梳理是研究经济发展问题的基本路径与前提，李斯特、希尔德布兰德、马斯格雷夫和罗斯托结合历史进程及各国的发展情况，他们分别从产业结构、交换和流通、财政支出与发展经济学视角提出了对经济发展阶段的划分思想。他们将国家的宏观调控、市场的资源配置同历史的演化推进融入经济发展理论的分析中，从而奠定了经济发展阶段理论的基础，这为本书的研究提供了重要的理论依据和研究思路。

一 李斯特的经济发展阶段理论——产业结构视角

李斯特是经济发展阶段理论的鼻祖，他最早于 19 世纪中叶从产业结构的演进视角对德国的经济发展阶段进行了系统阐述，李斯特的产业结构演进阶段论具有鲜明的时代特征，同时，也带有明显的国别烙印。19世纪中叶，德国的经济发展水平落后于英国。李斯特基于德国的经济发展现实，批判了古典学派自由主义思想在德国的适用性，主张对本国薄弱的经济及产业实行关税保护，为了阐述和支持自己的保护主义观点，李斯特对国民经济和国际关系的演变阶段进行了详细划分，这一过程中，经济发展阶段理论应运而生。

李斯特基于19世纪美国、英国和德国等国家的生产力发展情况，从产业结构的演变视角出发，李斯特认为一个国家的经济发展必须经过五个阶段，包括原始渔猎为主阶段、畜牧与游牧为主阶段、农耕业为主阶段、农工业并重阶段和农工商业并重阶段。这些阶段的演变和发展是经济发展规律的必然趋势，它们与生产力水平和技术发展密切相关。

（一）原始渔猎为主阶段

以渔猎为主的阶段是经济发展阶段的开端，这一时期的生产力水平和技术水平非常落后，经济发展并未形成完整的产业体系，渔猎这种纯自然的生活及生产方式成为经济的主导形式，这一时期自然力量占据了主导地位，自然资源的利用和获取能力较低，技术水平仅限于一些基本生产与生活工具的使用。这一时期人类对自然的利用率较低，二氧化碳的排放几乎可以忽略不计，这一阶段也是自然环境和生态状态最好的时期。

（二）畜牧和游牧为主阶段

在经济发展的第二阶段，随着人口的增长和人类饲养牲畜的增多，产业阶段从以渔猎为主逐渐转变为以畜牧和游牧为主，畜牧和游牧成为主要的生产生活方式，人口的增加和牲畜数量的增长促进社会分工的产生与发展，但这一时期人类对自然资源的获取和利用仍处于最基础的阶段，虽然牲畜和牧场被逐渐分割及细化，但总体来看，生产和生活对环境产生的影响仍然较小。因此，这一时期的二氧化碳排放仍可以忽略不计。

（三）农耕业为主阶段

以农耕为主的第三阶段开始形成真正的产业雏形，人口增长、耕地增加和农产品规模增长是这一时期的主要特点，各国逐渐形成以农业为核心的经济发展模式，农产品数量和种类的增长使温饱不再成为问题，技术、分工、消费和社交等社会因素开始有了初步的发展，但总体上还处于较低的水平，自然力量仍然是这一阶段的主导力量，人类的耕种活动对自然生态造成了一定的影响，但人与自然依然可以和谐共存。

（四）农工业并重阶段

农业向农工业的过渡标志着产业结构的本质提升，也是世界经济发展的一个重要转折点，工业的形成和发展极大地提高了人类利用自然资源的效率。交通运输业的发展为资源的优化配置提供了可能，无论是劳动力还是产品，均在更大空间范围内实现了位移。科技在这一时期得到了快速发展，各国对自然资源的获取不再停留在基础阶段，而是向地下扩展，技术和工业的密切配合使更多的自然资源为人类所用，加大了人类对自然形态的改造力度。这一时期的人类活动对自然环境的影响逐渐增强，大工业的发展使全球温室气体的排放数量快速增长，但由于人口基数和经济体量较小，这一时期的碳排放仍处于环境循环的临界值内，大自然的自愈能力和调节能力在这一时期发挥了重要作用。这也让农工业在这一时期得到了快速的增长。

（五）农工商业并重阶段

商业的形成是农工业发展的产物，这一阶段的产业结构逐渐趋于完善，工业发展和人口快速增长的同时，大量工业产品的产生和人类需求的增加使商业开始形成并得到极大发展，商业的发展催生了一系列新的产业细化形式，服务业开始走上经济发展的舞台，农工商的一体化协同发展使各国形成了门类齐全的完整国民经济体系，国际贸易的发展和国际分工的形成，使自然资源和产品能够在世界范围内流通和配置。这一时期的世界格局也基本形成，发达国家和发展中国家的发展差距逐渐显现，产业结构的多样性和差异性已十分明显，这一时期的环境问题开始逐渐出现，尤其是发达国家已经开始关注环境问题对人类造成的不利影响，二氧化碳的排放数量已经上升到一定的程度，并对全球气温、气候和生物多样性产生了影响。

李斯特的产业阶段演变思想是经济发展阶段理论的起源，该理论把整个国民经济视为动态的产业演变过程。它从产业结构的发展和完善视角阐述了不同经济发展阶段人类生产和生活的基本特征。与此同时，产业结构的演变过程也是人类活动与自然环境相互影响的过程，产业结构也是决定二氧化碳排放量的重要因素。因此，李斯特以产业结构演变来分析经济发展阶段的理论为本书二氧化碳排放影响因素的研究提供了重要理论启示。

二 希尔德布兰德的经济发展阶段理论——交换和流通视角

希尔德布兰德进一步拓展了经济发展阶段理论，从交换形式的尺度对社会经济形态进行了划分，提出了经济发展阶段的三分法，认为一个国家的经济发展须经历三个阶段：实物经济阶段、货币经济阶段和信用经济阶段。

（一）实物经济阶段

实物经济阶段是经济社会发展的初级阶段，在经济发展初期，社会交换形式主要是以物物交换为主的自然经济，此时的社会生产力水平较为落后，社会可支配产品数量有限，商业活动尚处于萌芽阶段，生活必需品和过剩商品的流通主要通过以物换物的形式进行，价格的概念比较模糊，畜牧和农业在这一时期占主导地位。人类对自然的改造程度较轻，基本不会对生态环境造成影响，碳排放也处于最原始的自然水平。

（二）货币经济阶段

货币经济阶段是经济社会发展的中期阶段，货币的产生，尤其是纸币的出现，是经济发展到一定程度的产物，是商业繁荣发展的标志，在货币经济阶段，商品种类和数量均显著提升，商品流通和交换的频率更高，价格开始产生，并通过货币尺度进行度量，以货币为媒介的交换是货币经济阶段的显著特征，大量商品的生产和流通催生了国际贸易的发展，人类对自然的开发程度大幅提升，碳排放水平也快速上涨，在全球范围内开始出现碳转移现象。

（三）信用经济阶段

信用经济阶段是经济社会发展的成熟阶段。以信用为媒介进行交换活动是信用经济的标志，信用经济阶段的运行是建立在诚信原则基础之上的。经济社会的生产、消费、交换和资源配置均以信用为纽带进行，在信用经济时代，尽管信用代替货币充当交换媒介，但货币的价值尺度、储藏手段和支付手段等职能仍然发挥着重要作用。在经济发展的成熟阶段，各国已经意识到环境问题的存在。二氧化碳排放在这一时期逐渐达到峰值点，碳治理在这一时期也成为全球关注的重要议题。

希尔德布兰德的理论从交换和流通视角对国民经济的发展阶段进行了划分，这是对李斯特产业阶段演变理论的有益补充。以实物、货币和信用为衡量尺度,呈现了更加完整、全面的社会经济发展脉络,同时,交换视角的划分也为本书碳排放阶段的研究提供了重要启示。尤其是碳交易市场的定价机制离不开货币和信用基础。金融领域的创新、金融工具与碳减排政策的结合,将为中国实现碳达峰目标贡献重要力量。

三 马斯格雷夫的经济发展阶段理论——财政支出视角

马斯格雷夫从政府公共支出的角度进一步完善了经济发展阶段理论,以公共支出结构的变化来刻画经济发展的演变,将经济发展阶段划分为初期阶段、成长阶段和成熟阶段三个部分。这完成了政府宏观调控和市场机制的有效结合,反映了自由主义和政府宏观调控交错影响的时代背景。

（一）初期阶段

在经济社会发展的初期阶段,一个国家的国民经济体系尚处于建立阶段,基础设施建设是这一时期的发展重心,高资本投入的经济发展模式决定了政府资本的主导角色。而私人资本的参与程度较低,政府公共部门为经济社会发展提供必要的基础条件、交通设施、政策环境、教育投入和医疗服务,政府投资在整个社会投资中占绝对比重,它为当前阶段和未来阶段的经济提供稳定的发展环境。政府资本的大量投入和基础设施的快速增长使人类对自然形态的改造力度开始加大。自然生态受到一定影响,二氧化碳排放开始增加。

（二）成长阶段

在经济社会发展的中期阶段,社会基础设施和国民经济各产业发展已经相对完善,产业部门门类齐全。第一、第二、第三产业能够协调发展,经济发展处于常态运行状态。这一时期的经济社会投资表现出私人资本异常活跃的特征,私人资本经过第一阶段的积累和沉淀,数量和规模有了大幅增长。此时的社会投资结构中,私人资本占比超过政府公共资本,它成为引导国民经济发展的主要力量。政府投资则集中在一些关系国计民生的重要行业,它在各行业中扮演私人资本的补充角色。公共积累支出的增长率会暂时放慢,其在社会总积累支出中的比重也会有所下降。这一时期的产业结构和经济态势从第一阶段的粗放型增长模式开始向集约型增长模式转变,社会结构和产业结构处于调整和完善期。二氧化碳排放的增长趋于平稳,但体量日益增大,并逐渐对全球环境产生消极的影响。

（三）成熟阶段

当经济社会发展达到成熟阶段后，政府部门的主要职能是政策制定和营商环境塑造，这既包括社会收入分配政策、税收政策、支出政策和货币政策等服务性和约束性并存的政策体系构建，也包括科、教、文、卫等基础领域的投资和引导，这一时期的公共资本投入在经历了第二阶段的下降之后，又迎来增长期，人口老龄化和社会基础设施更新等问题的出现，使得社会保障和公共服务方面的公共支出居高不下。对私人消费品的补偿性投资将处于显著地位，这使得公共积累支出又出现了较高的增长率。这一阶段的产业结构已趋于合理。服务业在整个国民经济中开始处于主导地位。经济增长方式的转变和技术水平的上升，使这一阶段有望实现碳达峰的目标。人与自然的和谐发展也是这一时期的主要目标。

马斯格雷夫基于财政支出视角的经济发展阶段理论将政府调控融入经济发展中，并与市场机制进行了有机补充，标志着经济发展阶段理论的成熟。该理论对政府公共支出进行了深入研究和阐述，它是本书碳排放影响机制的理论基础。公共资本对科技和人力资本领域的投资是影响区域碳排放的重要因素，这一理论为本书提供了重要的研究思路。

四 罗斯托的经济发展阶段理论——发展经济学视角

在总结李斯特、希尔德布兰德和马斯格雷夫的经济发展阶段理论基础上，罗斯托梳理了发达国家经济发展的历史特征，他从发展经济学的视角提出了较为系统的经济发展阶段理论。罗斯托在其著作《经济成长的阶段》中提出，世界各国经济发展均要经历六个阶段：传统阶段、起飞准备阶段、起飞阶段、走向成熟阶段、大众消费阶段和追求生活质量阶段。这六个阶段环环相扣，是发达国家已经或正在经历的发展过程也是发展中国家正在和将要经历的历史发展过程。

（一）传统阶段

传统阶段是经济社会发展的初始阶段，生产和生活严重依赖于自然条件和资源禀赋，经济社会的生产力水平低下，各国家的经济发展主要围绕农业和相关附属产业进行，科学技术水平尚处于萌芽状态，农业的发展主要依靠自然资源的获取，人类仅能维持最低的温饱水平，这一阶段的人类活动对自然生态的影响极低。

（二）起飞准备阶段

第二阶段为经济发展的蓄力阶段，是各国从传统社会向起飞阶段的过渡时期，经过第一阶段的发展和铺垫，工业和商业有了发展的先决条件，国民经济开始建立完备的产业部门，交通运输、服务、金融、军事和医药等行业均开始起步，近代科学知识开始应用到各行业的发展中，经济社会形态也通过科技革命的改造呈现新的状态，这一时期也是社会制度、政策、思想意识和价值观念的变革时期。农工商的齐头并进和资本的快速积累，使自然资源的开发不断加剧，随着能源开采、工业生产和农村的城镇化，二氧化碳排放开始呈现上升状态。

（三）起飞阶段

起飞阶段建立在资本积累、技术创新和制度变革的基础上，该阶段以科技革命为契机，整个国民经济的体量、结构和质量均呈现出起飞的态势，新技术和新工具开始在各行各业中得到广泛推广和应用，社会资本充裕，企业扩大再生产现象常态化，依托新技术和新方法产生的部门迅速成长，劳动生产率空前提高，城市化率快速上升，劳动力实现从农村向城市的快速转移，工业体系结构最终确立。技术革命在这一阶段成为经济社会发展的推动力量，技术的革新和社会经济的快速发展也导致二氧化碳排放稳步提升。

（四）走向成熟阶段

走向成熟阶段标志着经济社会发展模式的基本确立，需要经历较长时间的起飞和快速提升才能实现，成熟的标志包括技术成果的有效利用、工业主导部门的确立、制造业部门的机械化、产业结构的合理化、资本利用效率的提升和居民生活水平的提高等，在经济发展的成熟阶段，各国基本上形成了较为稳定的经济增长模式，并通过技术革新不断进行调整和优化，经济发展阶段的成熟是国民经济各领域共同作用的结果，与此同时，经济社会发展与生态环境的关系也趋于稳定，全球生产和生活中排放的二氧化碳数量以可预见的速度稳步增长，碳排放格局也在国际贸易和商品流通中不断发生变化。

（五）大众消费阶段

这一阶段也称为高额消费阶段，此时的工商业经过成熟阶段的发展已经高度发达，国民经济主导部门已经从制造业转向高新技术服务业，各国家对高额耐用消费品的使用逐渐普遍化，恩格尔系数处于较低水平，但同时收入差距也在逐渐拉大，人口的快速增长在这一阶段表现为人力资本结构的转变。技能型、技术型和知识型为代表的脑力劳动者的比重持续上升，城市化也呈现出较高的水平，居民的生活方式和消费观念发生了重大的变化，对消费的追求也迈上新的台阶，这一阶段的生产和生活方式均发生了较大的变化，二氧化碳的排放在这一阶段开始出现增长下降的趋势，一些发达国家也开始注重碳减排和碳治理。

（六）追求生活质量阶段

经济社会发展的最高阶段为追求生活质量阶段，此时的国民经济主导部门是服务业与环境事业，科技、教育、文化、卫生、医疗、社会保障、环境保护等领域成为推动经济发展的动力，服务质量的提升是企业追求的终极目标，人类的消费观念和关注点也从实物商品转向高端服务和精神层面，居民普遍开始追求时尚与个性，消费呈现出多样性和多变性的特征，理想信念、环境状况、价值实现和社会认可等高层次的追求成为衡量居民生活质量高低的重要标准。这一时期，人类对环境状况的要求标准有了质的提升。低碳、绿色、环保的生产和生活方式成为居民追求的目标，也是国家的政策导向。因此，这一阶段发达国家基本完成了碳达峰的目标，并向碳中和目标迈进，发展中国家也陆续开始着手碳达峰目标的制定，并实施碳减排政策，在追求生活质量阶段有望实现人与自然的和谐共生。

综上所述，各发展阶段经济理论是站在历史发展进程的角度对整个世界经济的发展脉络和阶段进行的梳理，这些理论的阐述也从侧面反映了人类活动与自然环境之间的关系，正是从这一角度出发，本书的研究以经济发展阶段的不同特征为依据，它从全球和区域视角来分析经济社会活动对二氧化碳排放的影响。具体来看，李斯特的经济发展阶段理论直接从产业结构视角来阐述生产和生活活动的变迁，该理论是本书理论机制构建的思想来源和机制基础；希尔德布兰德从交换和流通视角对经济发展阶段进行了划分，该理论为本书碳转移的相关研究提供了重要指导；马斯格雷夫的经济发展阶段理论将政府行为融入经济发展，这为本书碳达峰区域策略和政府政策的制定提供了重要启示；罗斯托的经济发展阶段同样从发展经济学的视角为本书的研究提供了理论机制和研究思路。

第二节 可持续发展理论

随着技术进步和经济发展阶段的不断演化和推进，人类活动对自然环境的影响逐渐增强，经济发展中的环境问题日益显现，这些问题反过来对经济发展和人类生存产生影响，世界各国尤其是发达国家开始积极关注环境的治理问题。在此背景下，20世纪70年代，可持续发展理念应运而生。可持续发展（Sustainable Development）是指既满足当代人的需要，又不对后代人满足其需要的能力构成危害的发展，以公平性、持续性、共同性为基本原则，可持续发展的理念和内容被不断拓展和完善，最终形成了可持续发展的理论体系，这些理论分别从资源经济学、公共经济学和区域经济学等视角，为经济、生态和社会的和谐发展提供了理论支撑，这也是本书研究碳排放区域路径和协同策略的重要理论起源。

一 资源经济学视角

世界经济的发展建立在对自然资源获取的基础上，经济发展阶段的演进使全球自然资源的消耗量大幅上升，而自然资源并不是取之不尽的，自然生态的承载力也是有限度的，这也是可持续发展理论的思想起点，围绕自然资源的利用和生态承载力，资源永续利用理论、增长极限理论和人口承载力理论分别从不同的视角展开研究。

（一）资源永续利用理论

自然资源的直接和间接使用是各国经济发展的基础和前提条件，随着经济发展水平的提升，自然资源能够被使用多久，是否可以循环利用等问题变得尤为重要。这些问题正是资源永续利用理论的研究出发点。从自然资源的自然属性出发，资源永续利用理论将地球的自然资源划分为可再生和非可再生两大类别。

第一类是可再生资源，包括水、生物、太阳能、大气和土地等，这类资源在一定范围内合理有序的使用不会对自然环境产生严重影响，经过一定时间的自然循环，这一类资源可以在自然界中得到更新，它们可以循环往复地应用于人类生产和生活，但并不意味着经济发展可以不加节制地使用该类资源，可再生资源由于使用不当或管理不善，其再生能力已受到严重损害。这限制了其利用的可能性。合理的统筹和规划是可再生资源循环往复使用的前提，自然资源的更新时间可长可短，差异性较强。因此，对该类资源的使用必须遵循自然规律，在不损坏自然界更新能力的前提下合理规划、管理和循环使用。环境保护政策的出台和制度的建立显得尤为重要，应采取相关措施避免可再生资源向非可再生资源的转变。

第二类是非可再生资源，包括煤炭、石油、矿物和天然气等，与可再生资源相比，这一类资源不具备再生性和循环使用性，或者更新速度极其缓慢，因此，它们无法在短期内实现自然更新。对这一类资源的使用需要更加合理和节制，在没有新的替代品或生活生产方式发生改变以前，必须将这类资源的使用效率最大化，并在科学技术的推动下，加快新能源、新工具和新资源的开发和使用，否则一旦资源枯竭，经济发展就会受到极大的影响。

（二）增长极限理论

梅多斯的增长极限理论将研究视角从资源的利用转向社会和经济的增长边界，该理论认为，人类通过消耗自然资源来换取经济和社会的快速发展，尤其是工业革命之后，大机器生产和商业的繁荣使得世界各国对自然资源的开发深度和广度达到了空前的程度，虽然社会经济得到了极大的发展，生产和消费水平均有显著提升，然而，经济和环境之间的矛盾和冲突日益加剧。人口的快速增长和自然资源的不断减少反过来对经济社会的进一步发展形成制约，经济、社会和环境是一个有机的统一整体，科学技术的发展也无法从根本上解决日益严重的环境问题。因此，世界经济和社会的发展是有极限的。一旦超过环境可承受的临界点，人类的生存和发展将面临重大问题。

因此，增长极限理论主张将支配世界系统的物质关系、经济关系和社会关系进行有效综合和统一，人类的经济和社会发展必须遵循自然规律，资源的使用必须高效，并能够最大限度地循环利用，各生态系统要和谐共生，各有机组成部分要协同发展，在一个合理、有限度的范围内解决生存和发展问题，争取在增长极限内实现经济和环境的可持续发展。

（三）人口承载力理论

与增长极限理论相似，人口承载力理论从生态环境的承载能力视角深化了可持续发展理论，并在增长极限理论的基础上，进一步提出了人口增长与环境可持续发展的临界阈值。该理论认为，全球生态系统的运行和恢复需要特定的时间和条件,自然生态的循环和更新能力只有在阈值区间内才能生效,自然资源是有限的,人口的规模和环境的承载力也是有限度的,世界人口不能盲目、无序地增长,否则会对生态环境造成不可修复的损失和破坏,这将进一步影响或危及人类的持续生存与发展。

因此,人口承载力理论认为,世界人口数量以及人口快速增长下的社会经济活动对地球生态的影响必须控制在一定限度之内,临界阈值的确定取决于经济社会发展程度和自然生态的修复能力,充分尊重自然客观规律是实现经济、社会和环境可持续发展的前提,可持续发展要求经济建设和社会发展与自然承载能力相协调,发展的同时必须保护和改善地球生态环境,并保证以可持续的方式使用自然资源和环境,这样可以确保人类的发展不超出地球承载能力。

资源经济学视角下的可持续发展理论从自然资源的利用、经济社会的发展、人口规模的控制和环境承载力等方面阐述了可持续发展的内涵和外延,这些理论为本书的研究提供了重要的理论依据,本书的研究将这些理论应用到二氧化碳排放领域,进而梳理出影响碳排放的经济、社会和技术等因素,这为后文的研究提供了机制基础和研究思路。

二 公共经济学视角

资源经济学视角下的可持续发展理论以自然规律和市场机制为研究基础,公共经济学视角下的可持续发展理论则将政府行为和政策融入可持续发展的讨论范畴,从外部性和财富的长期分配角度,提出了公共物品价值理论和财富代际公平分配理论,这些理论进一步完善和深化了可持续发展理论。

(一) 公共物品的价值理论

公共物品是公共经济学的研究范畴,外部性是公共物品的显著特征之一,可持续发展理论将公共物品的思想内涵融入经济、社会和环境协同发展的研究中,认为自然资源的过度使用和环境问题的显现,很重要的原因是在经济社会发展过程中各国将自然资源视为可免费使用的公共物品,认为自然资源的外部性红利可以长期无限制使用,不承认自然资源具有经济学意义上的价值,但在实际的经济发展过程中,环境日益恶化和经济、环境的冲突问题越发严重。因此,公共物品的价值理论否认了自然资源的纯公共物品性质,认为在经济生活中把自然资源的使用排除在经济核算体系之外会导致经济投入成本核算的低估,为了使经济社会和环境能够实现协调发展,需要从经济学视角将自然资源视为重要的投入成本,通过这种方式,可以更准确地衡量经济社会发展效益,从而完善现有的国民经济核算体系,该理论从经济核算方面为政府可持续发展政策的制定提供了重要启示。

(二) 财富代际公平分配理论

财富代际公平分配理论从经济的动态发展和财富的长期分配视角探讨了可持续发展的思路,可持续发展的基本内涵明确提出了当代和后代之间的关系,即自然资源的使用既要服务当代,也不能影响后代的发展。基于此,财富代际公平分配理论认为,经济社会发展和环境冲突的根源是当代人过度使用了自然资源,从而使后代人对自然资源的使用受限,该理论探讨了自然资源和财富在代与代之间能够得到公平分配的理论和方法,它还认为,政府的收入分配政策和环境政策在可持续发展中起到重要的引导作用,只有将自然资源进行长期和动态的代际分配和规划才能实现经济、社会和环境的持续发展。

公共经济领域的公共物品价值理论和财富代际公平分配理论从政府政策和宏观调控的视角提出了经济、社会和环境可持续发展的路径,这些理论还将动态发展和均衡发展的思想融入了可持续发展的讨论,对这些理论的探讨引发了本书对二氧化碳减排领域政府政策的思考,为本书的研究提供了一定的思路。

三 区域经济学视角

要实现人与自然的可持续发展,离不开区域之间的合作和协同,环境问题的全球性特征使得环境领域的国际和区域合作不断加强,区域均衡发展理论的提出和区域可持续发展战略支撑体系的构建为经济、社会和环境的区域协调发展提供了思路和依据。

(一) 经济、社会和环境的区域均衡理论

经济、社会和环境的区域均衡理论也称三大支柱理论,三大支柱初期指的是生产、生活和环境三个方面,后来发展为经济、社会和环境三个宏观层面,该理论认为三大支柱之间存在相互影响的关系。自然资源为经济和社会的发展提供了重要的要素与原料。经济的快速发展带动了社会进步,同时也会对环境产生一定的影响,社会的进步和技术的发展改变了经济增长模式,同时也通过大量二氧化碳的排放对环境的自我调节产生深刻的影响。

该理论强调社会、环境、经济三个方面的协调统一，鼓励经济增长，但经济和社会的发展需要提升自然资源的使用效率，对自然生态的改造要注重限度和自然规律的遵循，使自然生态能够循环更新和自我修复，对自然资源的消耗和温室气体的排放需要统筹协调、综合治理，社会、环境、经济的平衡发展和相互制衡是这一理论的主要思想，可持续发展的理想状态是资源的永续利用、生态环境的良性发展、社会的全面进步和经济的持续稳定发展。

（二）区域可持续发展的战略支撑体系

在一系列可持续发展理论的讨论和支撑下，可持续发展战略支撑体系的构建成为研究的焦点，区域协同视角下的战略支撑体系也开始被提及，其内容也是本书区域碳排放研究的基础。综合来看，可持续发展战略支撑体系包括政策、科技、法律法规、教育与人力资本、市场机制等方面。

1. 政策体系

政策体系的构建是可持续发展战略实施的保障，经济、社会和环境的发展离不开政府的宏观调控和指导，环境保护是一个全球性问题，具有大量资金投入、长期规划布局和区域协同推进等特征，政策体系的出台和实施需要充分结合本区域的经济和社会发展情况，制定差异化的政策纲要和实施方案，各区域需要协同推进、资源互补，共同实现环境保护目标，这一点在中国"双碳"目标政策的制定和方案的实施中体现得尤为明显。

2. 科技体系

科学技术是决定可持续发展战略实施效果的重要因素，科技的进步可以提高自然资源的利用效率，在有限的资源投入下实现最大化的经济效益。同时，环保技术创新还可以提供保护生态环境和控制环境污染的有效手段，新能源技术的开发和使用可以有效降低全球的温室气体排放。碳捕捉和碳汇技术的发明和完善可以有效地降低现有的二氧化碳存量。因此，政府主导的科技体系构建是可持续发展战略顺利实施的重要保障。

3. 法律法规体系

与环境保护相关的法律法规体系构建是可持续发展战略付诸实施的重要法律保障。法律法规的出台和实施有助于规范企业的生产行为，引导公众的环保意识，推动市场的持续良性发展，这将进一步实现自然资源的合理利用，使生态破坏与环境污染得到控制，保障经济、社会、生态的可持续发展，法律法规体系的构建是可持续发展的重要顶层设计和行为准则。

4. 教育与人力资本体系

可持续发展理念的推广和宣传需要教育发挥其引导作用，只有当可持续发展和环保理念深入人心，才能使大众积极参与，共同推进，可持续发展要求人们具备高度的知识水平和道德水平，为人类社会的长远利益而牺牲一些眼前利益和局部利益，这也是教育的最基本职能。教育的另一项职能是传播科技文化知识，培养创新型人才，增加社会可持续发展方面的人力资本积累，新能源、新技术和新工具的开发和应用，都离不开高端科技人才的创新和努力。因此，构建合理、长期、动态的教育培育体系和人力资本积累体系是可持续发展战略顺利实施的重要推动因素。

5. 市场机制

实现可持续发展需要一个非常有效的市场机制。可持续发展战略的实施除需要政府的宏观调控之外，还需要充分发挥市场机制的资源配置和调节功能，市场机制有利于发挥参与者的主观能动性，并从效益和成本方面对企业的基本行为进行引导和规制，碳交易市场的建立和完善已经成为降低二氧化碳排放和提升企业科技水平的重要途径之一。因此，市场机制的合理使用能够与政策体系形成合力，共同推进可持续发展目标的实现。

综上所述，可持续发展是一个兼具资源经济、公共经济、区域经济和环境经济的交叉研究领域，各学科和领域从不同的视角对可持续发展进行了研究和探讨，为本书的相关研究奠定了理论基础，并提供了进一步研究的思路。资源经济学视角下的可持续发展理论从自然资源、人口规模和环境承载力等方面为本书碳排放影响的研究提供了因素来源，公共经济学视角下有关公共物品和代际分配的探讨为本书研究碳排放政策提供了思考，区域经济学视角下的可持续发展理论和相关战略体系构建为本书的研究选题提供了理论依据，这也是本书选择研究碳达峰区域路径和协同策略的原因。本书在研究可持续发展理论的基础上，对研究视角和研究方法进行了进一步的拓展，并重点研究经济、社会和环境可持续发展下的区域二氧化碳排放问题。

第三节 EKC 曲线

可持续发展理论从交叉学科的各领域对经济、社会和环境的协调发展进行了理论层面的分析和梳理，但大部分理论仍仅局限于理论层面的探讨，环境库兹涅茨曲线（EKC）的提出及其在经济中的实践，使可持续发展理论进一步落地。它被广泛应用到经济和环境协调政策的制定中，EKC 曲线结合各国的经济发展情况和环境污染水平，将一个国家的经济发展水平与环境污染的关系进行了进一步的刻画和阐述，该理论逐渐成为环境治理和经济高质量发展的指导性理论，并且被拓展到碳排放趋势和路径的研究中。

一 理论提出

20 世纪 80 年代以来，随着第三次科技革命的推动，世界各国的经济发展速度进一步加快，但长期的经济发展也使全球环境问题越发严重。环境污染和温室气体（CO_2）排放给人类的经济和社会活动带来了不可忽视的影响，世界各国在此背景下，开始联合采取措施以应对环境危机，Grossman 和 Krueger（1991）在北美自由贸易协定谈判的背景下，实证研究了北美三国的经济发展水平（人均收入）与环境污染之间的关系，首次分析了环境质量和人均收入水平之间的多阶段关系，指出在经济发展水平的较低阶段，环境污染与人均收入呈正相关，在经济发展水平的高阶段，随着人均 GDP 的上升，环境污染程度得到改善。20 世纪 90 年代的《世界发展报告》和《联合国气候变化框架公约》等全球性环境纲领对环境污染和经济发展之间的关系进行了进一步的阐述，这些纲领在世界各国之间达成了普遍共识。

随后，Panayotou（1993）将收入分配领域的库兹涅茨曲线引入环境与经济的分析中，他借助经济发展和收入分配差距的关系思想，首次将这种环境质量与人均收入之间的关系称为环境库兹涅茨曲线（EKC）。EKC 曲线描述的是经济发展水平和环境污染程度的关系。如图 2-1 所示，当一个国家的经济发展处于较低水平时，环境污染的程度较轻。但是随着人均收入的增加，环境污染程度由低到高，经济的增长带动了环境污染的加剧。当经济发展达到一定临界点之后，随着人均收入的进一步增加，EKC曲线的形状开始发生改变，环境污染的程度开始逐渐减缓，环境质量逐渐得到改善。

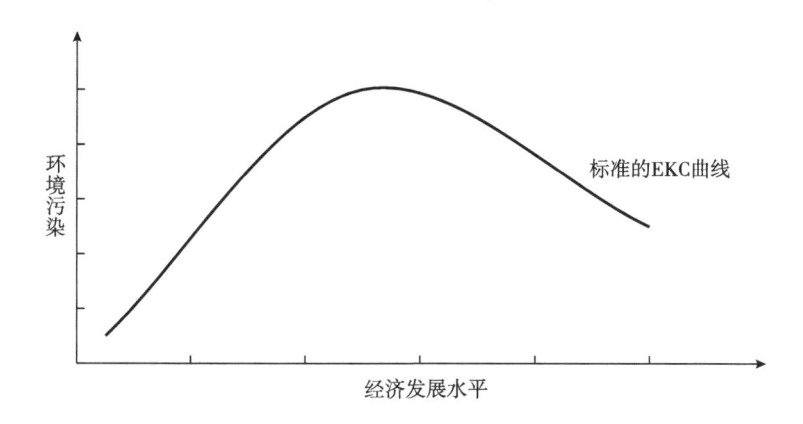

图 2-1　标准的环境库兹涅茨曲线（EKC）

EKC曲线揭示了一个国家经济发展水平与环境质量之间的分阶段关系，发达国家和发展中国家由于经济发展水平的差异，其生产和生活活动对环境造成的影响也存在显著的异质性，此外，不同国家的EKC曲线拐点出现的时期也不尽相同，EKC曲线呈现先上升后下降倒"U"形关系，这一现象的原因和机制是环境库兹涅茨曲线相关理论进一步梳理和发展的重点。

二　理论发展——对EKC曲线作用机制的探讨

环境库兹涅茨曲线（EKC）提出后，在各国家经济发展和环境保护实践的基础上，EKC曲线得到了不断验证，同时，围绕EKC曲线形状和趋势的研究不断增多，环境质量与收入之间关系的理论探讨不断深入，EKC曲线的理论解释日益丰富，综合来看，EKC曲线的作用机制主要通过以下途径实现。

（一）规模经济机制

规模经济是经济增长影响环境质量的直接机制（Grossman和Krueger，1991），随着经济发展水平的上升，生产规模不断扩大，经济活动对自然资源获取和使用显著增加，其广度和深度大幅提升，这给自然环境的自我修复和循环带来了巨大的压力。与此同时，生产活动和居民生活过程中的废弃物和二氧化碳排放对生态环境也产生了严重影响。因此，经济发展过程中的规模经济效应通过经济规模的扩大给自然环境带来了资源消耗和环境污染两个方面的不利影响。这种影响在 EKC 曲线的两个阶段均为负向趋势。

（二）技术进步机制

技术进步是经济发展过程中的另外一项重要指标和衡量标准，同时也是经济发展影响环境质量的重要机制之一。技术的革新和进步可以提高自然资源的使用效率，减少资源的浪费和盲目开采，从而减轻人类活动对生态环境的影响；同时，污染处理方面技术水平的提升可以减少生产过程中的污染排放，加强对污染物的处理和中和。这有助于减少有害物质的排放。此外，新能源、清洁技术和循环技术的开发和使用，可以在经济发展过程中寻找更加环保的资源替代物，这些技术有助于削弱生产对自然与环境的影响。综合来看，技术进步效应在 EKC 曲线的每个阶段均起到了正向的促进作用，有助于经济发展和环境保护的协调运行。

（三）产业结构机制

经济发展的不同阶段，产业结构也在不断变化和完善，不同产业结构下，经济发展对环境质量会产生差异化的影响。产业结构效应是 EKC 曲线的重要内在机制。产业结构从农业向制造业、从制造业向服务业的两次转变是 EKC 曲线呈现倒"U"形的重要原因，农业主导型和服务业主导型产业结构下，环境污染和二氧化碳排放均处于较低水平，而在工业主导，尤其是重工业主导下的经济发展中，将导致大量自然资源的使用和污染物的排放，此时，产业结构与环境质量呈现负向关系，当经济发展在技术带动下转向服务业和知识密集型产业时，环境质量逐渐得到改善。

综合来看，在 EKC 曲线拐点的前端，规模效应带来的环境质量下降超过了技术效应对环境质量的改善效果，产业结构效应此时也对生态环境产生了一定的负面影响；在 EKC 曲线的拐点之后，技术效应和产业效应的作用度逐渐增强，并最终超过规模效应带来的不利影响，当经济发展水平达到一定高度之后，环境质量开始好转。EKC 曲线的倒"U"形趋势是规模效应、技术效应和产业效应共同作用的结果。

（四）收入水平机制

收入水平的变化是 EKC 曲线的直接影响机制，当人均收入水平较低时，温饱问题是人类关注的焦点，各国更加注重生产力的提升和经济的快速发展，从而忽略对环境的影响。随着收入水平不断提升，并达到一定的层次之后，人们开始追求高质量的生活，生活品质和消费理念的变化使得各国家和地区开始关注环境和生态。在 EKC 曲线的拐点之后，高收入阶段的经济发展与环境质量之间呈现积极作用关系，收入水平与环境质量之间的这种多阶段关系正是 EKC 曲线提出的基本依据和内在基础。

（五）环境规制机制

以政府政策和法律法规为引导的环境规制是 EKC 曲线变动的宏观影响机制，政府宏观调控在生态环境的改善过程中扮演着重要的角色，在环境问题的治理中起着主要作用。伴随着环境问题的出现，政府相关政策和法律法规相继出台，其对企业行为和经济发展模式起到一定的引导作用，在环境规制下，区域协调和产业结构调整使得环境质量逐渐得到改善，经济发展模式逐渐从粗放型转向集约型，国民经济的主导产业也在环境规制下转向清洁、绿色和低碳的高新技术产业，环境规制一定程度上决定了 EKC 曲线拐点的位置和转换速度。

（六）市场机制

市场机制在经济增长与环境质量的协调发展中起着重要的润滑和中介作用，环境质量的改善不仅依赖于政府的宏观环境政策，还需要市场机制发挥其基础配置职能，市场机制的不断完善使自然资源的交易和使用更加合理，通过价格机制和交换机制，资源供给市场和交易市场在一定程度上缓解了环境恶化的进程，并在资源的优化配置中形成对企业生产行为的规范，促使企业加大研发投入，通过技术创新提高资源利用率，从而降低对环境的影响程度。当经济发展到一定程度之后，碳交易机制等环境市场机制开始出现，市场机制在环境治理领域也开始发挥配置作用，对环境质量的改善起到了重要的推动作用。

（七）环境治理机制

环境治理机制指的是环境治理对可持续发展的影响，主要在 EKC 曲线的后半段发挥作用，在低收入阶段，经济发展和社会进步是各国关注的主要问题，环境问题此时并不严重，也未受到社会关注，有限的社会资金主要用于生产扩大的投资；当经济发展水平进入高阶段时，环境问题的日益严重使环境治理成为经济社会发展的重要议题，政府公共资本和部分私人资本在环境治理领域的规模不断扩大，污染治理成果逐渐显现。环境治理资金投入的阶段、规模和结构对 EKC 曲线的趋势产生了重要影响。

三 理论启示

EKC 曲线是可持续发展理论的实践和具体应用，它是综合各国经济发展现实总结和升华的一般性规律，这些理论研究表明：在经济发展水平不断提高的过程中，产业结构不断完善，环境技术不断应用，环境治理力度不断加强，环境规制体系逐渐完善，市场机制与政府统筹调控的协同作用更加合理，在这些机制的作用下，环境质量呈现先下降然后逐步改善的变化趋势，EKC 曲线呈现明显的倒"U"形特征。与此同时，EKC 曲线的相关理论对经济、社会与环境的协调发展提供了重要的实践路径和方法依据，同时，它也为本书有关碳达峰异质性路径的研究提供了重要理论基础。EKC 曲线的基本逻辑是本书研究方法和研究思想的主要起源，有关 EKC 的规模经济、技术进步、产业结构和环境规制等机制的分析是碳排放影响因素研究的重要来源，产业结构变迁与环境质量的关系理论也是下文各区域聚类划分的依据和基础。

第四节 门限阈值理论

EKC 曲线从实践层面解释了各国家和地区经济发展和环境质量之间的长期关系，标准的 EKC 曲线会经历前期上升、后期下降的两阶段趋势，围绕 EKC 曲线的研究主要集中在影响机制的刻画和曲线趋势的描述方面，然而，EKC 曲线中的一个重要问题就是不同阶段之间的拐点问题，对拐点位置、时间以及转换机制的研究是理解 EKC 曲线的关键。门限阈值理论（门限理论）从结构突变和非线性视角对经济和社会发展过程中的分阶段差异化趋势问题进行了分析和研究，并重点对不同阶段之间拐点（阈值）的转变机制进行了处理和现实化，这使得对 EKC 曲线趋势转变的刻画更加精准和贴近现实，门限阈值理论及其思想是本书碳排放机制研究的基础和思想来源。

一 理论提出背景

第二次世界大战之后，凯恩斯主义盛行，国家的宏观调控在经济发展中发挥着重要作用，经济学在稳定的世界环境和开放的国际交流平台上得到快速发展。尤其是 20 世纪 70 年代以来，经济学与管理学、教育学、社会学和环境科学等学科的交叉融合发展成为趋势，甚至物理学、工程学和声学等领域的思想也在经济学中有所体现，如引力模型在国际贸易领域的应用，库兹涅茨曲线在环境经济领域的拓展等，多元化的学科交叉发展背景为门限阈值理论的提出提供了时代土壤，门限思想从声学领域被引入经济和社会学科的问题分析中。

另外，现有经济模型和理论对新经济问题分析的欠缺性也是门限阈值理论产生的直接原因。在门限理论产生之前，普通的线性回归仍然在计量回归领域占据主导地位。随着经济和社会发展问题的多样化和复杂性增加，非线性思想逐渐被引入经济模型的讨论，并得到不断的发展（汤家豪，1978），非线性分析最初采用的是数学中分段函数的思想。分段函数的分段理念顺应了不同阶段趋势差异化分析的潮流。然而，拐点的机械化、主观性和离散性处理使理论研究仍存在一定不足。而门限阈值理论和思想弥补了分段函数这一缺陷，重点对阈值部分进行了完善和细化。

二 理论基本思想

门限阈值理论的基本思想来源于声波学领域的"门限效应"，该领域门限效应概念，指的是当包络检波器的输入信噪比降低到一个特定的数值后，检波器的输出信噪比出现急剧下降的现象，在小信噪比情况下，调制信号无法与噪声分开，有用信号淹没在噪声之中，此时，检波器输出信噪比不是按比例地随着输入信噪比下降，而是急剧恶化，这就是所谓的门限效应，开始出现门限效应的输入信噪比称为门限值，这种门限效应是由非线性调节作用引起的。

门限效应在经济学领域可以解释为经济参数之间的长期非线性关系，当解释变量的数值达到一定的临界点时，被解释变量的趋势会发生方向上的改变，这种改变被称为结构突变，这一临界点被称为阈值点或趋势拐点，以临界点为分水岭，经济参数之间的这种非线性的多阶段转换关系即为门限效应，门限效应是门限阈值理论的思想来源。

综合来看，门限回归理论的基本思想是通过解释变量在不同经济发展阶段的变化，来分析被解释变量在发展过程中的结构突变和趋势转向。门限阈值是门限理论的核心，阈值的位置和大小是理解不同经济变量之间关系转变的关键，在经济社会生活中，存在许多类似的经济非线性关系，需要从门限模型的基础思想出发去解释，同时，通过对解释变量的控制和调节,可以引导积极的发展趋势,并降低消极趋势的损害,这也为政府的调控和决策提供了重要的依据。

三 标准模型介绍

门限阈值理论经过汤家豪(1978)、Hansen(1996)、Caner 和 Hansen(2004)等的发展和完善,逐渐形成了非线性研究领域的理论体系,并在实践中摸索出一系列能够解决现实问题的回归模型。其中具有代表性的是门限回归模型(Threshold Regressive Model),该模型由 Hansen 在 1996 年提出,并在之后得到进一步发展。

门限回归模型最初的研究对象为时间序列或截面数据,即将经济因素按照一定的逻辑进行长期动态取值,以门限阈值为拐点,按照取值范围和特征进行不同阶段的划分,各阶段的经济变量均存在线性关系,而模型总体上为非线性关系。由于应用了分段线性化的思想,因此可以充分利用线性模型的处理手段,以分段的线性关系来描述总体的非线性特征和趋势。Hansen 最早提出的也是时间序列门限自回归模型(TAR)。但随着经济变量数据规模的增加和结构的变化,单纯的时间序列或截面数据无法很好地解释多维的经济发展问题。因此,Hansen 在 1999 年以时间序列门限自回归模型为基础,进一步提出了门限面板回归模型,拓展了门限理论在经济和社会发展过程中的适用领域和范围。

面板门限回归模型(Panel Threshold Regression Models,PTRM)的基本思路是选定某一经济发展变量作为门限回归模型的位置变量,根据研究问题,对门限变量和各经济发展变量之间的关系和数据特征进行分析和描述,然后以阈值变量为分界点,构建不同阶段的分段函数,如式(2-1)所示,每个区间的回归方程表达不同,根据门限划分的区间将其他样本值进行归类,回归后比较不同区间系数的变化,这样,机制转移模型的分析对象从时间序列数据逐渐转向面板数据,扩展了数据量和研究维度,并对截面数据的异质性问题进行了探索。面板门限回归模型的标准形式为:

$$Y_{it} = \begin{cases} \alpha_i + \lambda'_1 X_{it} + \varepsilon_{it} & \text{当} \quad W_{it} \leq \gamma \\ \alpha_i + \lambda'_2 X_{it} + \varepsilon_{it} & \text{当} \quad W_{it} \leq \gamma \end{cases} \quad (2-1)$$

将式(2-1)进一步整合可得:

$$Y_{it} = \alpha_i + \lambda'_1 X_{it} \Phi(W_{it} \leq \gamma) + \lambda'_2 X_{it} \Phi(W_{it} > \gamma) + \varepsilon_{it} \quad (2-2)$$

其中,Y_{it} 是被解释经济变量,X_{it} 为解释经济变量,α_i 表示解释变量与被解释变量之间的自发效应，W_{it}是模型的门限变量，γ是模型的门限参数，描述机制转换的位置，$\varphi(\cdot)$是一个函数形式，具体在应用过程中常用对数函数或者指数函数形式，该函数取值在 0 和 1 之间，以刻画门限变量的变化趋势，并随着门限变量的取值而转换，ε_{it}是满足独立同分布条件的随机干扰项序列。

四　理论意义

门限阈值理论将声学领域"门限效应"的基本思想应用到经济领域相关问题的分析中，通过学科的交叉研究和实证分析，门限阈值理论成为经济和社会学科研究指标之间非线性关系的重要依据，门限阈值模型是对 EKC 曲线基本机制的进一步拓展和深化，使得 EKC 曲线的分析更加科学化和精确化。门限阈值思想是本书碳排放影响机制分析的理论基础，门限阈值模型及其在面板数据领域的进一步发展是碳达峰异质性路径的模型来源，为本书研究的展开提供了理论来源和研究方法。

第五节　区域投入产出理论

投入与产出是企业生产过程中最基本的经济活动，投入产出分析方法专注于研究和分析投入与产出活动之间的关系，是国民经济生产过程中核算成本和产出关系的基础工具，在此基础上发展起来的投入产出理论，不仅是国民经济核算的基本理论依据，同时也是一般均衡思想的理论延伸。区域投入产出理论是区域经济研究的关键框架，是统筹区域碳减排、实现碳达峰目标的内在基础和逻辑依据。

一　投入产出理论

投入产出理论源于国民经济各部门的投入与产出活动中，借助高等数学工具，从经济平衡的视角研究各部门的相互依赖关系，同时也揭示了国民经济各部门在生产投入和产品分配上的平衡关系（里昂惕夫，1936）。一般均衡思想是投入产出理论的核心来源和理论基础，市场经济是生产、交换、消费、分配等活动的有机统一体，同时也是价格机制、分配机制、分工机制和成本机制的综合体现，投入产出模型以国民经济部门间、企业间的投入产出流为依据，深入分析国民经济运行的产业链关系、价值链关系和市场参与者的地位和作用。

投入产出表的编纂是投入产出理论的核心内容，是投入产出分析的前提和数据来源，投入产出表的编纂需要依托经济各部门之间大量的投入与产出数据，涵盖初始产品投入、各类中间品的投入、中间品产出以及最终品的消费等内容，还需要掌握各商品的流向和结构等，因此，投入产出表的编纂是一项烦琐且工作量巨大的复杂任务，其质量直接决定投入产出分析结果的准确性。

二 投入产出模型

投入产出模型是投入产出理论分析的产物，已成为国民经济核算领域广泛采用的分析工具，它是一种用于梳理国民经济活动中投入与产出之间相互关系的经济数学模型，它由投入产出表和根据投入产出表平衡关系建立起来的数学方程组两部分构成，用于进行国民经济分析、政策效果模拟、宏观计划论证和经济趋势预测，是分析和考察国民经济各部门在产品生产与消耗之间数量依存关系的核心模型。

投入产出模型提出之后，在经济和社会发展中完善和拓展，将居民消费融入投入产出的分析中，将一般均衡的边界进一步拓展到消费、投资以及政府行为领域，从动态和长期的视角对投入产出的核算和分析进行补充，并将单一的投入产出模型与计量、统计和空间模型相结合，使该方法逐渐发展成现代科学管理的成熟方法。通过投入产出模型的分析，可以为国家的国民经济发展提供重要的指导和依据，尤其是国家的长期经济规划和产业结构调整，需要以投入和产出数据为依托，进行结构分析和动态预测，并对经济发展过程中的问题及时把握，分析经济政策对经济发展可能产生的影响，把握政府的经济政策效果，提升政府决策的效率。

三 区域投入产出模型

随着投入产出模型的不断发展，其研究重点从国民经济部门间的投入产出关系研究逐渐转向区域间技术和经济联系的分析，区域投入产出模型的提出填补了投入产出模型在区域经济核算领域的研究空白，也使国民经济核算体系的整体性和系统性更强、更科学。

（一）模型基本内涵

区域投入产出模型是投入产出关系在区域空间的细化与延伸，将国民经济各部门在空间领域的关系和布局进行了刻画，是经典投入产出模型的有益补充和分支，它不仅反映了区域间的生产、分配和交换情况，还揭示了区域间要素、商品和资源的流动方向，区域投入产出模型本质上反映的是一种区域内各有关部门之间的生产技术联系和供需的综合平衡关系，该模型常用来预测和分析区域内部及其与总体之间的各种经济问题和经济联系。

区域投入产出模型能够很好地刻画区域经济的差异性和关联性。受资源禀赋、产业结构和经济发展水平等因素的影响，不同区域的投入和产出结构存在显著差异，国民经济的发展需要在充分尊重区域经济发展不平衡性的基础上，注重区域的统筹协调和优势互补。因此，明确各区域的生产重心、技术水平和产出结构是区域协同发展的基础，这也是区域投入产出模型的基本职能和主要目的。

（二）模型拓展和发展

随着经济发展水平的提高，指标核算的技术水平有了较大的提升，投入产出模型的应用领域有了一定的拓展，数据指标逐步从最开始的国家层面拓展到区域层面和细分行业层面，在此基础上，涌现出了一系列区域投入产出模型，从单区域模型到多区域模型，从单边贸易模型到双边贸易模型，从经济领域模型到"环境—经济"的交叉模型，从地区差异化模型到区域平衡性模型，总体而言，区域投入产出模型的进化和演变为国民经济各领域的核算和细化提供了重要的研究视角和研究方法。

四　模型启示

投入产出理论从经济平衡性的视角，深入研究了各部门间的相互依赖关系，反映了国民经济各部门间生产投入和产品分配的平衡状态，该理论是区域经济关系研究的重要基础，投入产出模型及其在区域领域的延伸，为区域内各有关部门间的生产技术联系和供需综合平衡关系的刻画提供了重要的工具和手段，同时，该理论亦是研究区域碳排放不均衡性的重要思想来源，是政府统筹国民经济发展、合理规划区域碳减排，进而实现碳达峰目标的内在理论依据。

综合本章的理论综述可知，经济增长、公共经济、区域经济、环境经济及产业经济等多领域的理论分析和发展，为本书碳排放区域异质性的研究奠定了坚实的理论基础，并为碳排放影响机制的分析和相关实证研究提供了重要的方法来源和拓展思想。本书的研究以此为基础，结合具体的研究问题对相关理论进行了拓展、延伸和交叉融合。首先，将区域经济发展的不均衡性融入区域经济发展阶段的划分中，以产业结构的差异性为基准，对各区域对象进行了聚类分析，既考虑差异性又考虑区域经济发展之间的联系；其次，从 EKC 曲线的基本假设和理论提出背景出发，结合可持续发展理论的最新进展以及当前经济发展问题，放宽 EKC 理论的基础假设，拓展其在可持续发展领域的应用；再次，将门限阈值理论的基本思想融入碳达峰影响机制的研究中，从非线性和多阶段转换的视角，丰富了碳达峰路径实证分析的方法论体系，并验证了门限阈值模型在碳排放领域的适用性；最后，将区域投入产出模型在环境视角下进行拓展，开展区域经济、投入产出关系和碳排放问题的学科交叉研究，分析区域经济发展和碳排放之间的关系，进而厘清中国碳排放的区域空间布局。

第三章 碳排放的测算

二氧化碳排放量的测算是碳达峰路径研究的基础和数据前提，随着经济全球化的发展，温室气体排放规模迅速攀升，21世纪以来，全球的 CO_2 排放规模屡创历史新高，各国际机构和国家对 CO_2 排放问题十分关注，制定和出台了一系列相关政策，以联合国政府间气候变化专门委员会（IPCC）的温室气体清查方法为代表，全球的碳排放测算层出不穷，但在研究方法的设置和研究数据的选择上各有利弊。本章对国内外现有的碳排放测算方法进行阐述和比较，并结合区域经济发展的特征对模型进行了一定的拓展和完善，在此基础上使用区域层面的IPCC排放因子方法对31个世界主要新兴经济体、中国的44个产业部门、30个主要省份，以及247个代表性城市近20年的碳排放数量进行了测算，并对中国的区域碳排放格局和碳转移空间足迹进行了分析，为下文各章节碳达峰路径异质性的分析提供了数据基础和机制依据。

第一节 碳排放测算方法的比较和拓展

碳排放的测算方法在经济和环境发展的过程中逐渐形成和完善，目前国内外的碳排放测算主要从碳排放规模的计算和测度两个大的视角展开，前者基于能源消耗、排放技术和物质能量等数据对碳排放根据能源消耗和生产的数量进行计算，代表性的方法有排放因子法和质量守恒法，这一类的方法适合于宏观和中观层面 CO_2 的计算，尤其在国家和产业层面的计算领域适用性较强；后一类方法以实际测量法为代表，从能源和生产过程中的实地测量中获取 CO_2 的测度数据，这类测算方法适用于微观企业层面具体碳排放的测度，对技术层面数据准确性的要求较高。在此基础上，各国家和机构结合本国的经济发展现状，对碳测算方法从生命周期、投入产出和因素分解的视角进行了进一步的拓展和延伸。目前来看，围绕排放因子法和质量守恒法的宏观层面测算方法使用较为普遍，各国家和机构发布的碳排放数据大部分以此类方法为依据，而实地测量法受操作过程和实施难度的限制，使用的较少，但后一种方法已经开始被世界各国所重视，用来从微观层面把握企业的碳排放情况，两大类排放方法存在互为补充的关系。综合来看，对碳排放量的测算，世界范围内至今仍没有形成统一的标准。

一　排放因子法

排放因子法是指在社会平均劳动生产条件下，以现有技术为基础，根据商品生产过程中所排放气体的平均数量，来计算单位商品生产过程中总体气体排放数量，进而根据商品部门的生产总量来衡量碳排放总水平的方法，以联合国政府间气候变化专门委员会（IPCC）的《国家温室气体排放清单指南》[①]为代表，该方法在碳排放测算领域将宏观层面国民经济各部门的 CO_2 排放源进行汇总和梳理，然后根据行业或者区域标准进行细分，本质上是通过自上而下层层分解来进行核算的一种宏观分析方法。

IPCC 的国家温室气体清单指南测算的产业范围包括：第一产业生产过程中的土地使用、能源和资源的开发和生产活动、生产过程中的废弃物排放、工业过程和产品使用等。目前，能源生产和消费活动是世界各国 CO_2 排放的主要来源，富含碳的化石燃料燃烧是能源生产和消费活动产生大量碳排放的主要原因，因而衡量单位化石燃料的含碳量和氧化率等指标的碳排放因子成为碳排放数量测算的关键，碳排放因子因燃料的数量和种类的不同而差异明显，排放因子主要取决于燃料的碳含量。综合来看，排放因子法是目前世界适用范围最广、应用最为普遍的一种碳核算办法。

根据 IPCC 国家温室气体清单指南中碳核算基本方程的原理，CO_2 的排放数量等于能源生产和消费数据乘以碳排放因子，具体的方程表达

---

① IPCC 的《国家温室气体排放清单指南》历经 1996 年版、2006 年版和 2019 年修订版，清单指南汇集了《土地利用、土地利用变化和林业优良作法指南》《国家温室气体清单优良作法指南和不确定性管理》和《IPCC 国家温室气体清单指南修订本》等文件的核心内容和主旨思想，是全球碳排放领域具有权威性的碳排放指南和纲领，对温室气体的界定、数据指标的测算和碳排放领域的全球合作具有重要意义。

式为：

$$CO_2 = AD \times EF \tag{3-1}$$

其中，AD 是导致 CO_2 排放数量增加的消费和生产活动的数量，包括能源消费数量、资源消费数量、生产过程中的资源投入量、生活过程中的用电量、汽车使用过程中的油气消耗量等，活动数据反映的是人类生产和生活活动的强度，代表着人类对自然环境的影响程度，是决定碳排放数量的广延边际；EF 是与活动水平数据对应的碳排放因子系数，包括能源燃料的氧化率、单位资源的碳元素存量和资源使用过程中的技术指标等，在活动数量一定的情况下，碳排放因子是决定碳排放量的主导因素，是决定碳排放数量的集约边际，碳排放因子的大小取决于能源类型、能源质量、资源开采程度和燃料使用的技术水平等。碳排放因子是碳排放数据核算的基础，IPCC、各世界主要机构和发达国家的统计部门均对碳排放因子的数据进行了计算和发布，中国发布的《工业其他行业企业温室气体排放核算方法与报告指南（试行）》也对碳排放因子数据进行了设置。

碳排放因子法是迄今为止门类最为齐全、体系最为合理的碳排放核算方法，也是世界各国普遍采用并投入大量精力进行测算的一种方法，碳排放因子法可以对国民经济各产业部门和区域的碳排放情况进行总体把握，是各国政府与 IPCC 围绕 CO_2 排放问题进行合作和联系的基础，该方法具有宏观性、全面性、可拓展性和适用性的特征，适用于国家、省份、城市等较为宏观的核算层面，可以对特定区域的整体情况进行宏观把控，为政府的决策提供了重要的依据。

二 质量守恒法

碳排放测算的质量守恒法（MBA），又称质量平衡法或者物料平衡法，是近年来提出的一种新方法。该方法将物理学领域的质量守恒定律应用到生产核算领域，基本思想和出发点是生产系统投入的原料质量必定等于该系统输出物料的质量。质量守恒法以新的生产设备、能源物料和化学物质投入为计算对象，对一个国家每年生产生活中为满足新设备能力或替换去除气体而消耗的新化学物质份额进行计算。

质量守恒法从中观层面将产业的整个生产过程进行了统筹和测算，兼顾原材料的使用、商品的生产、废弃物的排放等整个过程，系统地、全面地研究生产过程中的碳排放，该方法对生产过程的整体把握和分环节检测均具有较好的效果，是一种有效的系统科学计算方法。而且，该方法对钢铁行业和化工行业等将化石能源既作为燃料又作为生产原料的领域尤其契合。

质量守恒法的具体测算过程中，对于 CO_2 的处理秉承碳质量平衡原则，碳排放由输入碳含量减去非 CO_2 的碳输出量得到，质量守恒法具体的碳测算方程为：

$$CO_2 = (IN \times IN_C - PR \times PR_C - WA \times WA_C) \times \frac{44}{12} \qquad (3-2)$$

其中，IN 为原料投入量，IN_C 为原料含碳量，反映原材料投入初始阶段的活动量和含碳量；PR 为产品产出量，PR_C 为产品含碳量，反映中间产品和最终产品生产阶段的活动量和含碳量；WA 为废物输出量，WA_C 为废弃物含碳量，反映废弃物输出环节的活动量和含碳量；44 和 12 分别为二氧化碳和碳的原子量，是碳转换成 CO_2 的转换系数。该测算方程采用碳质量平衡法从整个生产链条的上下游完整环节计算各生产活动的碳排放量，考虑每个具体设施和工艺流程的情况，可以真实准确地反映碳排放发生地的实际排放量。

质量守恒法对碳排放的测算较为灵活，能够有效考虑生产过程中各类设施之间的差异，还可以分辨单个和部分设备之间的区别，尤其当年际间设备不断更新的情况下，该种方法更为简便，是与工业生产过程较为契合的碳平衡测算方法。但是，这也恰恰是质量守恒法的劣势所在，碳核算过程中对整个生产环节的整体把握和分层次细化给碳排放测算带来了大量的工作，生产过程中详细数据的收集对准确性的把握要求较高，这就导致了该方法仅适用于数据基础较好、监测数据易得、生产过程透明度高的行业，如钢铁和化工等成熟行业，因此，该方法的普遍适用性不高。

三 测量法

碳排放的测量法（EA），又称为实测法，不同于排放因子法和质量守恒法，测量法对数据计算量的要求不高，是从微观层面对碳排放进行现场实际测量的方法，该方法采用一定的技术设备和工具，通过对碳排放源的现场实测，收集和捕捉基础碳排放数据，进而对数据进行分类和汇总，从而得到相关企业生产活动的碳排放量。

碳排放测量法的关键是对 CO_2 监测和统计的准确性和技术可行性，

对碳排放的监测不仅要有成熟的测量工具和测量技术，而且测量过程还要具有连续性，通过监测手段或国家有关部门认定的连续计量设施，对CO_2的规模、密度和流量进行监测，最后用准确、完善的测量数据来计算CO_2的排放总量。由于设备和技术的限制，现实中的测量过程中大多是先依据一定的监测手段将样本进行采集，然后与权威的监测部门进行合作，对数据进行统一、批量和准确地提取和处理。因此，碳排放测量法对数据采集和监测过程准确性的要求比较高，对采集数据的处理设备和处理技术的使用也会影响到CO_2的测算精度。

碳排放的测量法根据监测实施的不同过程可进一步分为现场测量和非现场测量两个步骤，通过技术手段和技术工具对生产和生活过程中排放的CO_2进行监测和捕捉是测量法的第一步，现场测量一般是在烟气排放连续监测系统（CEMS）中搭载碳排放监测模块，通过连续监测浓度和流速直接测量其排放量。第二步在现场数据采集之后，将相关样本送至专业的处理机构和技术部门，利用专门的检测设备和技术对样本数据进行提取和分析；另外，碳排放的测量法根据监测数据的规模和大小可以分为整体分析和抽样分析两类，整体分析法即对生产的全过程碳排放进行实时监测，以确保数据的完整性和准确性，但是，操作起来工作量较大，需要连续记录和监测，抽样分析是采用代表性样本以衡量全样本特征的方法，这意味着对碳排放进行局部分析和监测，样本的选择尤为重要，必须具有代表性和全局性的特征才能真实反映整体的碳排放情况。

总体来看，碳排放的测量法具有中间环节少、易于操作和结果准确的特征，要求采集的样品数据具有很强代表性和较高的精确度，但数据获取难度相对较大，成本投入也较大，实际操作过程中难以保证样品数据的代表性和精确度，所以，目前实测法在中国的应用还不多，具体的测量方法也要在实践过程中兼顾排放情况、生产规模、技术手段和采样目标等方面进行综合衡量和选择。

四 生命周期法

碳测算的生命周期法，思想来源于产品生命周期理论（PLC），是对质量守恒法的延伸和拓展，该方法在进行碳排放测算的过程中，不仅关注质量守恒法的原料投入、生产过程和废物排放三个阶段，而且将与这三个阶段相关的整个产品生命周期中的各种活动均纳入碳排放测算的范畴，将生产活动的直接排放和间接排放效应进行汇总和处理，从而准确反映生产和生活过程中的完整碳数量。

在生命周期测算方法中,每个生产环节的碳排放测算依然是根据 IPCC 国家温室气体清单指南中碳核算基本方程的原理,每个环节的 CO_2 排放数量等于各环节生产和消费活动数据乘以碳排放因子,然后进行汇总和处理,具体的方程表达式为:

$$C_{total} = \sum_{i=1}^{n}(C_i) = \sum_{i=1}^{n}(AD_i \times EF_i) \quad (3-3)$$

其中,C_{total} 为整个生产过程的总体 CO_2 排放数量,C_i 为生产过程的第 i 个环节的 CO_2 排放数量,AD_i 是导致 CO_2 排放数量增加的整个生产过程的第 i 个环节的活动规模和强度,EF_i 是与 i 环节活动水平数据对应的碳排放因子系数,方程式(3-3)反映的是整个产品生命周期中各个环节碳排放的总体数量和规模,测算数据更加准确。

综合来看,碳排放生命周期测算方法的研究对象是某个产品生产过程的各个环节,对产品从原材料的供给、初级产品加工、中间产品的生产到最终产品的消费和最终废弃物的处理等各个环节的全碳排放链进行测算,每个环节的碳排放都是该方法的研究点,这一研究方法更有利于了解碳排放的源头及全过程,有利于在实践中对碳排放进行系统性和综合性的治理。但是,宽研究范围、大量的研究数据和全过程的监测决定了该方法使用的局限性,目前仅应用在钢铁、建筑、煤电、出口贸易等领域,该测算方法对数据的要求也更高,核算清单和排放因子数值的确定是生命周期测算方法能够实现的关键。

五 投入产出法

用投入产出法进行产业和产品的碳排放测算主要是考虑到产业间和产品间的投入产出联系,之前的各类方法均是站在产品本身的视角,对自身生产过程中的 CO_2 排放进行测算和计算,而投入产出法从经济平衡的视角研究各部门、各产品间的相互依赖关系,该方法包括生产活动本身的直接碳排放和与该产业部门生产活动相关联的其他活动造成的间接碳排放两个部分,碳排放总量为这两部分的加总。

以产业 i 为例,碳排放核算的第一部分为直接碳排放,该部分的核算依然根据 IPCC 国家温室气体清单指南中碳核算基本方程的原理,采用因子核算方程,具体方程式为:

$$C_i = AD_i \times EF_i \quad (3-4)$$

其中，C_i为i产业的总体CO_2排放数量，AD_i是i产业导致CO_2排放数量增加的活动规模和强度，EF_i是与i产业活动水平数据对应的碳排放因子系数。

碳排放核算的第二部分为间接碳排放，即测算与i产业有关的其他各产业由于i行业的生产活动所导致的CO_2排放，间接碳排放主要采用投入产出法，通过环境扩展的多区域投入产出模型（EEMRIO）进行测算，该方法在里昂惕夫投入产出矩阵基础上加入碳排放强度等因素，具体计算过程中数据来源于产业间的投入产出表。具体计算过程如下。

首先，确定与行业i生产和消费活动相关的j产业的直接碳排放量：

$$C_j = AD_j \times EF_j \tag{3-5}$$

其中，C_j为j产业的总体CO_2排放数量，AD_j是j产业导致CO_2排放数量增加的活动规模和强度，EF_j是与j产业活动水平数据对应的碳排放因子系数。

其次，计算i行业的相关活动所引起的相关行业j的碳排放量增长，计算方法采用投入产出法，通过完全消耗系数①来衡量产业i和j之间的投入产出关系，计算方程为：

$$CIN_{ij} = \frac{C_j}{Y_j} \times Y_i \times (I-A)^{-1}_{ij} \tag{3-6}$$

其中，CIN_{ij}为i产业带动的j产业的CO_2排放数量，Y_j和Y_i分别是i产业和j产业的总产值，C_j/Y_j为j产业单位产出的CO_2排放数量，$(I-A)^{-1}_{ij}$为i产业对j产业的完全消耗系数。

最后，依据投入产出法计算出i产业直接和间接排放的CO_2总数量为：

$$C = AD_i \times EF_i + \sum_{j=1}^{n} \left[\frac{C_j}{Y_j} \times Y_i \times (I-A)^{-1}_{ij} \right] \tag{3-7}$$

投入产出法测算碳排放，反映了国民经济各部门间生产投入和产品分配的平衡关系，投入产出法及其在区域领域的延伸，为区域内各有关部门间的生产技术联系和供需综合平衡关系的刻画提供了重要的工具和手段。

---

① 完全消耗系数也称为里昂惕夫逆矩阵，表示某部门单位最终需求产品在生产过程中消耗各部门的直接或间接投入。

六 测算方法的比较和拓展

二氧化碳的测算是一项十分复杂、多元化的系统工程，关系人类对温室气体排放现状的认知和对未来碳治理路径的制定。世界性组织、各国家政府部门、研究机构、环境领域非政府组织，以及国民经济各产业部门、微观企业和居民个体均是碳生态和碳循环的参与者，同时也是碳测算和碳治理的主体。综合来看，目前世界范围内围绕 CO_2 排放的核算体系已初步建立，该体系在建设初期以政府各部门为主导，私人部门广泛参与，主要包括宏观、中观和微观层面的五大类测算方法，每一类测算方法从各自的视角、领域和操作方式方面各有自身的特点，但总体上均离不开一定的技术手段和政府支撑，碳排放数据的采集和捕捉是这些研究方法实行的关键所在。由于经济社会发展程度、产业结构、技术手段和政府决策的不均衡，世界各国家在碳核算具体过程中对碳数据的收集和测量存在较大的差异性，尤其是不同的测量方法在测量范围的划定及具体标准的制定中主观性较强，导致测量结果存在较大的不确定性和不准确性。目前为止，中国以 IPCC 的碳排放清单为基础，已经初步建立了政府主导型的碳核算框架和数据测算标准，中国的区域和行业碳排放测算工作也取得了一定的进展，但是，在具体的执行中，不同测算方法在数据来源、采集及测量方式、数据呈现方式、汇报方式等方面仍各有侧重，在测量过程中需要具体问题具体分析。

（一）碳排放测算方法的比较

排放因子法、质量守恒法、实地测量法、生命周期法以及投入产出法五类碳排放的测算方法在各自的适用层次、适用领域方面存在一定的差异性，各方法具有较为鲜明的优缺点（见表3-1）。

表3-1　　　　　　　　碳排放测算方法的比较

测算方法	适用层次	适用领域	优点	缺点
排放因子法	宏观/中观	国家、省份、城市等较为宏观的核算层面	门类最为齐全、体系最为合理、数据最为丰富	对个体的差异性处理能力较差
质量守恒法	宏观/中观	数据基础好、监测数据易得、生产过程透明度高的钢铁和化工行业	考虑生产过程中各类设施之间的差异，还可以分辨单个和部分设备之间的区别	工作量比较大，对数据准确性的要求较高，适用性不强

续表

测算方法	适用层次	适用领域	优点	缺点
实地测量法	微观	局部性、区域性、数据易观测的生产性领域	中间环节少、易于操作、结果准确，样品数据具有很强代表性和较高的精确度	数据获取难度相对较大，成本投入也较大
生命周期法	微观	应用在钢铁、建筑、煤电、出口贸易等领域	了解碳排放的源头及全过程，在实践中对碳排放进行系统性和综合性治理	宽研究范围、大量的研究数据和全过程的监测
投入产出法	中观/微观	联系紧密的行业和产业间的碳核算	反映了国民经济各部门间生产投入和产品分配的平衡关系	数据涉及产业和范围较宽，数据精度难以把握

碳排放因子法是迄今为止门类最为齐全、体系最为合理的碳排放核算方法，也是世界各国普遍采用并投入大量精力进行测算的一种方法，适用于国家、省份、城市等较为宏观的核算层面，可以对特定区域的整体情况进行宏观把控，为政府的决策提供了重要的依据；质量守恒法是与工业生产过程较为契合的碳平衡测算方法，碳核算过程中对整个生产环节的整体把握和分层次细化给碳排放测算带来了大量的工作，生产过程中详细数据的收集对准确性的把握要求较高，因此，该方法的普遍适用性不高；碳排放的测量法具有中间环节少、易于操作和结果准确的特征，要求采集的样品数据具有很强代表性和较高的精确度，但数据获取难度相对较大，成本投入也较大，实际操作过程中难以保证样品数据的代表性和精确度，所以，目前实测法在中国的应用还不多；碳排放生命周期测算方法的研究对象是某个产品生产过程的各个环节，对产品从原材料的供给、初级产品加工、中间产品的生产、最终产品的消费和最终废弃物的处理等各个环节的全碳排放链进行测算，但是，宽研究范围、大量的研究数据和全过程的监测决定了该方法使用的局限性，目前仅应用在钢铁、建筑、煤电、出口贸易等领域；投入产出法测算碳排放，反映了国民经济各部门间生产投入和产品分配的平衡关系，投入产出法及其在区域领域的延伸，为区域内各有关部门间的生产技术联系和供需综合平衡关系的刻画提供了重要的工具和手段。

(二) 碳排放测算方法的拓展

虽然以上五种碳排放的核算方法均具有各自的特点和优势，但在实际的操作和核算过程中,大部分的核算方法都离不开排放因子的测算和支撑。例如,质量守恒法各个部分的碳测算、投入产出法直接碳排放部分的核算、生命周期法中不同阶段碳排放的测算,归根结底均是排放因子法的变形和演化。因此,以IPCC各层次碳排放清单为基础的排放因子法是目前为止的核心方法,也是中国目前碳测算体系建立的基础。但是,受资源禀赋、经济发展水平、产业结构和城市化进程等经济社会因素的影响,中国的区域经济发展呈现出明显的不平衡性,这种不平衡同样也体现在CO_2的排放上,因而中国差异化的区域碳排放情况决定了在使用排放因子分析方法时必须将区域的差异性融入碳排放的核算中。

因此,在式(3-1)的基础上,本书将碳排放的测算领域从资源燃烧拓展到工业生产的全过程(Liu等,2015),并将IPCC的碳排放清单从国家层面拓展到行业、省级和城市层面,结合区域经济发展的差异性指标,对CO_2的测算进行拓展和延伸,根据IPCC发布的清单编制指南,二氧化碳排放量等于不同能源参数下(NCV、EF、O)活动水平数据AD乘以排放因子EF(IPCC,2006)。具体的一般性区域CO_2计算方法如下:

$$CO_2 = CO_{2energy} + CO_{2progress} = \sum_i \sum_j (AD_{ij} \times NCV_i \times EF_i \times O_{ij}) + \sum_t (AD_t \times EF_t)$$

(3-8)

其中,AD_{ij}表示行业j使用能源i的数量,NCV_i表示能源i的排放净热值,EF_i表示能源i的排放因子,O_{ij}表示行业j使用能源i的氧化效率。AD_t表示工业产品t的产量,EF_t表示产品t的排放因子。根据CEADs的方法(Shan等,2016),在式(3-8)的基础上,通过收集能源平衡表、工业分行业能源消费数据、工业产品产量,以及人口、GDP、重点工业行业产值等社会经济指标,可以分别计算出国别、省份、城市尺度的CO_2排放量。

第二节 国别碳排放数据测算

21世纪以来,随着人类活动强度的增长,全球二氧化碳排放数量屡创新高,2019年全球碳排放量达到创历史新高的344亿吨,2020年受新冠疫情的影响呈现轻微的下降趋势,在全球CO_2排放的增长中,经济发展最为活跃的新兴经济体成为全球碳排放的重要来源。自 2010 年以来，新兴经济体的经济发展推动了能源消费和二氧化碳排放的迅速增长，成为全球二氧化碳排放增长的主要驱动力，2020 年，新兴市场和发展中经济体占全球二氧化碳排放量的 2/3 以上，其中，仅 2020 年中国碳排放量就达到将近 100 亿吨，占全球碳排放量的比重提升至 31%。然而，世界各新兴经济体的碳排放情况因各国的具体经济、社会和环境情况而存在一定的差异性。同时，各国统计机构在碳排放清单核算的口径、方法、尺度和视角等方面也存在较大的差异，基础数据的缺乏成为研究新兴经济体碳排放特征的主要障碍，也一定程度上限制了对新兴经济体低碳发展路径的研究及政策探讨。因此，本节以 CEADs 的碳排放清单数据库为依托，将碳排放的因子计算法从产业层面上升到国别层面，以产业为基础，对世界 30 个主要新兴经济体①和中国整体的碳排放情况进行了计算和梳理，为下文的实证分析奠定了数据基础和现实依据。

一　国别碳排放数据的测算

国别层面的核算方法和核算口径尚没有权威性的标准，IPCC 国家层面的碳排放清单指南和 CEADs 数据库的国别碳排放清单是国别碳排放核算领域的指导性文件和数据方法，为碳核算领域的发展和拓展奠定了重要的基础。进一步地，依据 CEADs 编纂的国别碳排放清单，参照 Liu 等（2015）的核算方法，从能源燃烧和工业生产两个角度出发，整理计算出世界主要 30 个新兴经济体和中国的碳排放量。根据 IPCC 发布的清单编制指南，CO_2 排放量等于不同能源参数下（NCV、EF、O）活动水平数据 AD 乘以排放因子 EF。计算方法如下：

$$CO_2^H = \sum_{i=1}^{n}\sum_{j=1}^{r}(AD_{ij} \times NCV_j \times EF_j \times O_{ij}) + \sum_{t=1}^{m}(AD_t \times EF_t) \quad (3-9)$$

其中，CO_2^H 表示 H 国的二氧化碳排放数量，AD_{ij} 表示 j 能源在 H 国 i 行业使用的数量，NCV_j 表示 H 国 i 行业能源 j 的排放净热值，EF_j 表示能源 j 在 H 国 i 行业的排放因子，O_{ij} 表示 H 国行业 i 使用能源 j 的氧化效率。AD_t 表示 H 国工业产品 t 的产量，EF_t 表示 H 国产品 t 的排放因子。

---

① 依据《新兴经济体二氧化碳排放报告 2021》的标准，世界主要新兴经济体包括阿根廷、玻利维亚、巴西、柬埔寨、智利、哥伦比亚、厄瓜多尔、爱沙尼亚、埃塞俄比亚、加纳、危地马拉、印度、印度尼西亚、牙买加、约旦、肯尼亚、老挝、摩尔多瓦、蒙古国、缅甸、巴拉圭、秘鲁、俄罗斯、南非、坦桑尼亚、泰国、土耳其、乌干达、乌拉圭和吉布提 30 个国家。

二 30个主要新兴经济体的碳排放情况

根据30个新兴经济体的经济发展水平、常住人口、产业结构和技术水平等区域异质性指标,通过收集各国家的分行业能源消费数量、产品产量、能源平衡表、碳排放强度等数据可以计算出国别层面的CO_2具体排放量。具体碳排放的核算过程中,从式(3-9)出发,计算30个新兴经济体的17种产业部门[①]基于8种[②]燃料消耗基础上的CO_2排放量,考虑到数据的可能性,CO_2排放数据测度的时间跨度为2010—2018年。

(一)总体CO_2排放情况

基于8种燃料消耗,对30个主要新兴经济体的17种产业部门的CO_2排放量进行加总,得到国别层面的CO_2总体排放数量。由表3-2可知,俄罗斯、印度、巴西、印度尼西亚、南非、土耳其、泰国、阿根廷和埃塞俄比亚9个国家的CO_2排放位居30个新兴经济体的前列,且2018年的碳排放量均超过1.5亿吨,"金砖国家"表现尤其明显,是世界CO_2排放数量持续增加的主要动力和来源。其中,俄罗斯和印度两个国家的碳排放量遥遥领先其他各国,印度在2013年的碳排放量开始超过俄罗斯在30个新兴经济体中排名首位,2018年印度的CO_2排放量攀升到24.33亿吨的历史新高;印度尼西亚的碳排放量在2010年之后便超过巴西,但这两个国家与印度和俄罗斯的碳排放量相差较大;另外,缅甸、柬埔寨和老挝三个东南亚国家的CO_2排放数量近几年呈现快速增长势头,成为东南亚地区碳排放的主要来源。

表3-2　　　　30个主要新兴经济体2010—2018年CO_2排放情况　　　　单位:百万吨

年份 国家	2010	2011	2012	2013	2014	2015	2016	2017	2018
俄罗斯	1470.1	1553.7	1565.9	1504.6	1510.5	1502.7	1495.4	1517.8	1526.1
印度	1383.8	1284.6	1434.8	1638.2	1846.1	2098.4	2134.2	2290.7	2433.1

[①] 农林牧副渔、煤矿、石油和天然气开采、建筑业、木业、食品、饮料和烟草、金属冶炼及相关制品、矿产开采与选矿、非金属矿产及附属品、运输、电气电子、机械、其他制造业、其他服务、造纸、印刷和文化产品、石油加工、原化工和医药、电暖气、煤气、自来水、住宅、纺织、服装和皮革、运输、仓储、邮电服务、批发、零售贸易和餐饮。

[②] 生物燃料、煤炭、原油与液化天然气和相关原料、天然气、石油产品、油页岩和油砂、泥炭和泥炭产品和其他。

续表

年份 国家	2010	2011	2012	2013	2014	2015	2016	2017	2018
巴西	454.02	471.94	485.95	494.3	497.91	486.32	465.36	476.03	468.75
印度尼西亚	426.46	497.19	573.46	538.22	515.5	508.09	517.22	534.84	629.8
南非	391.33	366.59	373.25	418.83	397.84	363.66	387.51	366.76	363.38
土耳其	282.55	292.15	302.07	312.33	322.94	333.91	349.04	382.31	375.82
泰国	251.3	256.29	261.39	266.58	256.37	271.43	274.72	276.08	278.68
阿根廷	148.86	158.83	159.82	166.37	163.19	169.5	168.63	165.18	155.87
埃塞俄比亚	130.71	134.86	139.39	143.65	148.24	152.81	157.66	162.67	167.83
哥伦比亚	90.97	88.19	92.83	95.8	99.72	98.66	101.21	88.69	93.7
智利	74.09	82.28	86.84	85.93	82.79	86.95	91.34	92.84	92.95
肯尼亚	54.3	56.51	58.81	77.46	84.98	76.39	79.5	82.73	86.1
秘鲁	50.79	52.02	54.05	54.3	55.67	57.01	61.31	61.45	61.66
缅甸	49.01	52.17	51.25	54.96	61.66	63.28	60.01	65.36	74.06
危地马拉	38.54	39.53	40.81	42.96	44.37	47.92	51.2	52.41	54.66
厄瓜多尔	33.09	34.89	36.3	39.13	40.95	34.73	38.77	35.91	39.38
坦桑尼亚	21.37	23.23	25.91	28.55	29.1	20.41	17.53	16.96	16.4
加纳	20.67	21.57	22.51	23.49	24.52	25.58	26.7	28.13	30.23
约旦	20.22	20	22.05	22.2	24.19	24.53	24.39	25.85	23.68
玻利维亚	15.97	17	16.99	18.5	19.78	20.04	21.52	22.11	22.64
爱沙尼亚	14.72	14.68	13.23	15.15	14.46	11.41	12.92	14.01	14.19
乌干达	13.44	13.76	13.85	14.34	15.23	15.43	16.67	17.19	17.94
柬埔寨	11.96	12.7	13.28	13.37	14.74	16.23	18.39	18.94	21.39
巴拉圭	11.08	11.2	11.23	10.55	11.05	11.57	12.45	16.64	16.93
蒙古国	10.6	10.98	12.02	13.03	12.8	12.39	12.84	13.96	15.74
牙买加	8.49	10.61	7.99	8.37	8.3	10.25	10.45	7.48	9.3
乌拉圭	7.71	9.23	10.06	8.95	7.98	8.1	7.93	7.74	8.82
老挝	5.98	7.14	8.52	8.75	9.62	15.26	20.98	24.3	24.6
摩尔多瓦	4.61	4.67	4.39	4.47	4.32	4.4	4.55	4.79	4.99
吉布提	2.07	2.07	2.27	2.18	2.29	2.38	2.25	2.28	2.31

资料来源：根据 CO_2 测算结果和 CEADs 数据库整理。

(二) 分燃料类型的 CO_2 排放情况

在具体的 CO_2 测算过程中发现不同燃料的使用对碳排放的影响存在较大的差异性,因此,将 30 个新兴经济体的 8 种燃料按照属性划分为两大类:一类是化石燃料,包括煤炭、原油、液化天然气和相关原料、天然气、石油产品、油页岩和油砂、泥炭和泥炭产品;另一类是生物燃料。并在此基础上分别对主要新兴经济体的碳排放情况进行梳理和计算。

1. 化石燃料

由表 3-3 可知,基于化石燃料消耗而产生碳排放规模较大的国家与表 3-2 基本一致,排名前几位的是俄罗斯、印度、印度尼西亚、南非、巴西、土耳其、泰国和阿根廷,说明这些国家的燃料使用中,化石燃料仍然占据绝对主导地位,并且以"金砖国家"为代表的新兴经济体是目前世界 CO_2 排放数量持续增加的主要动力,其中,印度的碳排放增长速度较快,已经超越俄罗斯成为 30 个国家中碳排放最多的国家;另外,通过研究发现,表 3-2 和表 3-3 的碳排放大国存在一个明显的差异,埃塞俄比亚虽然 CO_2 总量排名较高,但是化石燃料的碳排放量却很少,2018 年埃塞俄比亚的碳排放量仅为 1158 万吨,不及印度的 0.5%,说明埃塞俄比亚的燃料结构中,化石燃料的比重很低。另外,随着经济社会的发展,缅甸、柬埔寨和老挝三个东盟国家因为化石燃料使用产生的 CO_2 排放数量近几年呈现快速增长势头。

表 3-3　　30 个主要新兴经济体 2010—2018 年化石燃料 CO_2 排放情况　　单位:百万吨

年份 国家	2010	2011	2012	2013	2014	2015	2016	2017	2018
俄罗斯	1470.1	1553.7	1565.9	1504.6	1510.5	1502.7	1495.4	1517.8	1526.1
印度	1383.8	1284.6	1434.8	1638.2	1846.1	2098.4	2134.2	2290.7	2433.1
印度尼西亚	426.46	497.19	573.46	538.22	515.5	508.09	517.22	534.84	629.8
南非	391.33	366.59	373.25	418.83	397.84	363.66	387.51	366.76	363.38
巴西	321.45	346.43	361.82	368.44	366.97	349.35	338.19	345.3	332.76
土耳其	282.55	292.15	302.07	312.33	322.94	333.91	349.04	382.31	375.82
泰国	219.56	223.92	228.37	232.91	221.61	237.73	252.51	254.26	258.01
阿根廷	145.63	155.38	156.71	162.85	159.84	165.98	165.39	161.91	152.82

续表

年份 国家	2010	2011	2012	2013	2014	2015	2016	2017	2018
智利	74.09	82.28	86.84	85.93	82.79	86.95	91.34	92.84	92.95
哥伦比亚	73.39	71.07	76.09	79.55	83.8	83.78	86.82	75.53	80.53
秘鲁	41.71	42.72	45.03	45.56	46.87	48.32	52.46	50.85	51.31
厄瓜多尔	31.54	33.37	34.87	37.74	39.55	33.44	37.5	34.67	38.18
约旦	20.22	20	22.05	22.2	24.19	24.53	24.39	25.85	23.68
玻利维亚	15.97	17	16.99	18.5	19.78	20.04	21.52	22.11	22.64
爱沙尼亚	14.72	14.68	13.23	15.15	14.46	11.41	12.92	14.01	14.19
缅甸	12.33	12.89	11.64	12.29	16.33	21.68	19.92	28.61	32.41
危地马拉	12.25	12.46	13.08	14.3	15.14	18.31	19.67	18.95	20.53
蒙古国	10.6	10.98	12.02	13.03	12.8	12.39	12.84	13.96	15.74
加纳	10.59	11.05	11.53	12.03	12.56	13.1	13.67	14.89	16.38
肯尼亚	10.28	10.7	11.13	11.97	13.59	16.01	16.66	17.33	18.04
牙买加	7.25	9.65	7.08	7.43	7.19	9.21	9.8	6.9	8.67
埃塞俄比亚	6.53	6.74	7.66	8.38	9.4	10.55	10.88	11.23	11.58
坦桑尼亚	6.12	7.78	9.87	10.21	10.23	11.39	10.41	10.07	9.74
乌拉圭	5.23	6.61	7.49	6.34	5.45	5.65	5.49	5.32	5.41
巴拉圭	4.89	5.11	5.31	5.25	5.53	6.07	6.88	7.96	8.43
摩尔多瓦	4.61	4.67	4.39	4.47	4.32	4.4	4.55	4.79	4.99
柬埔寨	4.45	5.15	5.42	5.18	6.15	7.38	9.71	10.41	11.76
乌干达	3.44	3.64	3.35	3.62	4.06	4.11	4.9	5.07	5.37
老挝	1.79	2.14	2.55	2.81	3.63	9.19	14.95	18.26	18.55
吉布提	1.28	1.27	1.46	1.35	1.35	1.4	1.47	1.49	1.51

资料来源：根据 CO_2 测算结果和 CEADs 数据库整理。

2. 生物燃料

生物燃料是指将植物或动物废弃物等生物质材料燃烧作为燃料，一般主要是农林废弃物，既包括秸秆、稻糠、锯末、甘蔗渣等，也包括沼气的使用等，合理的生物燃料使用是有效降低碳排放的重要手段，但大量原始的、技术含量低的生物燃料使用方式会加剧 CO_2 的排放。

图 3-1 显示的是 12 个主要新兴经济体 2018 年生物燃料的 CO_2 排放

情况，在上述 30 个世界主要新兴经济体中，这 12 个国家是生物燃料排放最高的群体，同时也意味着在这些国家的燃料结构中，生物燃料占到了较大的比重。埃塞俄比亚和巴西是生物燃料导致碳排放量迅速增加的第一国家梯队，2018 年，因为生物燃料的使用，埃塞俄比亚排放了 1.56 亿吨的 CO_2，巴西也有将近 1.4 亿吨，数量相当惊人；其次是肯尼亚、缅甸、危地马拉和泰国，这些国家 2018 年的生物燃料 CO_2 排放量也超过 2000 万吨。综合来看，生物燃料使用较多的国家主要是生物资源丰富或者农业为主且经济发展相对落后的国家，这些国家目前对生物燃料的使用还主要停留在粗放型的使用模式下，因此，对全球的 CO_2 排放造成了不利的影响，如何合理地使用生物燃料，进而通过一定的技术手段提升生物燃料的使用效率是下一步的研究重点。

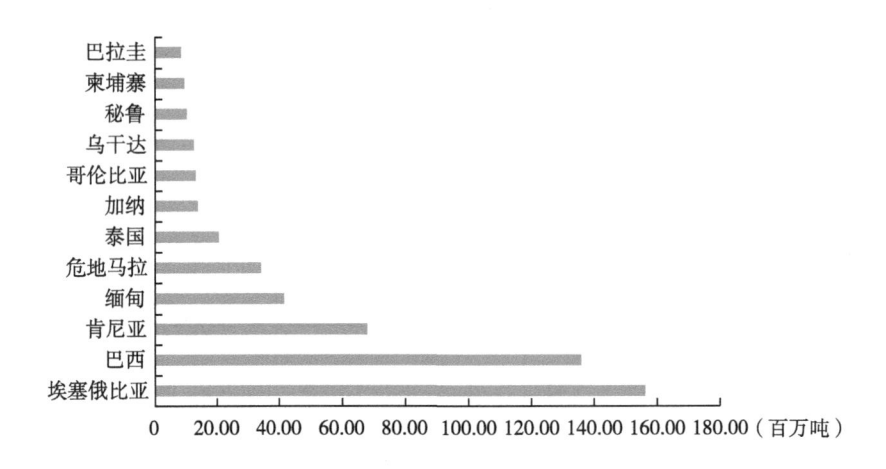

图 3-1　2018 年 12 个主要新兴经济体生物燃料的 CO_2 排放情况

（三）分部门的 CO_2 排放情况

基于不同燃料消耗类型的产业部门层面测算是衡量 CO_2 排放规模的基础，不同产业部门由于能源消耗数量、碳排放强度和技术水平等因素的差异，二氧化碳排放呈现出较大的差异性，按照《国民经济行业分类》标准，将国民经济 20 个产业门类进一步整合为 17 个产业部门，分别对 30 个主要新兴经济体 2010—2018 年不同部门的平均 CO_2 排放情况进行梳理。

由表 3-4 展示的各新兴经济体各部门 2010—2018 年的平均 CO_2 排放量来看，17 个产业部门中，电暖气、煤气、自来水和运输、仓储、邮电服务两个大类部门的碳排放量长期处于最高水平，且近十年来增长趋势较为缓慢，住宅和农林牧副渔的碳排放量处于第二梯队，与前两个产业大类的差距明显，之后的木业、食品、饮料和烟草、运输设备、电气电子、机械以及批发、零售贸易和餐饮等产业部门历年的 CO_2 排放量基本维持在平均 1000 万吨以下。由此可见，30 个新兴经济体产业间的碳排放存在显著的差异，对碳排放的治理需要根据各产业部门的情况制定差异化的时间表和行动方案。

表3-4　　　　30个新兴经济体2010—2018年部门平均 CO_2 排放情况　　　　单位：百万吨

产业部门＼年份	2010	2011	2012	2013	2014	2015	2016	2017	2018
电暖气、煤气、自来水	44.45	49.67	51.97	50.35	51.98	54.27	54.73	52.15	48.73
运输、仓储、邮电服务	44.26	46.72	46.35	50.22	47.49	49.86	50.05	51.98	47.13
住宅	23.80	23.90	25.12	26.23	25.28	25.58	26.88	24.23	23.89
农林牧副渔	11.58	12.00	11.32	12.63	11.46	11.86	11.60	11.80	10.50
木业、食品、饮料和烟草	7.08	8.14	7.49	8.61	9.28	10.51	10.23	9.26	10.82
运输设备、电气电子、机械	3.58	4.12	3.80	4.47	4.01	3.71	3	3.12	3.09
批发、零售贸易和餐饮	2.99	2.98	3.16	3.22	3.11	3.13	2.62	2.94	2.84
石油加工、原化工和医药	1.86	1.92	1.70	1.70	1.73	1.70	1.59	1.60	1.29
金属冶炼及相关制品	1.74	1.93	1.73	1.67	1.70	1.94	1.68	1.86	1.47
建筑业	1.40	1.40	1.46	1.45	1.45	1.44	1.09	1.33	1.34
煤矿、石油和天然气开采	0.99	0.77	0.86	0.66	0.66	0.36	0.38	0.27	0.81
矿产开采与选矿	0.67	0.65	0.69	0.52	0.52	0.39	0.50	0.34	0.02
纺织、服装和皮革	0.56	0.52	0.44	0.51	0.57	0.50	0.50	0.47	0.45
非金属矿产及附属品	0.40	0.40	0.37	0.39	0.39	0.39	0.35	0.33	0.30
造纸、印刷和文化产品	0.25	0.24	0.22	0.21	0.21	0.23	0.18	0.20	0.14
其他制造业	0.01	0.01	0.01	0.01	0.01	0.01	0.01	0.01	0.01
其他服务	0	0	0	0	0	0	0	0	0

资料来源：根据 CO_2 测算结果和 CEADs 数据库整理。

以 2018 年为例，各新兴经济体的产业部门在整体 CO_2 排放中的比重如图 3-2 所示，电暖气、煤气、自来水和运输、仓储、邮电服务两大产业部门碳排放的比重均达到30%以上，住宅产业碳排放比重为16%，木业、食品、饮料和烟草以及农林牧副渔相关产业的CO_2排放比重也达到7%。由此可见，这些产业部门的碳排放是CO_2的主要来源，而其他产业部门的比重相对较少，均未超过2%。

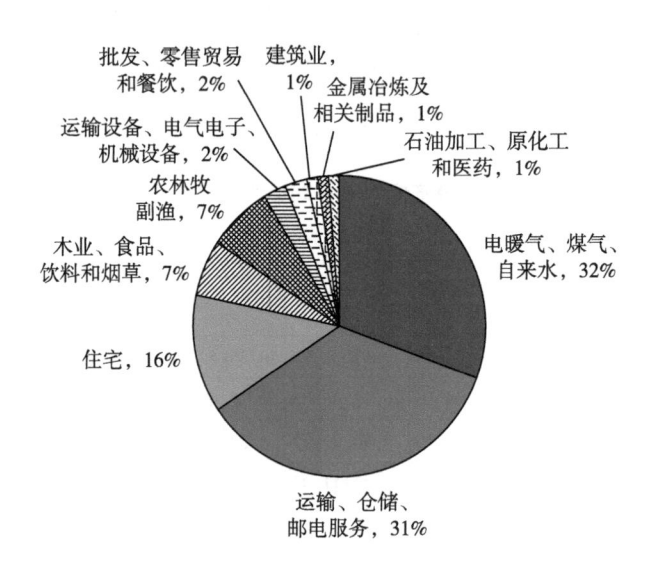

图3-2　30个主要新兴经济体2018年主要部门的平均CO_2排放情况

资料来源：根据CO_2测算结果和CEADs数据库整理。

三　中国的碳排放情况

按照同样的碳排放测算方法，从产业—省级层面出发，计算出中国总体CO_2的排放数量，如图3-3所示，与其他金砖国家和主要新兴经济体相比，中国的碳排放量遥遥领先，2010年以来，占到世界碳排放量的1/3左右，其中2018年的碳排放量为100亿吨左右，是世界CO_2排放的主要来源地。另外，2010—2018年，中国CO_2的排放量总体呈现稳步上升的趋势，2020年9月，在第75届联合国大会上，习近平总书记向国际社会庄严提出中国2030年实现碳达峰和2060年实现碳中和的目标，鉴于目前的碳排放情况和增长趋势，中国的碳达峰和碳中和路径任务艰巨，需要各产业部门和各区域的通力协作，发挥协同效应。

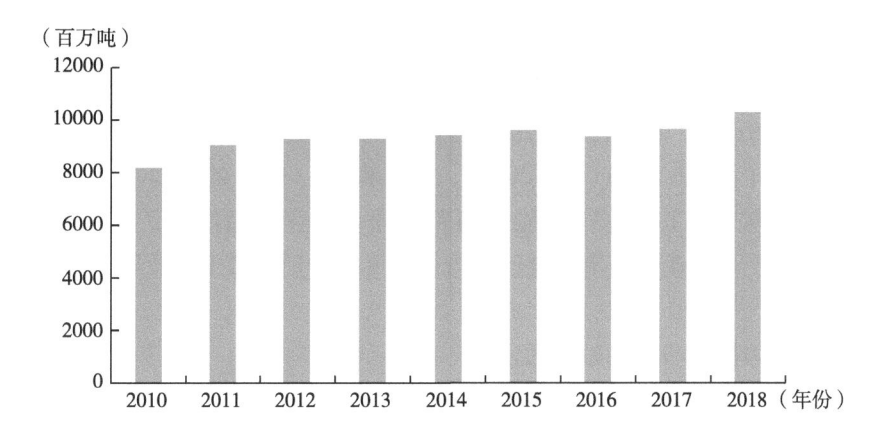

图 3-3 中国 2010—2018 年的 CO_2 排放情况

资料来源：根据 CO_2 测算结果和 CEADs 数据库整理。

第三节 中国行业碳排放数据测算

二氧化碳排放的测算起点和基础是各行业的生产或生活活动，而在中国的国民经济体系中，不同产业部门由于能源消耗数量、碳排放强度和技术水平等因素的差异，CO_2 排放呈现出较大的差异性，因此，需要对行业按照碳排放的规模进行分析和梳理。

一 行业碳排放数据的测算

行业碳排放数据的测算是其他层面碳排放测算的基础，以式（3-8）为基础，在排放因子方程的基础上，本书将碳排放的测算领域从资源燃烧拓展到工业生产的全过程，并将 IPCC 的碳排放清单拓展到行业层面，结合不同行业发展的差异性指标，对行业 CO_2 的测算进行拓展和延伸，根据 IPCC 发布的清单编制指南，CO_2 排放量等于不同能源参数下（NCV、EF、O）活动水平数据 AD 乘以排放因子 EF。具体的行业 CO_2 计算方法如下：

$$CO_2^j = \sum_{i=1}^{n} \sum_{j} (AD_{ij} \times NCV_i \times EF_i \times O_{ij}) + \sum_{t=1}^{m} (AD_t \times EF_t) \quad (3\text{-}10)$$

其中，CO_2^j 表示行业 j 的二氧化碳排放总额，AD_{ij} 表示行业 j 使用能

源 i 的数量，NCV_i 表示能源 i 的排放净热值，EF_i 表示能源 i 的排放因子，O_{ij} 表示行业 j 使用能源 i 的氧化效率，i 的取值范围为 1 到 n。AD_t 表示工业产品 t 的产量，EF_t 表示产品 t 的排放因子，t 的取值范围为 1 到 m。根据 CEADs 的方法（Shan 等，2016），在方程（3-10）的基础上，通过收集能源平衡表、工业分行业能源消费数据、工业产品产量，以及人口、GDP、各工业行业产值等社会经济指标，可以分别计算出行业层面的 CO_2 排放量。

二 中国各行业的碳排放情况

按照《国民经济行业分类》标准，将中国国民经济 20 个门类进一步细分为 44 个产业部门，分别对 2011—2019 年不同部门的 CO_2 排放情况进行梳理，并从整体和重点行业视角进行分析。

（一）各行业的总体碳排放情况

如表 3-5 所示，中国的国民经济各行业中，电力、蒸汽、热水的生产和供应产业的 CO_2 排放数量近年来稳居第一，2011—2019 年的年均碳排放量在 40 亿吨左右，2019 年，该行业占全国 CO_2 排放总量的比例超过 50%（见图 3-4），成为中国 CO_2 的主要来源；黑色金属冶炼与压制、非金属矿产和运输、仓储、邮电服务三个行业的 CO_2 排放数量处于第二梯队，年均 CO_2 排放数量为 10 亿吨左右，2019 年，三个行业在全国的占比分别达到 21.36%、12.82% 和 8.44%，也是中国"双碳"目标实现过程中需要重点关注的行业；化工原料及化工产品和石油加工和炼焦两个产业门类由于对化石燃料的消耗规模较大，每年排放的 CO_2 数量接近 2 亿吨，占全国的比重分别为 1.89% 和 1.98%，这两类产业的 CO_2 治理是中国碳减排工作的重心所在。

表 3-5　　　中国 2011—2019 年产业部门的 CO_2 排放情况　　单位：百万吨

产业部门 \ 年份	2011	2012	2013	2014	2015	2016	2017	2018	2019
电力、蒸汽、热水的生产和供应	3632.2	3854.8	4061.8	3982.7	3841.9	3960.3	4211.1	4510.0	4642.0
黑色金属冶炼与压制	1598.6	1671.5	1761.6	1802.8	1698.0	1697.2	1693.7	1769.6	1853.1
非金属矿产	1244.7	1250.4	1314.5	1355.0	1280.7	1253.2	1162.8	1093.7	1111.8
运输、仓储、邮电服务	525.22	577.35	613.62	638.80	673.86	689.50	721.40	741.36	732.48
化工原料及产品	274.61	261.82	264.50	254.86	285.42	244.17	227.54	192.54	163.75

续表

年份 产业部门	2011	2012	2013	2014	2015	2016	2017	2018	2019
石油加工和炼焦	138.73	140.73	144.02	138.07	164.19	132.68	142.55	142.39	171.61
煤炭开采与选矿	121.02	125.02	133.40	70.30	66.08	59.16	69.51	58.45	55.29
农、林、牧、渔、水利	82.87	86.15	92.96	94.51	97.84	100.40	102.54	94.66	91.45
批发，零售贸易和餐饮服务	75.17	80.15	84.95	83.83	87.60	86.64	82.80	71.30	67.60
有色金属冶炼与压制	69.17	65.11	67.53	67.61	65.33	60.50	61.52	64.18	64.51
普通机械	56.32	35.55	30.89	29.85	28.84	27.67	19.69	14.70	10.76
食品加工	51.23	49.36	48.03	40.97	42.99	41.15	34.02	25.89	22.32
造纸及纸制品	50.78	44.07	39.81	31.59	27.54	25.03	24.43	17.40	12.94
纺织工业	44.74	38.22	37.13	29.26	27.73	23.38	19.06	12.62	9.92
石油天然气开采	43.45	42.59	45.57	46.65	45.52	39.60	39.49	40.06	39.64
建设	39.29	38.73	43.41	44.67	46.75	46.35	46.52	45.01	44.09
饮料生产	25.93	24.32	24.93	22.27	20.01	18.09	15.84	12.11	10.78
粮食生产	24.52	25.01	24.76	21.13	20.71	21.47	20.16	18.42	17.87
运输设备	23.68	24.40	23.70	19.93	17.19	13.80	12.37	9.02	6.14
黑色金属开采与选矿	17.71	16.24	18.69	18.02	14.81	12.00	9.51	9.54	9.93
特殊用途设备	15.19	11.86	12.28	12.33	10.35	9.08	7.44	3.69	2.95
医疗及制药产品	14.10	13.65	13.25	12.25	12.25	16.75	8.53	4.78	2.48
非金属矿选矿	13.76	14.15	14.26	13.15	11.49	10.29	11.94	9.96	9.48
金属制品	13.71	18.22	18.69	15.30	14.38	12.36	10.08	24.89	24.68
木材加工、竹、藤、棕榈纤维	11.42	10.96	10.33	8.77	8.03	5.73	4.04	1.84	1.56
电气设备及机械	10.83	9.75	9.48	7.60	6.83	5.36	3.96	2.25	1.92
化学纤维	7.21	6.77	6.67	5.59	5.84	5.70	4.86	3.43	3.81
塑料制品	7.01	5.82	5.42	4.62	4.38	3.71	2.88	1.76	1.16
服装和纤维产品	6.59	6.55	5.75	5.29	4.74	3.97	2.75	1.50	1.20
橡胶制品	6.52	5.82	5.42	4.62	4.38	3.71	2.88	1.76	1.16
有色金属选矿	5.53	5.34	5.08	4.53	4.28	3.38	2.92	2.65	2.32
电子及电信设备	5.11	4.53	4.33	4.20	4.32	4.11	3.95	3.61	3.26
皮革、毛皮、羽绒及相关产品	3.51	3.92	3.54	3.11	2.97	2.57	1.84	0.75	1.13
其他制造业	2.87	2.45	2.09	1.10	1.09	1.04	1.02	0.53	0.46
烟草加工	2.13	1.38	1.30	1.09	0.95	0.70	0.62	0.50	0.40

续表

年份 产业部门	2011	2012	2013	2014	2015	2016	2017	2018	2019
废料和垃圾	1.98	1.89	2.17	2.50	2.29	2.14	1.85	3.46	6.10
家具制造	1.89	1.76	1.67	1.47	1.46	1.24	0.87	0.61	0.50
印刷和记录介质复制	1.68	1.65	1.87	2.19	2.14	2.24	1.72	2.05	1.22
天然气生产供应	1.66	1.66	2.11	1.14	1.42	1.39	3.23	4.18	4.32
仪器、仪表、文化和办公机械	1.21	1.17	1.18	0.97	0.87	0.78	0.58	0.38	0.29
文、教、体用品	1.10	2.51	2.60	2.96	2.80	2.64	2.19	1.41	1.10
自来水生产供应	0.59	0.70	0.56	0.43	0.45	0.44	0.45	0.51	0.31
其他矿物业采矿	0.01	5.68	4.68	4.92	4.03	3.36	0.03	4.98	5.50
木材和竹子的采伐和运输	0.00	0.00	0.00	0.00	0.00	0.00	0.00	0.00	0.00

资料来源：根据 CO_2 测算结果和 CEADs 数据库整理。

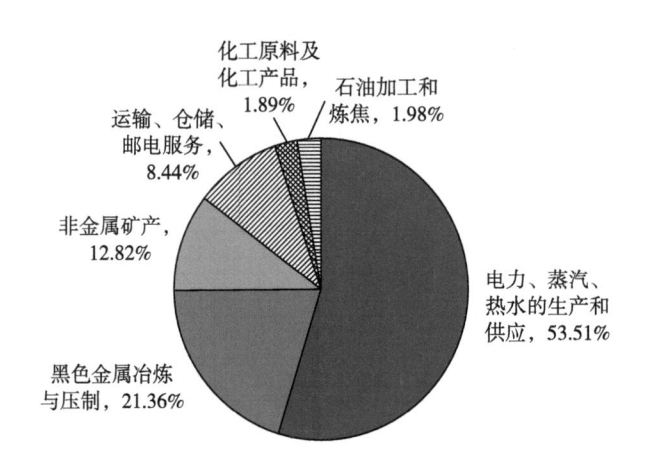

图 3-4　中国 2019 年主要部门的 CO_2 排放情况占比

资料来源：根据 CO_2 测算结果和 CEADs 数据库整理。

另外，中国碳排放量较多的行业还包括煤炭开采与选矿、农、林、牧、渔、水利、批发，零售贸易和餐饮服务和有色金属冶炼与压制等，这些产业的碳排放量维持在年均 5000 万吨以上，甚至有逐渐下降的趋势，其中煤炭开采与选矿产业的碳排放量从 2011 年的 1.21 亿吨下降到了 2019 年的 5529 万吨，降幅超过 50%，说明中国的碳减排工作逐渐开始出现成效。

综合来看，虽然中国碳排放密集型行业的 CO_2 排放量依然维持在较高水平，但有一半以上的行业近年来已经呈现出碳排放下降的趋势，中国要顺利实现"双碳"目标，需要重点对电力、化工和金属冶炼等高碳排产业进行转型和升级，通过技术创新和清洁生产来降低该类产业的碳排放。

（二）重点行业的碳排放情况

在各行业整体碳排放分析的基础上，对电力、蒸汽、热水的生产和供应，黑色金属冶炼与压制，非金属矿产，运输、仓储、邮电服务，石油加工和炼焦，化工原料及化工产品六大类高碳排放行业近年来碳排放数量的增长趋势进行梳理（见图3-5）。

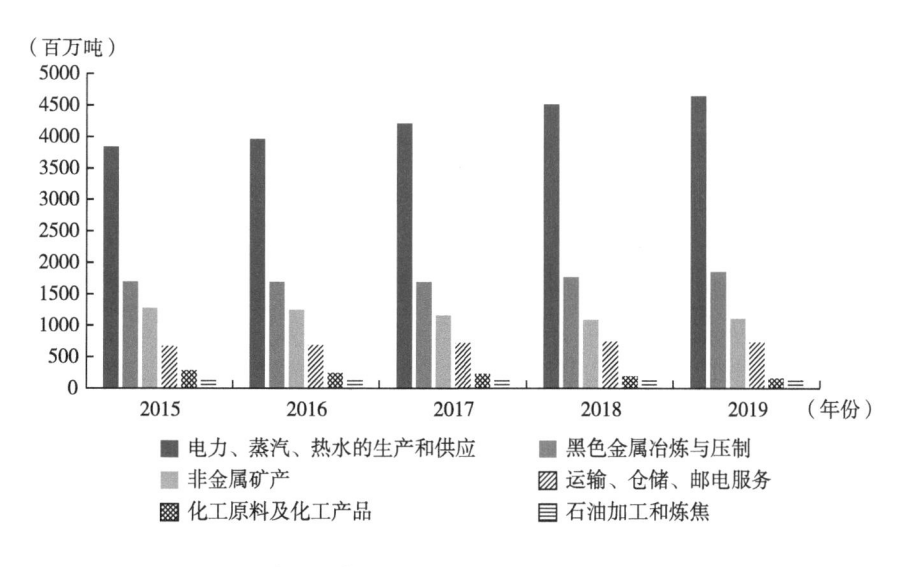

图 3-5 中国重点行业 2011—2019 年的 CO_2 排放情况

资料来源：根据 CO_2 测算结果和 CEADs 数据库整理。

电力、蒸汽、热水的生产和供应行业的碳排放量处于遥遥领先地位，近年来呈现稳步增长趋势，黑色金属冶炼与压制，非金属矿产，运输、仓储、邮电服务三个产业紧随其后，但非金属矿产相关行业从 2015 年开始 CO_2 排放量呈现不断下降的趋势，石油加工和炼焦、化工原料及化工产品两个行业的碳排放量也同样在 2015 年年底出现了类似 EKC 曲线的拐点，相关高碳行业碳排放趋势的变化反映出中国近年来碳减排工作的力度正在逐步加大，"十四五"时期，以电力、蒸汽、热水的生产和供应行业为代表的高碳行业有望在"双碳"目标政策的引导下迎来碳排放的转折点。

第四节　中国省级碳排放数据测算

区域经济发展不均衡是中国经济发展的典型事实，这种不平衡性是资源禀赋、发展历史、技术水平和城镇化水平等诸多因素共同作用的结果，这也决定了中国各区域二氧化碳排放规模的差异性。总体来看，东部地区各省份以高新技术产业和服务业为依托，产业结构趋于合理，碳减排技术的研发和新能源的使用处于领先地位，东部各省份有望率先完成碳达峰目标，但这些省份的人口相对集中，高城镇化水平也带来了交通运输业的快速发展，这些因素也是导致生活领域二氧化碳排放量增长的因素。中西部地区的产业结构偏向制造业，尤其是内蒙古、辽宁、甘肃等以能源、钢铁、水泥等产业为主的各省份，碳排放量居高不下，是中国碳达峰目标实现的工作重心。因此，各省份和地区的通力合作和协调发展是中国碳达峰目标顺利实现的重要保障。

一　省级碳排放数据的核算

碳排放数量的核算能够准确反映中国各省份能源消耗和工业生产等领域的基本情况，同时也是各省份制定差异化碳达峰路径和碳中和策略的依据和基础。目前，由于世界各国对能源和工业生产等数据的充实和完善以及 IPCC 清单指南的普及和推广，国别层面的碳排放核算数据相对较多，由于地区差异性的存在和数据统计的缺失，区域层面的碳排放核算数据相对较少，中国的省级碳核算工作也是未来一段时间碳核算领域的发展趋势和重点。

虽然国别层面的核算方法和核算口径尚没有权威性的标准，但是仍然为碳核算领域的发展和拓展奠定了重要的基础。本书依据 CEADs 编纂的地域碳排放清单（Shan 等，2017），参照 Liu 等（2015）的核算方法，从能源燃烧和工业生产两个角度出发，整理计算出中国 30 个代表性省份[①]的 CO_2 排放量。根据 IPCC 发布的清单编制指南，CO_2 排放量等于不同能源参数下（NCV、EF、O）活动水平数据 AD 乘以排放因子 EF。具

[①] 由于西藏自治区、中国香港、中国澳门和中国台湾的相关统计数据缺失，故本书的样本数据只包括 30 个省份。

体计算方法如下：

$$CO_2^S = \sum_{i=1}^{n} \sum_{j=1}^{r} (AD_{ij} \times NCV_j \times EF_j \times O_{ij}) + \sum_{t=1}^{m} (AD_t \times EF_t) \quad (3-11)$$

其中，CO_2^S 表示 S 省份的二氧化碳排放量，AD_{ij} 表示 j 能源在 S 省份 i 行业使用的数量，NCV_i 表示 S 省份 i 行业能源 j 的排放净热值，EF_i 表示能源 j 在 S 省份 i 行业的排放因子，O_{ij} 表示 S 省份行业 i 使用能源 j 的氧化效率。AD_t 表示 S 省份工业产品 t 的产量，EF_t 表示 S 省份产品 t 的排放因子。在式（3-11）的基础上，通过收集能源平衡表、工业分行业能源消费数据、工业产品产量，以及人口、GDP、重点工业行业产值等社会经济指标，可以分别计算出各省级层面的 CO_2 排放量。

二 省级碳排放情况分析

由各省份的碳排放数量可以看出（见表3-6），首先，CO_2 排放量最高的省份包括山东、河北、江苏、河南和内蒙古，这些省份 2010 年以来的年均碳排放量超过 6 亿吨，领先于其他各省份，广东、辽宁和山西三个省份紧随之后，年均碳排放量为 5 亿吨左右，这 8 个省份是中国碳排放的主要来源，总量占全国的 1/2 以上；其次，碳排放规模处于中间层次的省份包括湖北、湖南、陕西、黑龙江、吉林、云南和贵州等，这些省份大部分处于中部地区，且近十年的 CO_2 排放数量增长较慢，产业结构和生产方式相对稳定；最后，上海、广西、新疆、江西和重庆等省份在碳排放上处于较低水平，年均 CO_2 排放量维持在 2 亿吨以下，而天津、甘肃、北京、宁夏、青海和海南 6 个省份则处于全国碳排放的最低水平，年均 CO_2 排放量不足 1 亿吨，这些省份也是中国碳排放较轻、碳达峰目标有望最先实现的地区。

表 3-6　　中国 30 个主要省级单位 2010—2018 年的 CO_2 排放情况　　单位：百万吨

年份 省份	2010	2011	2012	2013	2014	2015	2016	2017	2018
山东	766.63	800.78	842.20	761.58	790.42	854.46	832.73	805.92	901.65
河北	647.03	724.64	714.48	768.87	751.92	788.41	748.48	725.92	912.20
江苏	580.32	633.32	656.21	694.33	704.53	721.65	723.99	736.33	764.05
河南	504.71	548.53	520.69	483.94	535.37	527.43	512.97	494.41	490.68

续表

年份 省份	2010	2011	2012	2013	2014	2015	2016	2017	2018
内蒙古	477.43	598.20	621.61	576.19	582.21	600.65	589.76	639.28	723.57
广东	471.51	520.57	504.69	496.84	503.85	515.08	517.65	542.48	567.51
辽宁	446.32	455.06	461.00	481.98	484.50	493.94	456.73	479.18	520.98
山西	406.52	438.77	465.96	488.19	475.69	461.61	449.49	487.99	541.80
浙江	358.58	379.41	377.21	378.99	375.34	378.84	372.04	382.13	388.83
湖北	324.27	373.64	367.63	309.22	310.16	317.78	310.75	324.59	322.37
四川	303.82	303.38	330.71	343.07	341.27	332.38	309.79	309.47	296.31
安徽	261.92	291.26	318.18	343.12	350.42	363.91	362.36	370.55	398.98
湖南	254.90	285.55	281.66	271.23	269.93	298.99	293.77	309.74	305.97
陕西	218.63	243.81	261.92	265.56	277.16	284.03	265.41	261.96	276.17
黑龙江	218.25	247.43	269.15	256.84	269.07	273.28	269.34	268.66	248.04
吉林	202.13	233.87	229.52	222.27	222.65	208.31	201.00	203.97	196.25
福建	199.40	236.91	232.22	229.39	243.41	234.24	213.40	230.38	261.46
云南	194.23	205.41	211.74	206.17	194.59	179.82	180.05	194.50	212.24
贵州	191.54	210.97	230.11	233.21	230.97	234.98	249.02	255.35	252.99
上海	187.08	200.17	194.80	201.18	187.68	195.32	188.14	190.48	190.64
广西	171.79	192.30	204.87	210.03	207.75	203.06	211.18	220.63	231.83
新疆	167.58	202.98	251.52	292.72	329.24	345.73	370.38	403.61	421.54
江西	148.37	164.00	163.99	197.41	202.26	216.14	213.31	224.00	236.63
重庆	141.49	160.30	164.79	140.29	156.21	164.20	153.61	157.62	160.79
天津	136.61	152.02	158.03	157.03	155.37	154.35	146.56	140.91	154.09
甘肃	126.47	138.86	152.71	159.58	163.51	160.08	152.38	150.50	162.99
北京	102.95	94.43	97.21	93.37	92.47	92.76	89.33	84.97	89.56
宁夏	95.32	137.29	135.03	142.89	142.61	141.82	136.54	175.12	191.59
青海	31.79	36.57	44.64	47.93	48.49	51.36	56.46	53.22	51.94
海南	28.93	34.92	37.26	39.47	40.74	42.28	39.85	42.16	42.19

资料来源：根据 CO_2 测算结果和 CEADs 数据库整理。

另外，通过对各省份2010—2018年碳排放量变动情况的梳理发现，河南、湖北、四川和吉林四个省份在2012年前后 CO_2 排放量开始出现下降趋势，这些省份2018年的碳排放量已经低于2010年前后的水平，表明这些省份的碳达峰工作成效显著；而另外，以山东、河北、江苏和新疆为代表的省份，碳排放数量增长幅度较大，山东、河北和江苏是碳排放的第一梯队，2018年相对于2010年碳排放量增长幅度最大的河北省，增幅达到41%，山东和江苏各占18%和32%，这三个省份依然是中国CO_2排放最多的地区，碳达峰目标任重道远。新疆维吾尔自治区近年来的碳排放增长尤其明显，从2010年的1.67亿吨增加到2018年的4.21亿吨，增幅超过150%，是中国碳排放增长速度最快的省份，产业结构和能源结构的调整迫在眉睫。

近年来，中国各省份的碳排放情况相对于2010年前后发生了一些明显变化，图3-6显示，河北超过山东成为碳排放最高的省份，河北、山东、江苏和内蒙古是中国2018年碳排放量最高的四个省份，全年的CO_2排放数量分别达到9.122亿吨、9.017亿吨、7.641亿吨和7.236亿吨；然后是广东、辽宁和山西，这些省份处于碳排放的第一梯队，远高于其他省份。由分析可知，高碳排放主要是由这些省份的产业结构决定的，这些省份的整体产业结构偏向能源和重工业领域，能源消耗和碳排放强度均处于较高水平。

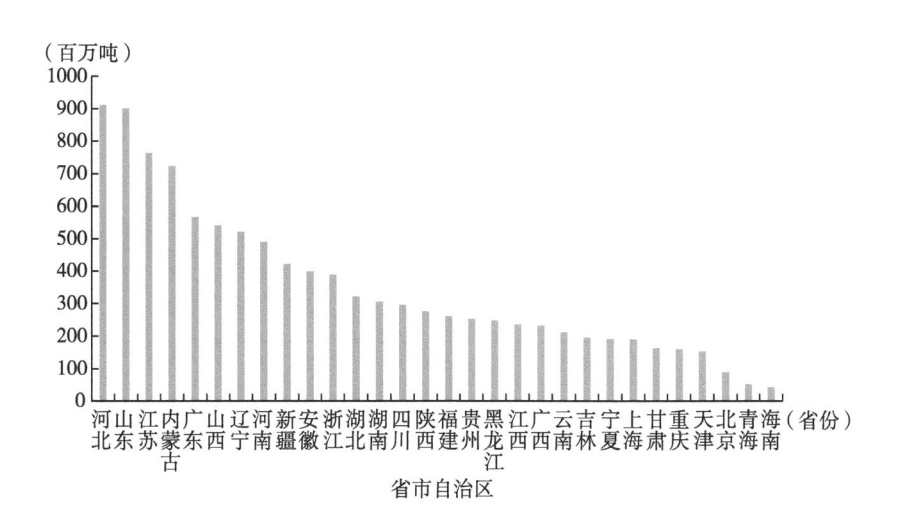

图3-6 2018年中国各省份的碳排放情况

资料来源：根据CO_2测算结果和CEADs数据库整理。

安徽、湖南、湖北和福建等省份2018年的碳排放量少于4亿吨，为中国碳排放的第二梯队,这些省份的经济发展水平在全国处于中游阶段,工业结构以轻工业为主导,同时人口规模呈现不断上涨的趋势,工业生产和能源消耗中的 CO_2 排放压力不大,生活领域碳排放数量正在不断增长。

处于碳排放第三梯队的省份分为两个类别:一类是以北京、上海和天津为代表的发达地区,另一类是以宁夏、甘肃、青海和海南为代表的欠发达地区,这两类省份的 CO_2 排放数量在全国处于较低水平,前者是由高新技术和服务业为主导的产业结构所决定的,后者则取决于当地较低的经济发展水平,包括工业生产和消费领域。

综合来看,中国各省份的碳排放呈现明显的差异性,而工业结构的不同是造成这种差异性的主要原因,能源产业和重工业领域的碳排放强度较高,轻工业对 CO_2 的排放影响较弱,服务业和高新技术产业的碳排放量最少。因此,对中国各省份异质性碳排放路径的分析需要根据产业结构将 30 个省份进行具体的分类,以此类别为依据分层次具体分析不同类别省份的碳达峰路径和区域协同策略。

三 中国分区域的碳排放情况

鉴于中国区域经济发展的不平衡事实,进一步将 30 个省份按照东部、中部、西部[①]进行划分,分别比较和梳理不同区域以及同一区域内部不同省份之间二氧化碳排放的差异化情况,具体碳排放情况如表 3-7 所示。

表 3-7　　　　中国分区域 2010—2018 年的 CO_2 排放情况　　　　单位:亿吨

年份 区域	2010	2011	2012	2013	2014	2015	2016	2017	2018
东部	34.79	37.77	38.14	38.21	38.46	39.77	38.72	38.82	42.72
中部	32.45	36.36	36.99	36.30	37.02	37.62	36.59	38.02	39.85
西部	16.43	18.32	19.88	20.41	20.92	20.97	20.85	21.82	22.58

资料来源:根据 CO_2 测算结果和 CEADs 数据库整理。

---

① 东部地区共 10 个省份,包括北京、天津、河北、上海、江苏、浙江、福建、山东、广东、海南,中部地区共 10 个省份,包括山西、内蒙古、辽宁、吉林、黑龙江、安徽、江西、河南、湖北、湖南,西部地区共 10 个省份,包括广西、重庆、四川、贵州、云南、陕西、甘肃、青海、宁夏、新疆。

（一）东部地区

东部地区经济发展水平总体较高，同时也是中国 CO_2 排放的主要来源，2018 年，东部各省份的碳排放占全国的 40.63%，2010—2018 年基本保持 3% 左右的平均年增长率。但东部各省区内部的碳排放差异十分明显，山东、河北和江苏三个省份虽然地处东部，但是产业结构偏向能源型和重工业型，而且人口相对集中，城镇化水平较高，导致这三个省份是中国碳排量最高的地区，广东和浙江的碳排放规模紧随其后，2018 年分别达到 5.68 亿吨和 3.89 亿吨，也属于碳排放量较高的省份，而东部的其他省份，包括福建、上海、天津、北京和海南，这些省份的碳排放量相对较轻，尤其是北京和海南，2018 年的碳排放量不足 1 亿吨。由此可见，东部地区各省份在碳排放规模上存在较大的不均衡性。

（二）中部地区

中部地区作为东部和西部经济发展的枢纽，承接了大量东部地区的相关产业，为西部经济的崛起提供了重要的支撑，与此同时，中部各省份中能源产业、矿业、钢铁产业和石油化工业在经济中占据的比重较高，因此，中部的 CO_2 排放量略低于东部，占全国的 37.9%，年均增长率也基本维持在 3% 以下。在中部地区中，内蒙古、辽宁、山西和河南是碳排放量较高的四个省份，年均碳排放量基本维持在 5 亿吨左右，其他各省份，如湖北、安徽、湖南、黑龙江和江西，碳排放水平基本处于全国中下游水平，吉林省在 2018 年的碳排放数量只有 1.96 亿吨，是中部各省份中碳排放量最少的地区。总体来看，中部各省份之间碳排放数量的差距不大，而且河南、湖北和吉林三个省份的 CO_2 排放量近年来已经呈现出不断递减的趋势。

（三）西部地区

西部地区的整体经济发展水平相对较低，人口数量和城市化率也落后于东部和中部，因此西部整体的碳排放规模仅占全国的 1/5 左右，但是近年来的平均增长率超过每年的 4%，增长趋势较快。西部地区中，新疆碳排放量近年来的增速很快，2018 年已经超过 4 亿吨，四川和陕西的碳排放量相对较高，2018 年分别达到 2.96 亿吨和 2.76 亿吨，云南、贵州、广西、重庆、甘肃和宁夏六个省份的年 CO_2 排放量基本维持在 2 亿吨左右，增长趋势总体较缓，青海是西部省份中碳排放量最少的地区，2018 年仅有 5000 万吨左右。总体来看，西部各省份的碳排放在低水平层面缓步增长。

第五节　中国城市碳排放数据测算

受地理位置、自然资源和发展历史等因素的影响，中国的区域经济发展呈现出明显的不平衡性，这种不平衡性不仅表现在经济发展水平、产业结构和人口密度上，同样也体现在 CO_2 的排放上。总体来看，中西部以能源和重工业为支柱产业的地区和城市，其 CO_2 排放的数量明显高于其他地区和城市，而以高新技术和服务业等产业为依托的东部城市群，在保持高水平经济增长的同时，在 CO_2 排放的控制和碳达峰的技术研发领域也处于领先地位。鉴于此，国家在"十四五"规划中也明确鼓励地方根据具体情况制定2030年前碳排放达峰行动方案，有条件的地方率先达峰。

一　城市级碳排放的核算

准确核算各城市的二氧化碳排放量，是合理制定城市碳减排政策的第一步，也是至关重要的一步。目前，国家层面的碳排放主要由各国统计局或国际机构依据 IPCC 的清单指南和各国能源统计数据进行估算，这一层面的数据相对夯实，而城市层面的碳排放核算难点在于如何处理各个国家和地区的差异性情况，同时城市层面数据的获得对数据统计的准确性和处理过程的技术性要求更高，因而目前城市层面的碳排放核算数据较少。本节依据中国碳排放核算数据库（CEADs）编纂的中国城市级碳排放清单核算方法，整理计算出中国247个代表性城市的 CO_2 排放量。

一般而言，二氧化碳排放的核算包括两部分：能源燃烧相关排放 $CO_2 energy$，以及工业生产过程排放 $CO_2 process$（Liu 等，2015）。根据 IPCC 发布的清单编制指南，二氧化碳排放量等于不同能源参数下（NCV、EF、O）活动水平数据 AD 乘以排放因子 EF（IPCC，2006）。具体计算方法如下：

$$CO_2^W = \sum_{i=1}^{n} \sum_{j=1}^{r} (AD_{ij} \times NCV_j \times EF_j \times O_{ij}) + \sum_{t=1}^{m} (AD_t \times EF_t) \quad (3-12)$$

其中，CO_2^W 表示 W 城市的二氧化碳排放数量，AD_{ij} 表示 j 能源在 W 城市 i 行业使用的数量，NCV_j 表示 W 城市 i 行业能源 j 的排放净热值，EF_j 表示能源 j 在 W 城市 i 行业的排放因子，O_{ij} 表示 W 城市行业 i 使用能源 j 的氧化效率。AD_t 表示 W 城市工业产品 t 的产量，EF_t 表示 W 城市产

品 t 的排放因子。在式（3-12）的基础上，通过收集能源平衡表、工业分行业能源消费数据、工业产品产量，以及人口、GDP、重点工业行业产值等社会经济指标，可以分别计算出各城市尺度的 CO_2 排放量。

二 城市级碳排放情况

根据数据的连续性和可得性，将原样本中的 339 个城市进行筛选，剔除数据不连续和大面积缺失的样本，对个别数据缺失的重要城市进行了总体递归处理，最终保留了具有代表性的 247 个城市样本，基本涵盖了各省份的主要核心城市，数据具有一定的代表性和说服性。

表 3-8 显示的是中国碳排放量相对较高的 30 个城市的具体 CO_2 排放规模及其近年来的变化情况。从中可以看出，首先，碳排放最多的第一梯队城市包括上海、唐山、苏州、重庆、天津、鄂尔多斯和邯郸，其中上海、苏州、天津和重庆的经济体量较大，发展水平相对较高，而唐山和鄂尔多斯属于典型的重工业型城市，因此，碳排放量领先全国其他城市；其次，包头、榆林、南京、石家庄、安阳和北京属于 CO_2 排放较多的第二梯队城市，北京和南京属于发达城市行列，而产业结构偏向工业化是包头和榆林等城市碳排放量居高不下的主要原因；再次，碳排放量较高的城市还包括武汉、广州、宁波、鞍山、徐州、太原、淄博、本溪、济宁、无锡、枣庄、运城、郑州、青岛、呼和浩特、马鞍山和六盘水，这些碳排放规模较大的城市主要分为两类：一类是经济发展水平较高、人口较为密集、城镇化水平高的发达城市，另一类是产业结构以能源为主或重工业为主的资源型城市，这两类城市是中国 CO_2 排放的主要来源；最后，碳排放规模最小的城市梯队包括天水、鹰潭、武威、六安、雅安、亳州、商洛、贺州、随州、抚州、梧州、定西、张家界、白山和黄山，这些城市大部分以旅游业作为城市经济发展的命脉，服务业占比相对较高，因此碳排放量相对较低。

表 3-8 中国主要城市 2010—2017 年的 CO_2 排放情况　　单位：百万吨

年份 城市	2010	2011	2012	2013	2014	2015	2016	2017
上海	195.50	201.49	195.93	207.63	194.22	195.32	194.71	196.15
唐山	186.07	297.83	280.22	301.45	250.14	220.61	230.81	338.14
苏州	184.61	202.11	207.79	218.38	221.49	236.49	211.96	206.90

续表

年份 城市	2010	2011	2012	2013	2014	2015	2016	2017
重庆	145.42	166.61	171.65	149.12	162.90	164.20	156.58	160.55
天津	139.15	154.29	160.33	159.65	158.11	154.35	148.95	143.99
鄂尔多斯	129.79	149.39	173.00	175.96	173.48	218.14	207.14	225.71
邯郸	122.79	123.66	130.16	128.62	156.53	153.02	130.42	118.89
包头	115.68	96.10	129.10	116.05	122.11	146.70	123.72	124.47
榆林	114.14	160.74	193.42	225.79	258.71	337.45	362.28	436.25
南京	113.17	144.52	139.47	143.37	150.02	164.87	170.02	178.42
石家庄	107.62	125.46	141.07	134.30	100.39	107.33	107.93	129.63
安阳	107.34	84.01	82.94	99.91	106.55	75.21	81.26	87.11
北京	105.04	95.31	98.00	94.07	93.26	92.76	89.98	85.56
武汉	99.14	86.34	81.51	104.33	103.22	98.85	91.03	97.03
广州	98.81	103.32	97.27	102.49	113.44	114.51	128.70	121.94
宁波	98.75	115.19	120.16	112.73	106.75	97.48	113.14	117.92
鞍山	96.49	98.33	101.16	102.54	108.67	112.15	100.60	104.52
徐州	85.81	101.43	100.07	124.97	111.48	141.76	103.12	128.81
太原	84.86	93.53	85.47	80.75	78.78	78.20	80.39	80.07
淄博	84.62	79.48	77.57	73.41	89.11	92.14	94.39	97.54
本溪	81.12	82.44	81.26	84.12	82.97	85.96	78.39	82.47
济宁	79.08	74.37	75.31	85.76	85.32	71.24	58.65	56.07
无锡	78.47	85.31	88.61	90.77	87.09	86.78	79.55	90.30
枣庄	77.98	80.91	80.83	63.37	68.63	53.63	47.45	55.06
运城	76.84	87.67	85.45	90.02	74.28	63.72	68.64	89.03
郑州	69.30	76.16	80.73	86.45	86.90	63.85	69.26	74.94
青岛	68.82	67.30	68.18	56.17	54.31	50.03	55.32	59.47
呼和浩特	67.39	88.71	80.85	89.36	88.62	86.28	80.02	73.99
马鞍山	66.93	74.09	82.64	112.01	106.49	85.49	88.70	92.94
六盘水	66.76	77.85	90.30	80.02	83.13	93.19	104.37	115.96

资料来源：根据 CO_2 测算结果和 CEADs 数据库整理。

另外，通过分析各城市 2010—2017 年的碳排放变化趋势可以发现，鄂尔多斯、榆林、滨州、东营、晋城、乌鲁木齐、潍坊、商丘、银川、渭南和莱芜等城市近年来的碳排放量增长速度较快（见图3-7），这些城市的主导产业以重工业为主，产业结构的调整和升级速度相对滞后，是决定中国碳达峰目标能否顺利实现的重点和关键地区。

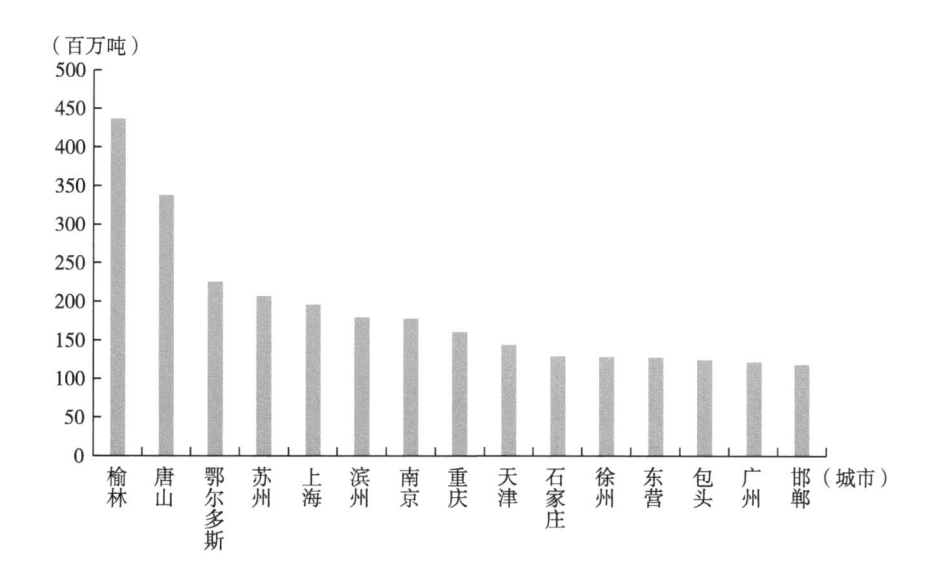

图3-7　2017年中国碳排放前十五位城市的情况

资料来源：根据CO_2测算结果和CEADs数据库整理。

安阳、北京、太原、济宁、枣庄和青岛等城市近年来CO_2排放量下降的趋势日益明显，安阳和北京的碳排放量分别从2010年的1.07亿吨和1.05亿吨下降到2017年的0.87亿吨和0.86亿吨，这些城市成为中国碳达峰行动方案落实效果最佳的地区。由此可见，一个地区的经济发展水平、产业结构、技术水平、人口密集程度和城市化水平等经济社会因素是决定CO_2排放数量大小的主要因素，中国要顺利实现碳达峰和碳中和的目标，需要综合考虑各方面的因素，并进行区域的统筹协调推进。

三　中国区域碳排放的情况

进一步地，将样本中的247个城市根据所在省份的情况划分为东部、中部和西部，并计算三个区域的碳排放量情况，如图3-8所示。

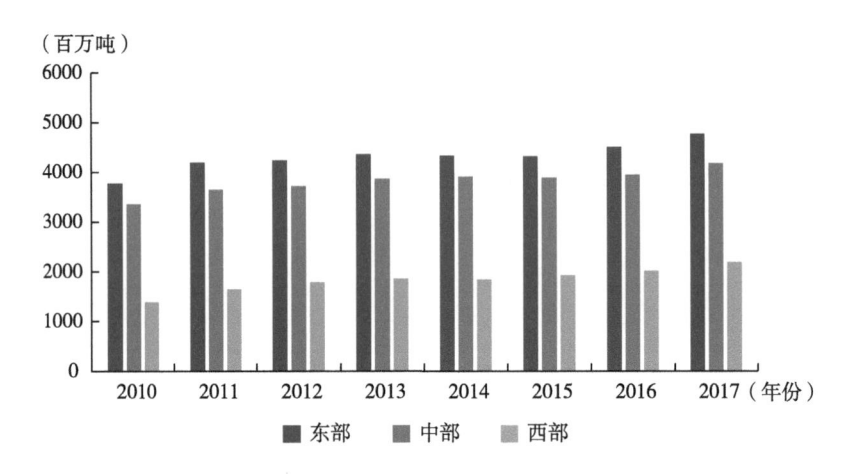

图 3-8　2010—2017 年中国区域碳排放情况

资料来源：根据 CO_2 测算结果和 CEADs 数据库整理。

中国的东部、中部、西部三个区域各城市 2017 年的 CO_2 排放量占比分别为 42.81%、37.54% 和 19.65%，东部地区整体经济发展水平相对较高，人口密集程度和城市化水平也处于全国领先地位，该地区的各城市也是中国碳排放的主要来源，尤其是生活领域的 CO_2 排放规模呈现快速增长的趋势，中部地区各城市的产业结构以工业为主，能源、制造、采矿、钢铁和水泥等产业在生产过程中产生了大量的 CO_2，这些产业的碳排放强度相对较高，而西部各城市受到经济发展水平、产业结构的影响，整体的碳排放水平相对较低。

综上所述，本章对国内外现有的碳排放测算方法进行阐述和比较，目前国内外的碳排放测算主要从碳排放规模的计算和测度两个大的视角展开，前者适合于宏观和中观层面 CO_2 排放的计算，尤其在国家和产业层面的计算领域适用性较强，后一类测算方法适用于微观企业层面具体碳排放的测度，对技术层面数据准确性的要求较高。目前，围绕排放因子法和质量守恒法的宏观层面测算方法使用较为普遍，各国家和机构发布的碳排放数据大部分以此类方法为依据，而实地测量法受操作过程和实施难度的限制，使用的较少，但后一种方法已经开始被世界各国所重视，用来从微观层面把握企业的碳排放情况，两大类排放方法存在互为补充的关系。综合来看，对碳排放量的测算，世界范围内至今仍没有形成统一的标准，本章结合区域经济发展的特征对现有模型进行了一定的拓展和完善，在此基础上，以 CEADs 的碳排放清单数据库为依托，将碳排放的因子计算法从产业层面上升到国别层面，以产业为基础对世界 30 个主要新兴经济体和中国整体的碳排放情况进行了计算和梳理，为下文的实证分析奠定了数据基础和现实依据。

受地理位置、自然资源和发展历史等因素的影响，中国的区域经济发展呈现出明显的不平衡性，这种不平衡性不仅表现在经济发展水平、产业结构和人口密度上，同样也体现在 CO_2 的排放上。总体来看，中西部以能源和重工业为支柱产业的地区和城市，其 CO_2 排放数量明显高于其他地区和城市，而以高新技术和服务业等产业为依托的东部城市群，在保持高水平经济增长的同时，在 CO_2 排放的控制和碳达峰的技术研发领域同样处于领先地位。鉴于此，国家在"十四五"规划中也明确鼓励地方根据具体情况制定 2030 年前碳排放达峰行动方案，有条件的地方率先达峰。因此，本章进一步基于拓展的碳排放因子方法，使用区域层面的 IPCC 排放因子方法对中国的 44 个产业部门、30 个主要省份以及 247 个代表性城市近年来的碳排放数量进行了测算，并对中国的区域碳排放格局和碳转移空间足迹进行了分析，为下文各章节碳达峰路径异质性的分析提供了数据基础和机制依据。

第四章 碳排放的影响因素与机制分析

碳排放规模的不断增长是经济社会诸多因素共同作用的结果，厘清碳排放影响因素的具体作用，是降低碳排放量、实现碳达峰目标的重要前提。自第二次世界大战以来，世界各国家和地区在快速推进工业化和城市化进程中，也为经济可持续发展带来了沉重的 CO_2 排放负担。作为全球最大的发展中国家，中国经历了经济发展阶段的迭代转折、产业结构的跨越式升级、人口规模和结构的大幅度调整以及技术创新的起步和腾飞，使 CO_2 排放量的影响因素在中国更加复杂多样。尽管学术界围绕中国碳排放的影响因素问题开展了大量研究工作，但随着经济社会的不断发展变化，各经济社会因素的具体影响及其作用机制也在随之转变。因此，本章分别从经济发展、产业结构、人口集聚与技术进步四个方面，展开对碳排放影响因素问题的研究，综合四类影响因素的具体作用，结合 EKC 曲线研究各因素的具体影响机制，从而为下文分析中国碳达峰的区域异质性路径、提出区域协同策略提供理论依据和机制基础。

第一节 经济发展与碳排放的关系

二氧化碳排放规模快速增长的根本原因是世界各国家和地区过度追求经济增长、忽略环境保护，在一个国家或地区处于经济发展的初期阶段时，经济发展方式主要以粗放式发展为主，经济增长主要依靠大量消耗能源的重工业和大规模投入要素的制造业拉动，从而导致一个国家或地区的经济发展在经济效益低下的同时却伴随着 CO_2 的高排放；随着国家工业化程度的不断提高，国内经济得到一定程度的发展，开始有能力提升生产效率、转变生产方式、增加创新要素投入，经济发展方式逐渐由高能耗的粗放式增长转变为低能耗的集约式增长，CO_2 排放增长趋势开始得到缓解。

由于世界各国和各地区经济发展阶段不尽相同，导致全球 CO_2 排放的节奏和步调也不尽一致，《联合国气候变化框架公约》和《京都议定书》相继围绕全球碳减排责任做出明确划分，依据历史排放责任要求发达国家率先实现碳达峰与碳中和目标，发展中国家暂时不承担强制性碳减排义务。然而，国际能源署预测了《京都议定书》生效后十年的碳排放结果发现，在发达国家与发展中国家不对称减排情景下，发展中国家的碳排放量完全能够抵消发达国家在碳减排工作上做出的努力。因此，世界各国和地区在全球碳减排问题上，需要齐心协力承担起各自的责任与义务。

中国在联合治理全球气候变暖问题的实践领域中，始终保持具有世界影响力的发展中大国身份，先后以《京都议定书》和《巴黎协定》为蓝本，提出逐步实现碳达峰与碳中和的目标，承诺2030年前 CO_2 的排放不再增长，达到峰值之后逐步降低，并在控制碳排放的基础上，通过植物造树造林、节能减排等形式，抵消自身产生的 CO_2 排放量，实现 CO_2 "零排放"，到2060年实现碳中和。2020年9月22日，习近平主席在第七十五届联合国大会一般性辩论上的讲话中宣布："中国将提高国家自主贡献力度，采取更加有力的政策和措施，CO_2 排放力争于2030年前达到峰值，努力争取2060年前实现碳中和。"碳中和目标配合碳达峰目标的同时提出，不仅承诺了中国将用30年的时间实现碳排放归零，更规范了中国在实现碳达峰目标后下一步的努力方向，妥善处理好经济发展与碳排放的关系、在追求经济增长的同时，有效控制碳排量成为中国追求经济高质量发展、推动经济社会全面绿色转型的关键。

在全球碳减排趋势下，CO_2 作为工业生产和居民生活的产物，其排放量的变化逐渐成为衡量经济发展阶段和特征的重要指标。伴随工业增加值的增长和波动，CO_2 排放量经历了先快速上升、后增长缓慢、再下降的非线性、不规则的变动趋势，这一变动趋势直观地反映了中国工业增加值与 CO_2 排放量之间的关系存在多重作用机制。这一作用机制可以总结归纳为经济发展阶段与 CO_2 排放量的作用规律，即在经济发展的初期，随着工业生产的扩大，经济快速增长的同时，CO_2 排放量呈现快速攀升趋势，此阶段的 CO_2 排放量与经济增长呈现直接的正向关系；伴随着环境问题的日益恶化和经济增长方式的转变，CO_2 排放量在第二阶段的增长速度逐渐趋缓；在经济发展的高水平阶段，CO_2 排放量与经济增长之间呈现较为明显的负向关系，碳排放与经济发展之间实现了和谐发展的目标。以中国经济发展与 CO_2 排放量的关系为例，从中国工业增加值与 CO_2 排放量的相关关系变动趋势（见图 4-1）中可以发现，以 2015 年为界限，中国的碳排放经历了大致两阶段的非线性增长趋势，但目前仍处于 EKC 曲线的拐点前端，即尚未实现碳达峰的目标。

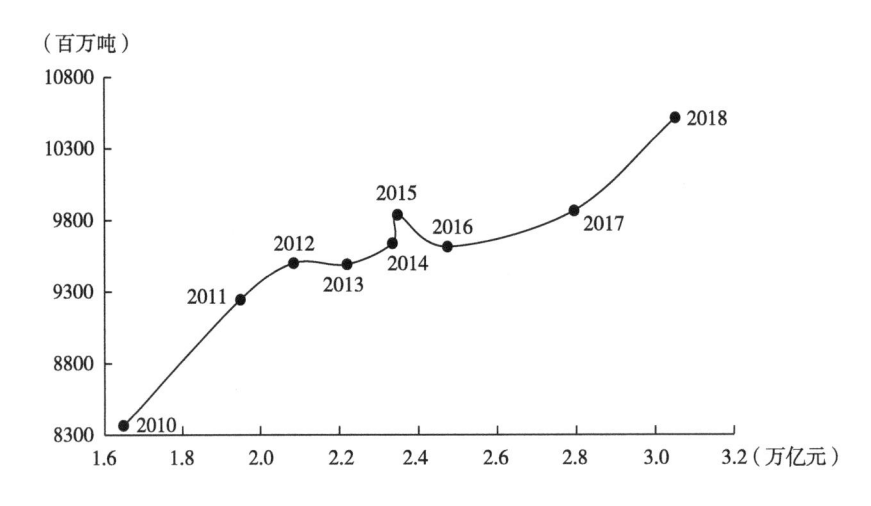

图 4-1 工业增加值与 CO_2 排放量相关关系变动趋势

从中国人均 GDP 与 CO_2 排放量的相关关系变动趋势中（见图 4-2）可以发现：伴随着人均 GDP 的不断攀升，CO_2 排放量同样经历了多阶段不规则的上升趋势，这一变动趋势也同样直观地反映了中国经济增长与 CO_2 排放量之间的关系存在多重作用机制。

进一步将这一作用机制归纳为经济增长方式与 CO_2 排放量的作用规律，即经济增长方式越合理，CO_2 排放量越小，在经济发展初期的粗放型增长模式下，对经济增长速度和数量的追求，使经济增长建立在大量资源和要素投入的基础上。当经济增长模式从粗放型转变为集约型时，经济从单纯的高数量和高速度增长转向高质量增长，CO_2 排放量将逐渐达到峰值，并逐渐下降。

综上所述，经济增长方式和经济发展理念的转变是直接决定碳排放规模的主要经济因素，中国要在未来不到 40 年的时间里既完成碳达峰目

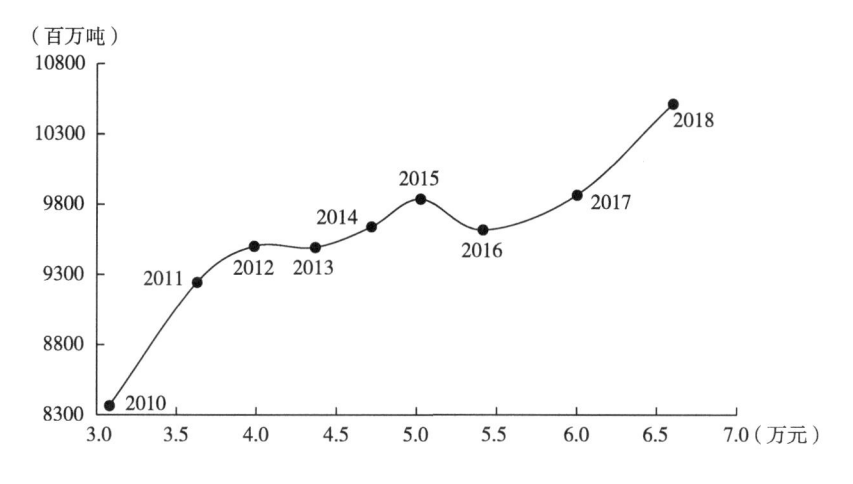

图 4-2 人均 GDP 与 CO_2 排放量相关关系变动趋势

标,又实现碳中和目标,是对"中国速度"的再次考验,在全面保障经济增长和发展的同时实现碳减排是关键,平衡经济发展与碳排放的关系需要遵循经济发展阶段与 CO_2 排放量的作用规律,加速推动经济向高质量发展阶段迈进,快速提升经济增长模式向创新驱动转型。

第二节 产业结构与碳排放的关系

经济增长方式的转变离不开产业结构的优化与调整。能源产业作为 CO_2 排放的主要来源,在一个国家或地区的产业结构中所占的比重直接决定着该国或该地区 CO_2 排放规模的大小,产业结构由粗放式工业化为主的发展模式向绿色低碳循环发展模式的转变对降碳减排意义重大。通过大力推动以现代服务业为导向的第三产业发展,积极推进高质量服务贸易的发展与完善,提高国民经济中第三产业所占比重,能够从产业结构调整优化中挖掘碳减排的结构潜力。产业结构在调整、优化与转型升级的同时,又会对能源消费结构产生影响。随着产业结构向绿色低碳转型升级,产业能源的消费结构也随之发生变化。因此,率先在高耗能的能源产业中进行碳减排技术的创新与升级,重点发展资源节约型和环境友好型技术创新,全面提升能源产业的生产力水平,以更低的资源消耗获取更高的经济产出，能够在能源产业中率先获得碳减排技术的外溢效应，推动能源产业率先完成低碳转型，从而带动整个国民经济实现低碳发展。

在全球环境治理实践中，发达国家主要通过大力推动碳减排技术创新、切实提高碳生产力水平，获得产业竞争力的提升，从而在全球低碳经济发展中抢占先机。发展中国家则主要通过优化产业结构，提高第三产业所占比重，实现节能减排、绿色发展的目标。党的十八大以来，党中央提出了生态文明思想，提倡建设"资源节约、环境友好的绿色发展体系"，大力推行绿色生产方式，建立健全绿色低碳循环发展经济体系，促进经济社会发展全面绿色转型。在平衡经济增长与碳排放的过程中，以绿色生产推动产业结构转型，加速产业绿色化升级，是从源头上推动碳减排，对实现碳达峰目标、完成碳中和目标具有重要作用，2020年年底的中央经济工作会议明确要求从调整优化产业结构、能源结构的角度做好碳达峰、碳中和工作。

综上所述，随着经济社会的发展，产业结构变动与碳排放的关系越发密切。从产业结构的视角来看，产业结构的合理与否直接决定了CO_2排放量，世界产业结构从第一、第二产业向第三产业的演变过程，也是碳排放量从快速增长到增速放缓再到逐渐下降的转变过程。中国的产业结构自改革开放以来发生了显著变化（见图4-3），改革开放初期，三大产业经历了结构上的换挡期，第一产业从国民经济的支柱产业中退出，第三产业开始转入起步阶段，第二产业在国民经济中的占比稳中有降，但依然是国民经济支柱产业；20世纪末，国民经济得到快速增长和发展，第三产业占比在这一时期得到迅速提升，第一产业占比持续下降，第二产业占比在波动增长的同时仍然占据国民经济增长的主导地位；直到2012年，第三产业占比才首次超过第二产业，中国产业结构调整正式进入从第一、第二产业向第三产业转移的新发展格局。

伴随着中国产业结构的变动与调整，相应的CO_2排放量也会随之波动调整。2010—2018年产业结构变动与CO_2排放量的相关关系趋势中（见图4-4）可以直观地发现：中国第一、第二产业在国民经济中的比重在不断收缩，第三产业的比重在快速扩张，随着第一、第二产业向第三产业转移，CO_2排放量出现非线性的多阶段、不规则变动趋势，这一变动趋势也同样反映了中国产业结构与CO_2排放量之间的关系存在多重作用机制。

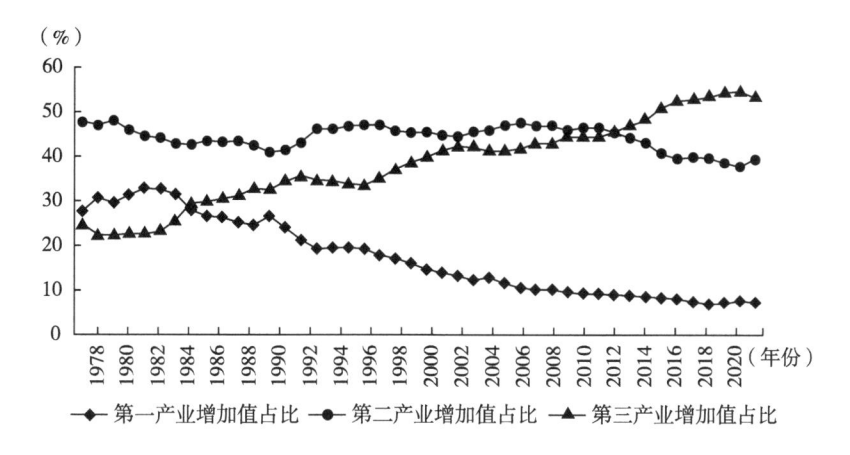

图 4-3 中国三大产业结构变动趋势

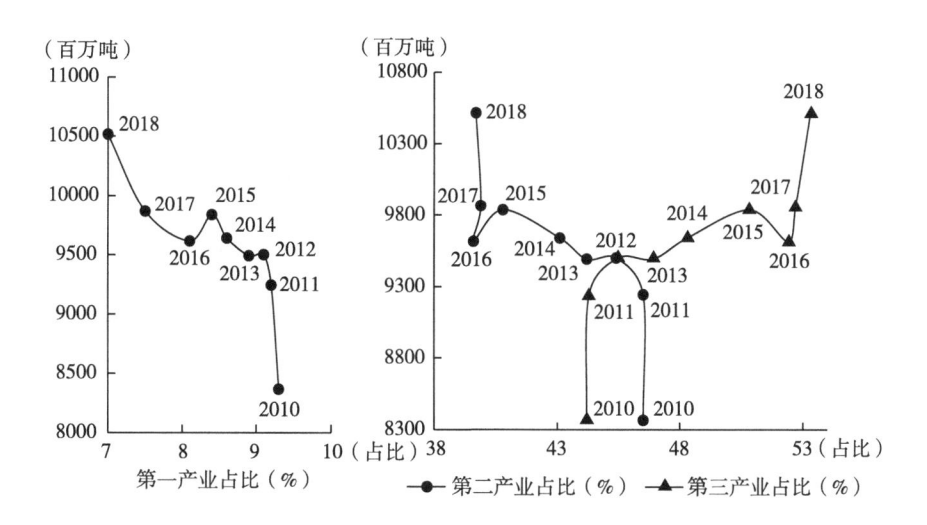

图 4-4 中国产业结构变动与 CO_2 排放量相关关系趋势

进一步将这一作用机制归纳为产业结构调整与 CO_2 排放量的作用规律，即单纯地降低第二产业在国民经济中的比重，并不一定能带来 CO_2 排放量的相应减少，反而可能会导致中国经济增长动力不足，因此，不断优化升级现有的产业结构，推动产业结构绿色化调整，才是降低碳排放量的有效方法，产业结构越合理，CO_2 排放量越小，随着产业结构的不断优化，碳排放水平将得到不断改善。

第三节　人口集聚与碳排放的关系

一个国家或地区的降碳减排不仅需要从生产端进行有效控制，还需要从消费端进行高效把握，人口因素作为消费端碳排放的重要因素，能够从人口规模、人口结构、人口在城市和农村的集聚等方面影响能源的消费，进而对碳排放产生影响。一个国家或地区人口的总体规模与该国或地区的生活碳排放总量密切相关，人口结构的变化又对应着生活方式、消费模式、日常交通出行方式的变动，人口向城市集聚引致生活方式的变化是影响碳排放量的更深层次原因，随着人口由农村向城市转移以及城市化和现代化进程不断加快，会快速增加建筑业与交通运输业的碳排放，城市化进程中居民在提升生活品质、享受现代化生活方式的同时，也会大量增加日常生活中的衣食住行消耗，扩张房屋居住面积、频繁使用家用电器、多样化消耗衣物食品、频繁购置和使用日常出行交通工具，均会导致碳排放量的增加，从而加重生产、消费领域的碳排放量负担。

人口向城市集聚虽然是导致城市碳排放量增加的重要原因，但从世界各国的碳排放情况来看，大部分发达国家或地区的城市人均碳排放量却远低于国家平均水平，新兴工业化国家或地区的城市碳排放量则远高于农村地区的碳排放量，欠发达国家或地区的城乡碳排放量则相差不大。因此，城市化与现代化并不是导致碳排放量增加的根本原因，降碳减排也不应成为阻止城市化和现代化推进的障碍，低碳环保的生活方式才是当前全球碳减排趋势下推进城市化与现代化进程的正确方式。

中国作为人口大国，由于人口集聚所产生的碳排放压力比世界其他国家更大，正确处理好人口集聚与CO_2排放量的关系，是中国达成"双碳"目标、实现经济社会可持续发展的关键任务。中国2010—2018年人口密度与CO_2排放量相关关系趋势（见图4-5）中可以直观地发现：随着中国人口总量的不断增长，人口密度持续提高，CO_2排放量对应人口密度增长表现出了多阶段、非线性、不规则的增长趋势，这一变动趋势反映了中国人口密度与CO_2排放量之间的关系存在多重作用机制。

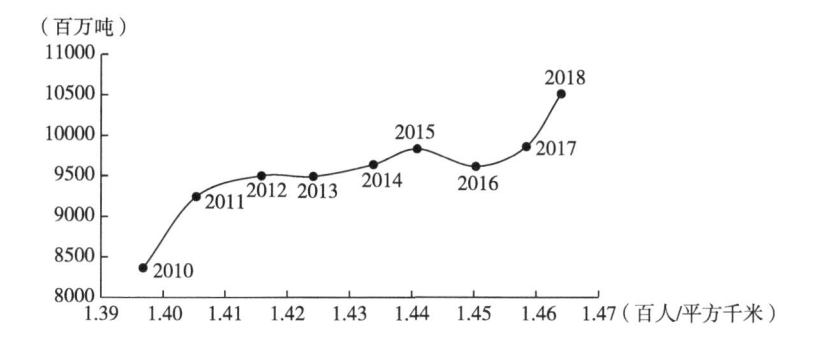

图 4-5 中国人口密度与 CO_2 排放量相关关系趋势

另外，中国作为农业大国，在推进城市化进程中所展现出的中国特色，也导致人口集聚与 CO_2 排放量关系的特殊性。中国的城市化进程先后经历了改革开放初期的"先进城后建城"、改革开放中期的大力推动乡镇企业发展、现阶段的全面建成小康社会和快速步入社会主义现代化，人口也随之经历了从农村向城市的转移与集聚，作为世界人口大国，中国无论是在居民日常生活中还是在居民消费品生产过程中排放的 CO_2 均位于世界前列，成为中国碳减排道路上的沉重负担。

2010—2018 年中国人口超过百万的城市数与 CO_2 排放量相关关系趋势（见图 4-6）中可以发现：随着人口向城市的集聚，对应的 CO_2 排放量呈现出多阶段、非线性、不规则的增长趋势，这一变动趋势也同样反映了中国人口密度与 CO_2 排放量之间的关系存在多重作用机制。

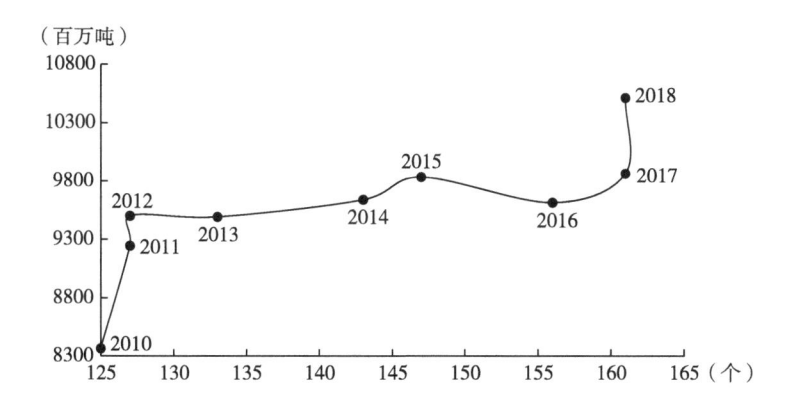

图 4-6 中国人口超过百万的城市数与 CO_2 排放量相关关系趋势

综合上述人口密度与 CO_2 排放量的相关关系变动趋势，可以归纳出中国人口密度与 CO_2 排放量的作用规律，即人口向城市的大量集聚会增加消费、生产和交通等领域的 CO_2 排放，从而使碳排放规模随着人口密度的增长而不断攀升，当经济社会发展到一定程度之后，城市居民开始转变生活方式，改变消费观念，并借助技术创新提高消费效率，城市同时开始大力推行共享消费模式，将低碳环保的循环经济模式植入居民思想意识中，这时的碳排放量的增长趋势会有所缓解，直到碳达峰和碳中和目标实现之后，常住人口密度与碳排放之间的关系开始处于 EKC 曲线的后端，城市逐渐实现了可持续发展和绿色低碳运行。

第四节　技术进步与碳排放的关系

技术进步是经济持续增长的动力和源泉，要想获得技术的进步，离不开人力、物力、财力等资源的投入，其中人力投入是指具备技术创新能力的科技人才从事研发、创新活动，物力投入则主要涉及研发需求所进行的仪器设备、原材料购置，研发基地、实验室建设等的投入，财力投入则涵盖了围绕研发需求所投入的研发经费，包括直接研发经费投入和间接研发经费投入。在获取技术进步过程中，虽然会有一定程度碳排放相关的消费产生，但技术进步对碳排放的影响作用最为显著，它将先进的管理手段、先进的制度和先进的生产技术引入企业日常生产经营活动中，以提高能源使用效率，降低碳排放强度。在全球碳减排大趋势下，大力支持绿色技术创新，能够有效解决经济增长和碳排放量超标的矛盾，实现碳排放量可控情景下的经济绿色发展。

技术固碳对碳减排的贡献呈现逐年上升的趋势，随着全球联合治理气候变暖问题的不断深入，抢先发展绿色技术，大力推进绿色技术创新，逐渐成为大国间竞争的重要着眼点。欧盟早在 20 世纪 80 年代就开启了在绿色技术创新道路上的深耕厚植，随着欧洲环保政治的兴起，欧盟进一步加大在绿色技术创新上的投入和应用，始终在碳减排技术领域保持国际领先地位。美国则充分利用市场机制，促进核电、太阳能、风能、生物质能和地热能等可再生能源发展，推动能源结构不断调整优化。在低碳技术的支持与发展上，美国也始终保持高度重视，1972 年就开始研究煤气化联合循环（IGCC）技术，配合燃烧前碳捕集技术，目前美国已基本实现清洁煤发电。碳捕捉和封存技术（CCUS）是美国气候变化技术项目战略计划框架下的优先领域，全球51个二氧化碳年捕获能力在40万吨以上的大规模CCUS项目中有10个在美国。日本同样对低碳技术的支持和发展高度重视，自20世纪70年代遭受第一次石油危机开始，日本便将低碳技术的开发落脚到太阳能、地热、煤炭、氢能源等石油替代能源领域上，先后在电力行业完成太阳能、核能、天然气等发电技术的创新与超导高效输送电技术开发，在交通运输领域则突破传统燃油汽车技术，在电动汽车技术上领先，在日常生产生活领域中实现了新一代照明技术、新型节能住宅技术、节能式信息设备系统等开发与应用。

另外，世界各国在碳捕捉和封存技术上也获得了一定程度的突破。中国作为发展中大国，自全球碳减排行动启动伊始，大部分时间都在承担"超负荷"责任，始终践行一个大国应有的国际社会责任，先后在电力部门大力推进电气化技术，大力发展水电、光伏发电、核电等可再生能源发电技术，加快推动电力结构的清洁转型，在建筑业大力推广"零碳技术"的开发与应用，在工业领域着力寻找替代能源、转变生产方式，实现深度脱碳，在交通运输领域则是将主要精力放在加大电气化和新能源电动汽车技术的开发与应用上，在农业领域主要通过推进新型高效农业生物质土壤固碳技术、控氨降碳高值资源化利用技术、垃圾智能深度分类和高效精细利用技术、生活污水资源化利用技术、智能化农业机械技术等，实现农业减排脱碳。

碳减排技术的开发与应用固然能够对全球降碳减排产生直接的促进作用，但是任何一项技术进步的背后都积累了大量的要素投入与沉没成本，技术创新成果一旦生产，按照市场化规律势必要求获得回报以弥补前期的研发成本，这也是技术进步能够持续不断产生与发展的重要保障，专利权的产生与发展保障了市场化研发行为能够持续，但也为技术进步的应用与推广设置了障碍。在全球碳减排技术竞争日益加剧以及发达国家碳减排技术垄断格局下，技术进步对碳减排的影响作用会随着研发投入、专利等技术进步要素的不同而表现出典型的阶段性与波动性特征。

以中国技术进步与碳减排的关系为例，技术进步离不开研发经费的投入和支持，研发经费阶段性的变动对技术进步的作用与影响也同样会呈现阶段性特征，中国2010—2018年研发经费投入与CO_2排放量的相关关系趋势（见图4-7）可以直观地发现：随着我国对技术进步的重视程度不断提升，对研发经费的投入力度不断加大，伴随着研发经费投入量的不断增长，CO_2排放量对应研发投入量的增长表现出了多阶段、非线性、不规则的增长趋势。

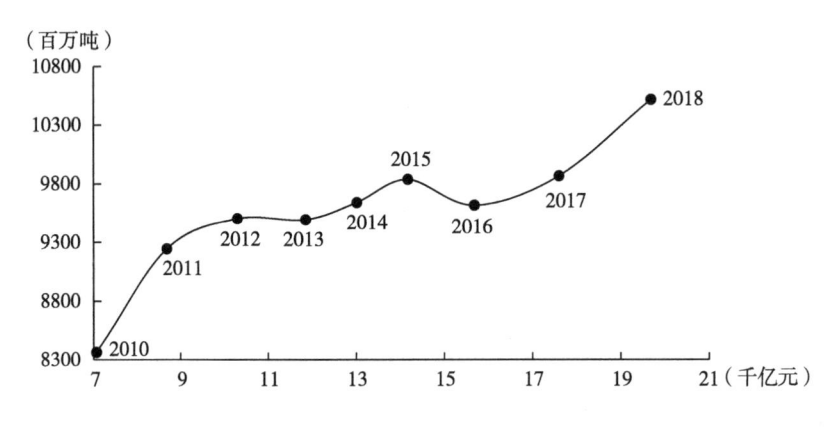

图4-7　中国研发经费投入与CO_2排放量相关关系趋势

专利保护制度的诞生，为知识交易创造了市场，为蕴含在脑力劳动者头脑中的隐性知识创造了外化交易的可能，知识通过专利这个载体实现由隐性到显性的转化。专利保护制度通过专利权影响科学创新和技术进步的成本效率，从而激励、引导和推动科技创新和技术进步。有效发明专利数作为衡量技术进步的重要指标，其与CO_2排放量的相关关系可以作为技术进步与CO_2排放量相关关系的参照。中国2010—2018年国内有效专利数与CO_2排放量相关关系趋势（见图4-8）中可以直观地发现：随着中国有效发明专利数的不断增长，CO_2排放量对应有效发明专利数量的增长，同样表现出了多阶段、非线性、不规则的变动趋势。

高新技术产业是以高新技术为基础的知识密集型和技术密集型产业，其增长与发展最能体现一个国家或地区的技术进步程度。中国将航天航空器制造业、电子及通信设备制造业、电子计算机及办公设备制造业、医药制造业和医疗设备及仪器仪表制造业等行业纳入高新技术产业范畴，在该范畴内的高新技术产业的技术具有研发成本高、开发难度大的特点，但高新技术一旦开发成功，就会产生更高的经济效益和社会效益。

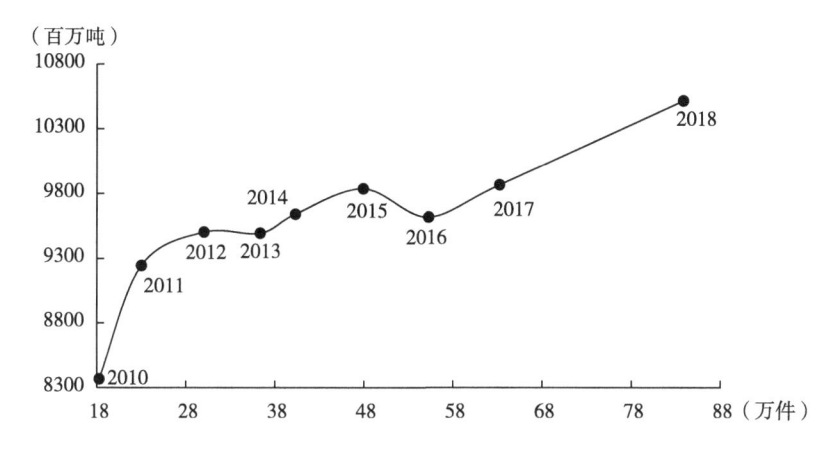

图 4-8 中国国内有效专利数与 CO_2 排放量相关关系趋势

中国 2010—2018 年高新技术产业增加值与 CO_2 排放量相关关系趋势（见图 4-9）中可以发现：随着中国高新技术产业增加值的不断增长，CO_2 排放量对应高新技术产业增加值的增长同样表现出了多阶段的非线性变动趋势。综上所述，技术进步决定了碳排放的强度，经济增长模式的转变和产业结构的优化调整都离不开技术进步的推动，技术进步不仅改变了传统能源和电力等高耗能产业的增长效率，同时也为太阳能、风能和氢燃料等新兴能源产业的兴起提供了重要支撑，所以技术进步的速度和水平与 CO_2 排放量息息相关。

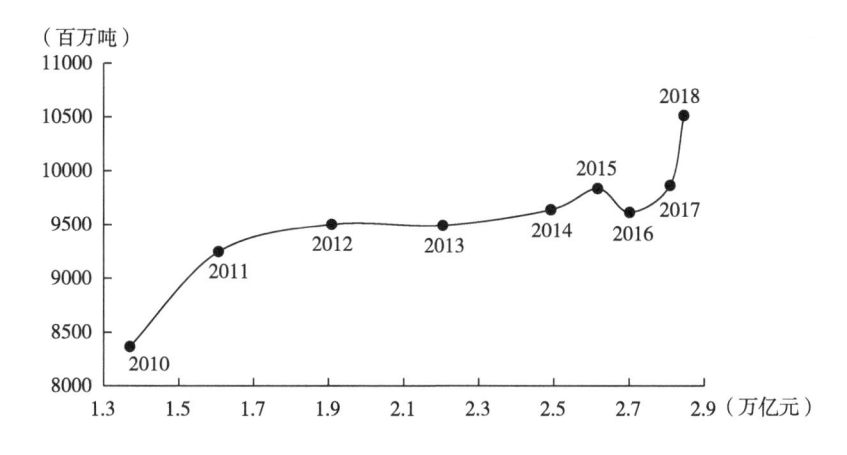

图 4-9 中国高新技术产业增加值与 CO_2 排放量相关关系趋势

第五节　EKC 曲线及其进一步拓展

对经济发展、产业结构、人口集聚和技术进步与 CO_2 排放之间关系的梳理，从理论层面明确了碳排放的影响因素和影响机理，上文提到的环境库兹涅茨曲线（EKC）及其基本理论模型则是本书研究碳排放影响机制的内在机制基础。EKC 曲线是可持续发展理论的实践和具体应用，是综合各国经济发展现实总结出来的一般性规律，EKC 曲线结合各国的经济发展情况和环境污染水平，将一个国家经济发展水平与环境污染的关系进行了刻画和阐述，并逐渐成为环境治理和经济高质量发展的指导性理论，EKC 曲线相关理论对经济、社会与环境的协调发展提供了重要的实践路径和方法依据，同时也为本书碳排放影响机制的研究提供了重要理论基础，EKC 曲线的基本逻辑是本书研究方法和研究思想的主要起源。

一　EKC 曲线的来源——库兹涅茨曲线

库兹涅茨曲线描述的是经济发展过程中收入差距（收入分配）的变化（Kuznets，1955），如图 4-10 所示。当一个国家的经济发展处于较低水平时，生产力较为落后，生产资料匮乏，人们之间的收入差距相对较小；但是随着人均收入的增加，科学技术快速发展，产业结构的变革和收入方式的变化使社会收入差距逐渐拉大；当经济发展达到一定临界点（库兹涅茨转折点）之后，随着人均收入的进一步增加，库兹涅茨曲线的形状开始发生改变，收入差距开始逐渐减少，收入分配情况逐渐得到改善，这主要得益于政府各项收入再分配政策的实施、财产收入所占的比率降低等因素，这一时期的社会分配趋于平等。

库兹涅茨曲线揭示了经济发展水平与经济发展过程中相关变量之间的倒"U"形关系，刻画出了不同经济发展阶段，各经济指标的非线性、多阶段的变化规律，这种一般性规律和思想是环境库兹涅茨曲线（EKC）提出的主要来源和依据，也是本书的思想来源和机制基础。

二　EKC 曲线的基本公式

EKC 曲线是库兹涅茨曲线在环境经济领域的发展和应用，随着世界经济的快速发展，环境污染和温室气体排放给人类的经济和社会活动带

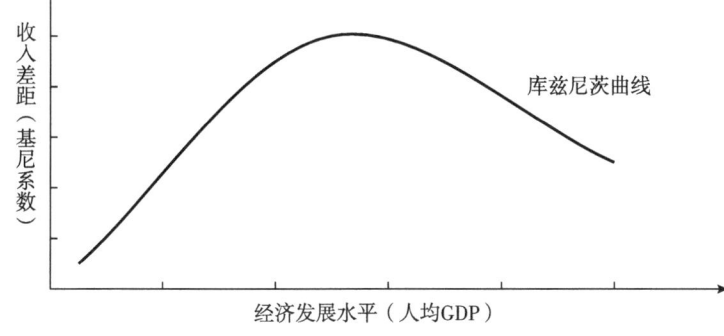

图 4-10 库兹涅茨曲线

来了不可忽视的影响，世界各国逐渐开始重视经济发展对环境造成的影响，并采取相应的措施进行污染治理和生态环境改善。Grossman 和 Krueger（1991）最先研究了经济发展水平与环境污染之间的关系，首次分析了环境质量和人均收入水平之间的多阶段机制，指出在经济发展的初期阶段，环境污染与人均收入呈正向关系，在经济发展的中后期，随着人均 GDP 的上升，环境污染程度得到改善。Panayotou（1993）正式将收入分配领域的库兹涅茨曲线引入环境与经济关系的分析中，借助经济发展和收入分配差距的关系思想，首次将这种环境质量与人均收入间的关系称为环境库兹涅茨曲线（EKC）。EKC 曲线描述的是经济发展水平对环境污染程度的影响，揭示了一个国家经济发展水平与环境质量之间的分阶段关系，且不同国家的 EKC 曲线形状差异性较大。

在实际研究的过程中，通常采用 EKC 曲线来描述和刻画环境质量和经济增长之间的关系，EKC 曲线是刻画经济发展与环境污染关系的重要理论和机制基础。标准的 EKC 曲线呈现先上升后下降的倒"U"形关系，当一个国家的经济发展处于较低水平时，环境污染的程度较轻，但是随着人均收入的增加，环境污染由低到高，经济的增长带动了环境污染的加剧；当经济发展达到一定临界点之后，随着人均收入的进一步增加，EKC 曲线的形状开始发生改变，环境污染的程度开始逐渐减缓，环境质量逐渐得到改善。EKC 曲线经过发展和完善后，逐渐被应用到经济发展与各类环境污染指标的分析中，并在各国家和地区的碳排放和经济发展实践中逐步得到验证和认可，EKC 曲线国别层面的二次项基本公式和机制为：

$$Y_{it} = \alpha_i + \beta_1 X_{it} + \beta_2 X_{it}^2 + \beta_3 Z_{it} + \varepsilon_{it} \tag{4-1}$$

其中，Y_{it} 表示国家 i 在 t 时期的污染物排放数量，X_{it} 表示国家 i 在 t 时期的经济发展水平，一般用人均 GDP 来衡量，Z_{it} 表示影响国家 i 在 t 时期环境污染物排放的其他解释变量，ε_{it} 是满足独立同分布条件的随机干扰项序列。当 EKC 曲线满足二次项形式时，i 国家的经济发展水平与环境污染之间呈现倒"U"形的两阶段非线性关系。

进一步地，EKC 曲线受到国别层面经济发展现实的影响，其具体形状存在较大的差异性，EKC 曲线国别层面的三次项基本公式和机制为：

$$Y_{it} = \alpha_i + \beta_1 X_{it} + \beta_2 X_{it}^2 + \beta_3 X_{it}^3 + \beta_4 Z_{it} + \varepsilon_{it} \tag{4-2}$$

其中，Y_{it} 表示国家 i 在 t 时期的污染物排放数量，X_{it} 表示国家 i 在 t 时期的经济发展水平，一般用人均 GDP 来衡量，Z_{it} 表示影响国家 i 在 t 时期环境污染物排放的其他解释变量，ε_{it} 是满足独立同分布条件的随机干扰项序列。当 EKC 曲线满足三次项形式时，i 国家的经济发展水平与环境污染之间呈现近似倒"N"形的多阶段非线性关系。

综合来看，EKC 曲线中常见的衡量环境污染的指标包括废气排放量、工业烟尘排放量、二氧化硫排放量、工业废水排放量和固体废弃物排放量等，经济和社会发展解释变量一般包括人均 GDP、产业结构、能源消耗、人口增长和城市化等核心指标，EKC 曲线的形式在式（4-2）的基础上也在不断发展和完善。

三 EKC 曲线的假设放宽和进一步拓展

鉴于模型本身机制研究方面的不足和世界各国差异化的经济发展情况，EKC 曲线在实际应用中也在不断地拓展和完善，以 EKC 曲线基准形式为依据，对式（4-2）进行进一步的拓展和完善，增加其对经济发展现实的解释力度。

（一）EKC 曲线的假设放宽

通过梳理文献发现，EKC 曲线本身的公式和基准研究也存在一定的不足，一般意义上的 EKC 曲线标准形式固化地将环境质量和经济发展水平之间的关系确定为二次项或者三次项的参数估计形式，但现实情况中，经济发展水平和环境污染之间呈现的倒"U"形或者倒"N"形关系并不规则，更多的 EKC 倒"U"形曲线并非严格的中间对称，且倒"U"形或倒"N"形的拐点转换速度和转换趋势也呈现多样化的特征。因此，在 EKC 曲线的基础上，Narayan 等（2016）用相互估计、非参数识别、随机前沿成本模型等方法对经济发展与环境污染的关系进行了重新考量和验证，发展并完善了 EKC 曲线的基本机制，提升了其应用领域和范围。

（二）EKC 曲线基本公式的进一步拓展

由于世界各国家和地区在经济发展水平和环境质量方面存在较大的差异，应用具体的国别数据进行 EKC 关系验证时，还需要考虑政策、人口、基础设施和技术等综合方面的因素，同时区域层面的不均衡发展也为 EKC 机制的研究增加了异质性方面的难度。因此，本书从 EKC 曲线的不足和区域层面的经济发展现实出发，对 EKC 曲线进行了进一步拓展，放宽 EKC 曲线原有的轴对称假设，分阶段来描述经济发展水平和环境质量之间的多重关系，并着重分析不同阶段拐点的平滑转换关系，引入转换函数对不同阶段的曲线特征进行衔接，最终确定 EKC 曲线的具体形状和转换趋势，经济发展水平和环境质量之间的多阶段关系刻画如下：

$$Y_{it} = \begin{cases} \beta_1 X_{it} + \beta_4 Z_{it} & \text{当} \quad X_{\min} < X_{it} \leq c_1 \\ \beta_1 X_{it} + \beta_2 X_{it} + \beta_4 Z_{it} & \text{当} \quad c_1 < X_{it} \leq c_2 \\ \beta_1 X_{it} + \beta_2 X_{it} + \beta_3 X_{it} + \beta_4 Z_{it} & \text{当} \quad c_2 < X_{it} \leq X_{\max} \end{cases} \quad (4-3)$$

式（4-3）中，Y_{it} 表示国家 i 在 t 时期的污染物排放数量，X_{it} 表示国家 i 在 t 时期的经济发展水平，Z_{it} 表示影响国家 i 在 t 时期环境污染物排放的其他解释变量，c_1 和 c_2 为 EKC 曲线的两个拐点阈值，当 $X_{\min} < X_{it} \leq c_1$、$c_1 < X_{it} \leq c_2$、$c_2 < X_{it} \leq X_{\max}$ 时，模型的三机制分别发挥作用。

第六节　经济社会发展对碳排放的影响机制——基于门限思想

一个国家的经济发展水平、产业结构演变、人口集聚程度和科技发展水平与该国的 CO_2 排放规模呈现直接的相关性，这些经济社会因素通过市场经济的内在机理和生产生活的一般性规律对碳排放产生了直接的影响，与此同时，EKC 曲线对经济发展与环境污染之间的关系进行了系统性梳理，为本书的机制研究提供了重要的模型基础。以此为依据，本节以碳排放的影响因素分析为基础，进一步梳理了经济社会发展对碳排放的影响机制,并对 EKC 曲线在碳排放影响机制中的应用进行拓展,将环境污染与经济发展之间的关系引入碳排放的研究中,并放宽 EKC 曲线的相关假设,结合具体的经济社会发展现实,对 EKC 曲线的方程进行完善和改进。同时,还将门限思想应用到碳排放影响机制领域的分析中,重点对 EKC 曲线的转折点进行了研究和处理,为下文区域层面碳达峰路径的实证分析奠定模型基础。

一 经济社会发展对碳排放的影响机制

在经济社会发展的过程中,CO_2 作为工业生产和居民生活的产物,其排放数量的变化逐渐成为衡量经济发展阶段和特征的重要指标。在经济发展的初期,随着工业生产的扩张,经济快速增长的同时,CO_2 排放量呈现快速攀升趋势,此阶段的 CO_2 排放量与经济增长呈现直接的正向关系;随着环境问题的日益恶化和经济增长方式的转变,CO_2 排放量在第二阶段的增长速度逐渐趋缓;在经济发展的高水平阶段,CO_2 排放量与经济增长之间呈现较为明显的负向关系,碳排放与经济之间实现了和谐发展的目标。

经济增长与 CO_2 排放量之间的关系也同样存在多重作用机制。首先,从经济增长方式的角度来看,经济增长方式越合理,CO_2 排放量越少。在经济发展初期的粗放型增长模式下,对经济增长速度和数量的追求,使经济增长建立在大量资源和要素投入的基础上。当经济增长模式从粗放型转变为集约型时,经济从单纯的高数量和高速度增长转向高质量增长,CO_2 排放量将逐渐达到峰值,并逐渐下降,经济增长方式和经济增长理念的变化直接决定了碳排放的规模;其次,从产业结构的视角来看,产业结构的合理与否也直接决定了 CO_2 排放量。世界产业结构从第一、第二产业向第三产业的演变过程,也是碳排放量从快速增长到增速放缓再到逐渐下降的转变过程,与此同时,产业结构的差异性也导致了区域、省际和城市间碳达峰时间和路径的异质性;最后,从技术进步方面来看,技术进步决定了碳排放的强度。经济增长模式的转变和产业结构的优化调整都离不开技术进步的推动,技术进步不仅改变了传统能源和电力等高耗能产业的增长效率,同时也为太阳能、风能和氢燃料等新兴能源产业的兴起提供了重要支撑,所以技术进步的速度和水平与 CO_2 排放量息息相关。

二 EKC 曲线在碳排放影响机制领域的拓展

综上所述，CO_2 排放量与经济增长在不同发展阶段存在直接的相关关系，这种关系通过经济增长方式的转变、产业结构的调整和技术的进步三种机制发挥着作用，在现实研究的过程中，往往采用 EKC 曲线来描述和刻画环境质量和经济增长之间的关系，EKC 曲线是研究经济发展与环境污染关系的重要理论和机制基础。该曲线最早由 Panayotou（1993）在借鉴收入不均衡领域的库兹涅茨曲线的基础上提出来的，逐渐被应用到经济发展与各类环境污染指标的分析中，在各国家和地区的碳排放和经济发展实践中逐步得到验证和认可，EKC 曲线也是本书研究的机制基础和理论起点。在式（4-2）的基础上，将 EKC 曲线中的环境污染替换为 CO_2 排放，并通过 EKC 曲线来描述和刻画经济发展与碳排放之间的关系机制，碳排放领域 EKC 曲线国别层面的二次项和三次项一般性基本公式和机制可以演变为：

$$CO_{2it} = \alpha_0 + \alpha_1 X_{it} + \alpha_2 X_{it}^2 + \alpha_3 Z_{it} + \varepsilon_{it} \tag{4-4}$$

$$CO_{2it} = \alpha_0 + \alpha_1 X_{it} + \alpha_2 X_{it}^2 + \alpha_3 X_{it}^3 + \alpha_4 Z_{it} + \varepsilon_{it} \tag{4-5}$$

其中，CO_{2it} 表示国家 i 在 t 时期的污染物排放数量，X_{it} 表示国家 i 在 t 时期的经济发展水平，一般用人均 GDP 来衡量，Z_{it} 表示影响国家 i 在 t 时期环境污染物排放的其他解释变量，ε_{it} 是满足独立同分布条件的随机干扰项序列。以式（4-4）的二次项标准式为例，该方程是以 EKC 曲线基准形式为依据，将环境污染指标拓展到碳排放领域，基本含义为一个国家的经济发展水平与 CO_2 排放之间呈现较为明显的倒"U"形不规则特征，在倒"U"形曲线的顶点达到该国家的碳峰值点。

三 门限思想在碳排放影响机制领域的应用

门限模型的基本思想是通过解释变量在不同经济发展阶段的变化，来刻画和分析被解释变量在发展过程中的结构突变和趋势转向，门限阈值是门限模型的核心，阈值的位置和大小是理解不同经济变量之间关系转变的关键。面板门限回归模型（PTRM）是门限模型的标准形式，基本思路是选定某一经济发展变量作为门限回归模型的位置变量，根据研究问题对门限变量和各经济发展变量之间的关系和数据特征进行分析和描述，然后以阈值变量为分界点，构建不同阶段的分段函数，每个区间的回归方程表达不同，根据门限划分的区间将其他样本值进行归类，回归后比较不同区间系数的变化，从而将机制转移模型的分析对象从时间序列数据逐渐转向面板数据,将数据量和研究维度进行了扩展,对截面数据的异质性问题也有了一定程度的探索。

以上文的 EKC 曲线基本方程式（4-4）和式（4-5）为基础,将方程式（4-3）拓展到碳排放领域,结合门限理论对经济和社会发展过程中的碳排放多阶段趋势问题进行分析和研究,并重点对不同阶段之间拐点（阈值）的转变机制进行处理,使对 EKC 曲线趋势转变的刻画更加精准和贴近现实,拓展后的分阶段方程如下:

$$CO_{2it} = \begin{cases} \alpha_1 X_{it} + \alpha_4 Z_{it} & \text{当} \quad X_{\min} < X_{it} \leq c_1 \\ \alpha_1 X_{it} + \alpha_2 X_{it} + \alpha_4 Z_{it} & \text{当} \quad c_1 < X_{it} \leq c_2 \\ \alpha_1 X_{it} + \alpha_2 X_{it} + \alpha_3 X_{it} + \alpha_4 Z_{it} & \text{当} \quad c_2 < X_{it} \leq X_{\max} \end{cases} \quad (4-6)$$

式（4-6）中,c_1 和 c_2 为 EKC 曲线的两个拐点阈值,鉴于经济发展与 CO_2 排放之间关系的连续性特征,在式（4-6）的基础上,进一步对拐点按照不同阶段之间的变化速度 ω 进行平滑连续处理,将影响 EKC 曲线趋势和形状的核心变量,即经济发展水平 X_{it} 作为转换变量 Q,并进行滞后一期处理（X_{it-1}）,同时引入门限阈值 c 的平滑转换函数 $G(Q;\omega,c)$,改进后的二阶段 EKC 曲线的表达式为:

$$CO_{2it} = \alpha_0 + \alpha_1 X_{it}[1 - G^1(Q;\omega_1,c_1)] + \alpha_2 X_{it} G^1(Q;\omega_1,c_1) + \alpha_3 Z_{it} + \varepsilon_{it}$$
$$(4-7)$$

进一步,三阶段的 EKC 曲线表达式为:

$$CO_{2it} = \alpha_0 + \alpha_1 X_{it} + \alpha_2 X_{it} G^1(Q;\omega_1,c_1) + \alpha_3 X_{it} G^2(Q;\omega_2,c_2) + \alpha_4 Z_{it} + \varepsilon_{it}$$
$$(4-8)$$

其中,转换函数 $G(Q;\omega,c)$ 取对数形式,取值为 0 和 1,即:

$$G(Q;\omega,c) = \{1 + \exp[-\omega(Q-c)]\}^{-1} \quad \omega > 0 \quad (4-9)$$

以上各式中,ω_i 为 i 阶段转换函数的转换速度,c_i 为 i 阶段转换变量的位置参数,Q 为转换变量;当 X_{it} 处于最小值和 c_1 之间时,$G^1 = 0$,$G^2 = 0$,经济发展与环境质量之间呈现单一曲线关系,影响度为 α_1;当 X_{it} 处于 c_1 和 c_2 之间时,$G^1 = 1$,$G^2 = 0$,X_{it} 与 Y_{it} 之间呈现"U"形或者倒"U"形关系,二阶段的影响度变为 $\alpha_1 + \alpha_2$;当 X_{it} 处于 c_2 和最大值之间时,$G^1 = 1$,$G^2 = 1$,EKC 曲线呈现"N"形或者倒"N"形趋势特征,三阶段的影响度进一步转变为 $\alpha_1 + \alpha_2 + \alpha_3$。由此可以看出,该国家的经济发展水平与 CO_2 排放之间呈现多阶段的非线性平滑转换关系,不同经济发展水平的地区具有差异化的 EKC 曲线特征。

综上所述，温室气体的排放已经引起了世界各国的高度关注，要从根本上解决 CO_2 排放对生态环境造成的影响，就必须要梳理清楚碳排放的内在机理和作用机制，这也是本节的主要研究内容。研究发现，CO_2 排放规模的增长是经济社会诸多因素共同作用的结果，碳减排和碳治理需要综合各方面的因素，通过统筹协调共同实现碳达峰的目标，其中，经济发展、产业结构、人口集聚和技术进步等因素在不同经济发展阶段对 CO_2 排放产生着差异化的影响，碳排放影响机制的梳理是下文区域碳排放异质性路径研究的前提和理论基础。

在碳排放影响因素分析的基础上，环境库兹涅茨曲线（EKC）及其基本理论模型对经济发展水平和碳排放增长的关系进行了科学地梳理和刻画，对 EKC 曲线基本假设的放宽和门限思想的引入，使 EKC 曲线在解释经济发展与碳排放关系上更加科学合理。EKC 曲线的基本原理及其拓展对经济、社会与环境的协调发展提供了重要的实践路径和方法依据，同时也为本书有关碳排放影响机制的研究提供了重要理论基础。

第五章　碳达峰的国别异质性路径

第一节　引言

随着世界经济的发展，CO_2 的排放规模不断攀升，2019 年全球 CO_2 排放量达到创历史新高的 343.6 亿吨，温室气体排放已经逐渐成为人类面临的重大环境问题之一，对全球生态和人类生存产生了严重的影响。由于经济发展水平、产业结构、科技水平和人口规模等因素的影响，CO_2 排放在不同国家和地区之间的差异性非常明显。美国和欧盟等发达国家的碳排放在 21 世纪以来得到了很大程度的重视和控制，美国、日本、德国和英国等发达国家已经实现了碳达峰的目标，而中国和印度等新兴经济体[1]由于经济的快速发展和资源的大量消耗，已经成为全球 CO_2 的主要来源，全球超过一半的碳排放来源于新兴经济体，这些国家和地区的碳减排也是全球碳治理成败的关键。

因此，本节在前文拓展的 EKC 曲线基础上，结合面板平滑转换模型（PSTR），从经济发展水平、产业结构和人口密集度等视角，对与中国经济发展趋势和碳排放路径较为相似的 30 个新兴经济体[2]的碳排放机制和路径进行实证研究，验证了 EKC 曲线在这些国家和地区的具体特征和形

---

[1] 新兴经济体一般是指经济和社会在一段历史时期以来（一般指第二次世界大战以来）实现了快速增长的国家和地区，如"金砖五国"（中国、巴西、印度、俄罗斯和南非），同时还包括亚洲"四小龙"（韩国、中国台湾、中国香港和新加坡），以及墨西哥、阿根廷、菲律宾、土耳其、印度尼西亚、马来西亚等国家。

[2] 依据《新兴经济体二氧化碳排放报告 2021》的标准，世界主要新兴经济体包括阿根廷、玻利维亚、哥伦比亚、厄瓜多尔、巴拉圭、秘鲁、乌拉圭、智利、柬埔寨、印度尼西亚、老挝、缅甸、泰国、爱沙尼亚、约旦、摩尔多瓦、蒙古国、土耳其、埃塞俄比亚、加纳、危地马拉、牙买加、肯尼亚、坦桑尼亚、乌干达、吉布提、俄罗斯、巴西、印度和南非。

态,并对30个新兴经济体和中国按照经济发展水平和区域进行进一步聚类分析,对不同类别国家和地区的国别异质性碳达峰路径进行研究,并结合中国的当前经济发展现实和碳达峰工作的推进情况提出"双碳"目标顺利实现的政策建议。

第二节 模型介绍

本章实证模型选取的是门限模型的最新演化形式,即面板平滑转换回归模型(PSTR)。该模型是机制转换模型(Switching Regime Models)的一种,基于面板数据研究在不同的转换机制(由门限变量决定)下,自变量和因变量之间的平滑转换回归关系。PSTR模型由Gonzalez等(2004)首先提出,吸收了STAR(时间序列的平滑转移自回归)模型和PTR(面板门限回归)模型的核心思想,并在此基础上对假设和内容进行了完善,拓宽了PSTR模型的应用范围(Gonzalez等,2017)。

一 STAR模型

时间序列的平滑转移自回归模型(Smooth Transition Auto-regression Regression Models,STAR)是门限模型的最初形式,并被最早应用到现实问题的分析中,该模型由Terasvirta(1994)提出,并以时间序列作为研究的基本数据形式,重点研究不同机制之间的非线性连续转换过程,在经济指标的动态波动方面具有较强的解释力,之后又结合了TAR(时间序列门限自回归)模型的内容,在金融领域尤其是股票行业经济变量的非线性特征刻画方面具有较强的应用性(Hansen,1996)。模型的基本形式如下:

$$Y_t = \beta'_1 X_t [1 - G(s_t; \gamma, c)] + \beta'_2 X_t G(s_t; \gamma, c) + \varepsilon_t \qquad (5-1)$$

其中,$X_t = (1, Y_{t-1}, \cdots, Y_{t-n})'$

$\beta_i = (\beta_{i0}, \beta_{i1}, \cdots, \beta_{in})'$ $i = 1, 2$

式中,β_i是自回归系数,Y_t是自回归变量,$G(s_t; \gamma, c)$是机制转换函数,且$0 \leq G(s_t; \gamma, c) \leq 1$,$s_t$是函数的转换变量,$\gamma$是平滑转换参数,决定机制转换的速度,$c$是两机制之间的门限参数,决定机制转换的参数位置,$\varepsilon_t$是随机干扰项序列,满足独立同分布条件。当转换函数G取0或1时,STAR模型就退化为线性的AR(自回归)模型,G取值从 0 到 1 的过程即为 STAR 模型在两个机制之间平滑转换的过程，对于转换函数 $G(s_t;\gamma,c)$ 的形式，一般有两种不同的解释。

一种是对数形式：

$$G(s_t;\gamma,c)=\{1+\exp[-\gamma(s_t-c)]\}^{-1}\gamma>0 \qquad (5-2)$$

另一种是指数形式：

$$G(s_t;\gamma,c)=1-\exp[-\gamma(s_t-c)^2]\gamma>0 \qquad (5-3)$$

STAR 模型从机制平滑转换的角度对变量在不同机制下的运行特征进行了很好的刻画，为 PSTR 模型的发展起到了重要的铺垫作用，但是该模型是门限模型的最初形式，更多的是基于两机制条件下的分析，而且仅限于对时间序列数据的研究，对现实问题的解释还存在一定的缺陷，不能涵盖多维度的非线性机制领域，适用范围有待进一步的完善和改进。

二 PTR 模型

随着门限阈值模型的进一步发展，STAR 模型的缺陷被不断修正和完善，面板门限回归模型（Panel Threshold Regression Models）作为面板数据处理领域的非线性模型，对现实经济问题的解释力度大大增强，该模型由 Hansen（1999）首先提出，其将机制转移模型的分析对象从时间序列数据逐渐扩展到了面板数据，将数据量和研究维度进行了扩展，对截面数据的异质性问题也有了一定程度的探索，PTR 模型已成为 20 世纪末期非线性分析领域的常用模型之一。完善后的 PTR 模型基本形式如下：

$$Y_{it}=\alpha_i+\lambda'_1 X_{it}I(Z_{it}\leqslant\gamma)+\lambda'_2 X_{it}I(Z_{it}>\gamma)+\varepsilon_{it} \qquad (5-4)$$

该式可以进一步分解为：

$$Y_{it}=\begin{cases}\alpha_i+\lambda'_1 X_{it}+\varepsilon_{it} & 当\quad Z_{it}\leqslant\gamma \\ \alpha_i+\lambda'_2 X_{it}+\varepsilon_{it} & 当\quad Z_{it}\leqslant\gamma\end{cases} \qquad (5-5)$$

其中，Y_{it} 是被解释变量，X_{it} 是解释变量，α_i 是界面的个体效应，Z_{it} 是模型的门限变量，γ 是模型的门限参数，描述机制转换的位置，$I(\cdot)$ 是指数函数形式，取值在 0 和 1 之间，随着门限变量的取值而转换，ε_{it} 是满足独立同分布条件的随机干扰项序列。

PTR 模型从面板数据出发，从不同机制的角度对内生解释变量和被解释变量之间的非线性关系进行了呈现，有效弥补了 STAR 模型数据规模和个体异质性方面的缺陷，但 PTR 模型本身意味着解释变量和被解释变量在门限参数位置的快速转换，对现实中机制关系的平滑性和连贯性考虑不足，因而催生了 STAR 模型和 PTR 模型的综合体，即 PSTR 模型。

三 PSTR 模型

PSTR 模型（面板平滑转化模型）融合了以上两种模型的优点，解决了 STAR 模型和 PTR 模型各自的不足，从面板数据平滑转换的角度进一步发展和完善了机制转换模型，使门限模型处理多维度面板数据的同时，还能够对门限阈值的转移和变化进行更加合理的刻画和解释。

首先，PSTR 模型将 STAR 模型从单纯的时间序列分析扩展到面板数据回归，将式（5-1）变换可得：

$$Y_{it}=\beta'_1X_{it}[1-G(s_{it};\gamma,c)]+\beta'_2X_{it}G(s_{it};\gamma,c)+\varepsilon_{it} \quad (5-6)$$

其中，转换函数 $G(s_t;\gamma,c)$ 取式（5-2）中的对数形式，即：

$$G(s_t;\gamma,c)=\{1+\exp[-\gamma(s_t-c)]\}^{-1}\gamma>0$$

其次，将 PTR 模型从两机制扩展到多机制，并将机制转换进行平滑处理，增强模型的现实解释性，对式（5-4）进行变换，并融合式（5-6）中的转换函数 $G(s_{it};\gamma,c)$，最终整理可得：

$$Y_{it}=\alpha_i+\lambda'_0X_{it}+\sum_{k=1}^{r}\lambda'_kX_{it}^kG^k(s_{it};\gamma^k,c^k)+\varepsilon_{it} \quad (5-7)$$

式中，转换函数 $G^k(s_{it};\gamma^k,c^k)$ 为：

$$G^k(s_{it};\gamma^k,c^k)=\{1+\exp[-\gamma^k(s_{it}-c^k)]\}^{-1}\gamma>0 \quad (5-8)$$

最后，进一步将式（5-7）中的门限参数 c^k 多元化，可得最终的 PSTR 模型的基本公式形式：

$$Y_{it}=\alpha_i+\lambda'_0X_{it}+\sum_{k=1}^{r}\lambda'_kX_{it}^kG^k(s_{it};\gamma_j^k,c_j^k)+\varepsilon_{it} \quad (5-9)$$

转换函数 $G^k(s_{it};\gamma_j^k,c_j^k)$ 进一步整理为：

$$G^k(s_{it};\gamma_j^k,c_j^k)=\{1+\exp[-\gamma_j^k\prod_{j=1}^{m}(s_{it}-c_j^k)]\}^{-1}\gamma>0 \quad (5-10)$$

其中，Y_{it} 是因变量，X_{it} 是自变量，λ 是转换系数，k 是转换函数 G 的个数，j 是门限参数的个数，$G^k(s_{it};\gamma_j^k,c_j^k)$ 是转换函数，在 [0, 1] 之间连续有界，采用对数函数形式，s_{it} 是转换变量，γ 是平滑转换参数，且 $\gamma>0$，决定不同机制之间的转换速度，c 是门限参数，也即位置参数，是不同机制之间转换的拐点，且 $c_1\leq c_2\leq\cdots\leq c_m$，$\varepsilon_t$ 是满足独立同分布条件的随机干扰项序列。

第三节 新兴经济体的碳达峰路径
——基于国别面板数据的分析

目前，美国、德国、英国和法国等发达国家已经基本实现了碳达峰的目标，正在通过技术进步实现下一步的碳中和，而许多发展中国家，尤其是新兴经济体的 CO_2 排放量依然居高不下，以巴西、俄罗斯和中国等国家为代表，新兴经济体也普遍开始将碳减排和碳达峰提上了国家发展日程，但这些国家的碳减排也面临诸多问题，产业结构偏向工业化，人口数量快速增长，城镇化率不断攀升，技术革新正处于瓶颈期，这些问题的存在让新兴经济体的碳达峰路径任重道远，需要国家宏观统筹并合理制定符合自身国情的碳达峰和碳中和行动方案。鉴于此，本节基于与中国经济发展进程相似和相近的 30 个世界主要新兴经济体的国别面板数据，同时融入中国的样本数据，结合 PSTR 模型，对 31 个国家和地区的碳达峰路径进行分析，从而明确新兴经济体的碳排放和经济社会发展之间的关系，为中国碳减排和碳达峰目标的实现提供依据。

一 模型选取

通过对 CO_2 排放轨迹和趋势的分析可知，在不同的经济发展阶段，一个国家的二氧化碳排放量的增长呈现差异化的多机制变化特征，同时在不同经济发展阶段之间呈现连续转换的关系，总体来看，经济发展水平与 CO_2 排放之间表现出明显的非线性关系，这与门限模型的基本思想和 EKC 曲线的内在机制基本一致。鉴于此，本节选用面板平滑转换模型（PSTR）来分析世界各主要新兴经济体的经济发展和 CO_2 排放的非线性、多阶段关系。模型的基本公式为：

$$Y_{it} = \alpha + \beta_0 X_{it} + \sum_{k=1}^{n} \beta_k X_{it}^k G^k(Q_{it}; \omega_j^k, c_j^k) + \varepsilon_{it} \qquad (5-11)$$

式中，转换函数 $G^k(Q_{it}; \omega^k, c^k)$ 为：

$$G^k(Q_{it}; \omega_j^k, c_j^k) = \left\{ 1 + \exp\left[-\omega_j^k \prod_{j=1}^{m} (Q_{it} - c_j^k) \right] \right\}^{-1} \quad \omega > 0 \qquad (5-12)$$

式中，X_{it} 是解释变量，包含核心解释变量和控制变量两部分，Y_{it} 是被解释变量，β 是自变量的解释系数，$G^k(Q_{it}; \omega^k, c^k)$ 是转换函数，采用对数函数形式，核心解释变量会在不同的阶段受到转换函数的影响，G 在 [0, 1] 之间连续有界，保证模型在不同机制间的平滑转换，k 是转换函数 G 的个数，取值为 [1, n]，Q_{it} 是转换变量，是非线性机制存在的引导变量，ω 是平滑转换参数，且 $\omega>0$，代表着模型的转换速度，ω 越大意味着 PSTR 模型以越快的速度完成不同机制之间的转换；反之亦然，c 为门限阈值，即位置参数，是不同机制之间的转换拐点，且 $c_1 \leq c_2 \leq \cdots \leq c_z$，$\varepsilon_{it}$ 是满足独立同分布条件的随机干扰项序列，j 是位置参数 c 的个数，取值为 [1, m]。

二 变量选择

由上文的理论机制和影响因素分析可知，一个国家的 CO_2 排放量除了取决于经济发展水平之外，还受到技术水平、产业结构、人口密度等生产和生活因素的影响。产业结构水平越高、越合理的地区，其 CO_2 的排放量水平相对越低，第二产业在整个经济中所占的比重与 CO_2 的排放有直接的关系（彭水军和包群，2006），技术水平很大程度上可以反映在产业结构的调整和经济发展水平的提升中。另外，人口密度的高低也从生活层面影响着 CO_2 的整体排放规模（邵帅等，2016）。鉴于此，在式（5-11）PSTR 的基本模型基础上，构建各新兴经济体层面的 CO_2 增长模型，来探究不同经济发展水平下各国家和地区 CO_2 的非线性碳排放路径：

$$CO_{2_{it}} = \alpha + \beta_{01}AGDP_{it} + \beta_{02}IP_{it} + \beta_{03}PO_{it} + \sum_{k=1}^{n}(\beta_{k1}AGDP_{it}^k + \beta_{k2}IP_{it}^k + \beta_{k3}PO_{it}^k) \times G^k(Q_{it}; \omega_j^k, c_j^k) + \varepsilon_{it} \quad (5-13)$$

转换函数 $G^k(Q_{it}; \omega^k, c^k)$ 为：

$$G^k(Q_{it}; \omega_j^k, c_j^k) = \left\{1 + \exp\left[-\omega_j^h \prod_{j=1}^{m}(Q_{it} - c_j^k)\right]\right\}^{-1} \omega > 0 \quad (5-14)$$

转换变量 Q_{it} 为：

$$Q_{it} = AGDP_{i,t-1} \quad (5-15)$$

被解释变量 CO_{2it} 表示新兴经济体 i 在 t 年的 CO_2 排放量，数据来源于 CEADs 数据库的世界主要新兴经济体能源及 CO_2 排放清单子库，该数据库通过投入产出表核算出 30 个主要新兴经济体的 CO_2 排放数量，中国的 CO_2 排放数据同样来源于 CEADs 数据库中国省级能源及 CO_2 排放清单子库，并通过汇总计算整理得出。三个核心解释变量中，经济发展变量 $AGDP_{it}$ 表示新兴经济体 i 在 t 年的人均国内生产总值，数据通过 2005 年不变价格计算整理后获得，单位为千美元，产业结构变量 IP_{it} 表示新兴经济体 i 在 t 年的工业生产总值占比，人口变量 PO_{it} 表示新兴经济体 i 在 t 年的人口密度，单位为百人/平方千米，三个变量数据来源于国家统计局网站、立信数据库和国研网数据库。考虑到 AGDP 与 CO_2 之间的连续作用关系，同时为了降低模型的内生性问题，模型转换变量 $AGDP_{it-1}$ 选取的是人均 GDP 的滞后一期数据，同样以 2005 年不变价格为基础计算整理获得最终数据。

三 数据描述性统计

考虑到 PSTR 模型对数据平衡性的要求（Hansen，1999），模型选取面板数据作为研究工具，同时，基于世界主要新兴经济体 CO_2 排放数据的可得性，在 CEADs 碳排放数据库的基础上，选取 2010—2018 年为模型的时间跨度，选取世界范围内具有代表性的、与中国碳排放轨迹相近或者相似的 30 个新兴经济体为模型的研究对象，再加上中国的相关数据，共计 31 个截面研究对象，在数据处理过程中对个别数据的缺失问题采取了递归处理，最终整理后获得模型的 279 个样本数据，其描述性统计见表 5-1。

表 5-1　　　　　　　PSTR 模型的全样本描述统计

指标	样本量	均值	标准差	最小值	最大值
CO_2（百万吨）	279	511.58	1710.89	2.07	10515.84
AGDP（千美元）	279	5.65	4.87	0.34	22.93
IP（%）	279	26.86	6.58	9.40	43.90
PO（百人/平方千米）	279	0.87	0.88	0.02	4.54

资料来源：根据 CEADs 碳排放数据库、国家统计局网站、国研网数据库整理。

由表 5-1 可知，31 个新兴经济体的 CO_2 排放量差异性非常明显，最小值（2.07 百万吨）与最大值（105.16 亿吨）之间差距明显，说明虽然同处于世界新兴经济体的行列，但这些国家和地区之间的 CO_2 排放正处于不同的发展阶段，AGDP、IP 和 PO 样本数据集的最小值和最大值之间同样存在较大的差距，且通过观察发现三个因素与碳排放的变化趋势基本一致，即世界主要新兴经济体之间碳排放的差异性可以从人均收入、产业结构和常住人口密度三个解释变量的差异性中寻找原因。样本数据的差异性说明，31个新兴经济体的碳排放路径需要根据具体情况进行差别化处理，同时也需要根据经济社会发展视角找出这些国家和地区的碳排放共同趋势。

四 机制的非线性检验

PSTR 模型的应用首先要保证模型满足非线性的基本前提假设，即自变量和因变量之间在转换变量的作用下存在非线性关系。PSTR 的非线性检验即检验模型（5-13）中的转换效应是否存在，若不存在（$\omega=0$），则自变量和因变量之间为单一的线性关系，若存在（$\omega \neq 0$），则自变量和因变量之间为至少存在两个机制的非线性模型。因此，设立模型非线性检验的原假设 H_0：$\omega=0$，备择假设 H_1：$\omega \neq 0$，并分别在转换函数的门限参数数量 m 为 1 和 2 的识别机制下，对 PSTR 模型进行 Wald、Fisher 和 LRT 检验，通过检验对模型（5-13）的具体非线性趋势进行识别，三个检验的具体形式如下：

$$Wald = TN(SSR_0 - SSR_1)/SSR_0 \sim \chi^2(mk) \tag{5-16}$$

$$Fisher = \frac{(SSR_0 - SSR_1)/mk}{SSR_0/(TN-N-mk)} \sim F(mk, TN-N-mk) \tag{5-17}$$

$$LRT = -2Log(SSR_1/SSR_0) \sim \chi^2(mk) \tag{5-18}$$

Wald、Fisher 和 LRT 三个检验分别服从卡方分布和 F 分布，SSR_0 是简单线性机制条件下的残差平方和，SSR_1 是非线性多机制条件下的残差平方和，k 为解释变量的个数。另外，在 $\omega \neq 0$ 的备择假设下，模型存在非线性机制，不满足三个检验的经典假设和条件，在检验过程中存在参数的识别问题无法解决，影响检验结果的真实性。鉴于此，在具体的非线性检验过程中构造包含线性和非线性属性的辅助函数来替换原转换函数 $G^k(Q_{it}; \omega_j^k, c_j^k)$，辅助函数选用的是转换函数在 $\omega=0$ 处的泰勒展开式，具体形式为：

$$G_{it} = \alpha_i + \beta_0^{*'} T_{it} + \beta_1^{*'} T_{it} Q_{it}^1 + \beta_2^{*'} T_{it} Q_{it}^2 + \cdots + \beta_m^{*'} T_{it} Q_{it}^m + \varepsilon_{it}^* \tag{5-19}$$

$$\varepsilon_{it}^* = \varepsilon_{it} + R_m(Q_{it}; \omega, \pi) \tag{5-20}$$

其中，$(\beta_0^*, \beta_1^*, \beta_2^*, \cdots, \beta_m^*)'$ 为转换函数 G 的系数矩阵，R_m 是泰勒展开式的余项。综合以上，PSTR 在不同识别参数个数条件下的非线性检验结果如表 5-2 所示。

表 5-2　　　　　　　　　　PSTR 模型的非线性检验

检验工具	m = 1		m = 2	
	Value	P	Value	P
Wald	15.572***	0.001	17.677***	0.007
Fisher	4.826***	0.003	2.727***	0.014
LRT	16.025***	0.001	18.264***	0.006

注：*p<0.1，**p<0.05，***p<0.01。
资料来源：根据检验结果整理。

由表 5-2 可知，PSTR 模型在 $m=1$ 和 $m=2$ 的识别机制下，Wald、Fisher 和 LRT 三个检验的检验值均足够大，且 P 值均接近 0，表明模型能够在 1% 的显著性水平下显著拒绝线性关系的原假设，说明 31 个新兴经济体的经济发展水平、产业结构和常住人口密度变量与 CO_2 的排放量之间存在显著的非线性关系，满足 PSTR 的基本条件，关系识别存在较强的合理性。

五　模型的剩余机制检验——转换函数个数 k

在确定了模型自变量和因变量之间的非线性关系之后，需要对模型在不同转换变量下的机制和转换函数的特性进行分析，即 PSTR 模型的剩余机制检验（Colletaz 和 Hurlin，2006），非线性检验结果表明，PSTR 模型至少存在两个机制的非线性模型，但是具体转换函数的个数 k 以及门限参数的数量 m 需要进一步的检验和确定。

首先是确定转换函数的个数 k，具体过程中依然采用 Wald、Fisher 和 LRT 三个检验方式，从 $k=1$ 开始依次进行检验，直到检验结果接受原假设为止。具体检验过程如下：首先，设定原假设 $H_{10}: k=1$，备择假设 $H_{11}: k=2$，其次，检验两个模型参数是否拒绝原假设，如果拒绝则进一步继续设定原假设 $H_{20}: k=2$，备择假设 $H_{21}: k=3$，最后，再次进行检验，直到三个检验均接受原假设为止，此时的 k 数量即为模型转换函数的最优数量。

表 5-3　　　　　　　剩余机制检验（转换函数个数 k）

假设	检验工具	$m=1$ Value	$m=1$ P	$m=2$ Value	$m=2$ P
H_{10}: $k=1$ H_{11}: $k=2$	Wald	4.816	0.186	9.358	0.154
	Fisher	1.398	0.244	1.364	0.230
	LRT	4.858	0.183	9.519	0.146

资料来源：根据检验结果整理。

如表 5-3 所示，PSTR 模型在 $m=1$ 和 $m=2$ 的识别机制下，Wald、Fisher 和 LRT 三个检验的 P 值均较大，显著性水平普遍较低，因此均无法通过 Wald、Fisher 和 LRT 三个检验，不能拒绝 $k=1$ 的原假设由此可以确定 PSTR 模型的转换函数 G 的数量为 1，模型至少存在两个转换机制。

六　模型的剩余机制进一步检验——位置参数个数 m

明确了 PSTR 模型转换函数 G 的数量为 1 之后，进一步对模型每个转换函数 G 中的位置参数个数 m 进行检验，从而确定 m 的具体数量，转换函数个数 k 与位置参数个数 m 的组合最终确定了 PSTR 的转换机制和转换位置。位置参数数量 m 通过 PSTR 模型的 AIC（赤池信息）准则和 BIC（贝叶斯信息）准则来确定，检验方法采用的是纵向比较法，将三组假设检验（H_{10}: $m=1$ 和 H_{11}: $m=2$；H_{20}: $m=2$ 和 H_{21}: $m=3$；H_{30}: $m=3$ 和 H_{31}: $m=4$）下的 AIC 值和 BIC 值进行纵向比较，结果如表 5-4 所示。

表 5-4　　　　　　剩余机制进一步检验（位置参数个数 m）

检验标准	$m=1$ Value	$m=2$ Value	$m=3$ Value
AIC	14.058	14.371	14.459
BIC	14.175	14.384	14.563

资料来源：根据检验结果整理。

表 5-4 结果显示，PSTR 模型在 $k=1$ 的情况下，当 m 取 1 时，AIC 和 BIC 值为 14.058 和 14.175，均普遍小于 m 取 2 和 3 的情况，因此可以确定模型的最佳机制组合为 1 个转换函数和 1 个位置参数，即 $k=1$ 和 $m=1$ 为 PSTR 模型的最优组合。综上所述，非线性和剩余机制的系列检验最终

确定模型（5-13）存在一个转换函数和两个机制的典型非线性特征。

七 PSTR 模型结果

在 $k=1$ 和 $m=1$ 的组合下，对 PSTR 模型的两阶段机制进行分析，首先，确定转换函数 G 中位置参数 c 的具体数值，以 c 为模型的阈值拐点将模型的机制进行转换；其次，确定转换函数 G 在不同机制之间的转换速度 ω；最后，以 c 和 ω 为基础确定最终的转换函数 G，并将转换效应 G 代入 PSTR 模型进行最终的非线性回归。由于分段转移机制的存在，使 c 和 ω 依然存在类似前文非线性检验中的参数识别问题，因此，位置参数 c 和转换速度 ω 的确定采用网络格点法（Hansen，1999），在具体的运作过程中，分别对不同 c 和 ω 的组合进行检验，以寻找与 PSTR 模型变化趋势一致的最优组合，并采用去组内均值的方法确定转换函数 G 的最终形式，并求出不同机制下的拟合估计参数。PSTR 模型的基准结果如表 5-5 所示。

表 5-5　　　　　　　　　PSTR 模型的基准结果

变量	第一机制				第二机制			
	系数	Value	T	P	系数	Value	T	P
AGDP	β_{01}	0.049***	4.056	0.002	β_{11}	-0.093***	-4.786	0.000
IP	β_{02}	0.059***	3.845	0.007	β_{12}	0.008**	0.437	0.048
PO	β_{03}	0.537**	6.936	0.000	β_{13}	2.820**	2.948	0.011
c						6.477		
ω						43.503		

注：*p<0.1，**p<0.05，***p<0.01。
资料来源：根据检验结果整理。

表 5-5 的 PSTR 结果表明，31 个世界主要新兴经济体的人均国内生产总值、产业结构和常住人口密度三个解释变量与城市 CO_2 排放之间呈现显著的两机制非线性关系。第一机制三个变量的显著性水平均达到 1%，第二机制的显著性水平也能够达到 5% 及以上，且以人均 GDP 等于 6.477 千美元为临界值，两机制之间以 43.503 的速度实现了快速的机制平滑转换（见图 5-1）。

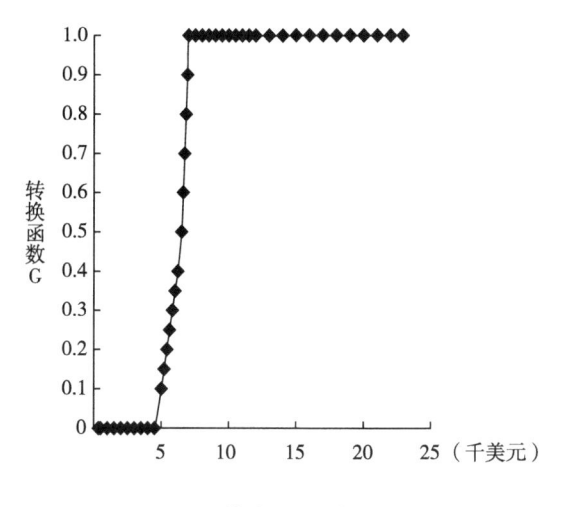

图 5-1 转换函数与转换趋势

第一机制为不含转换效应的线性机制，此时人均 GDP 的取值区间为 (0.34 千美元, 6.477 千美元)，转换函数 $G=0$，$AGDP$ 的影响系数为 0.049，表明人均 GDP 每增加 1000 美元，CO_2 的排放量会增长 0.049 百万吨。IP 和 PO 两个变量的线性影响系数也分别达到 0.059 和 0.537，说明第二产业的比重每增加 1%，CO_2 的排放量会增长 0.059 百万吨，常住人口密度每增加 100 人/平方千米，CO_2 的排放量会增长 0.537 百万吨。因此，不仅人均 GDP 和产业结构等生产领域是 CO_2 排放的主要来源，常住人口的增长和城镇化率的提升也成为影响世界主要新兴经济体碳排放的重要因素。

第二机制增加了转换函数的转换效应，此时人均 GDP 的取值区间为 (6.477 千美元, 22.93 千美元)，转换函数 $G=1$，当转换变量超过门限临界值 6.477 千美元时，人均 GDP 对新兴经济体 CO_2 排放的影响系数从 0.049 下降了 0.093，说明此时随着经济的发展，二氧化碳的排放量开始越过峰值呈现递减趋势。第二机制下产业结构变量 IP 的影响系数进一步扩大了 0.008，变化幅度不大，表明这一时期第二产业在国民经济中的比重基本趋于稳定，第三产业的作用开始增强。而人口密度变量对 CO_2 排放的影响在这一阶段继续增加了 2.820（见图 5-2），增长幅度较大，说明在经济发展的高水平阶段，当 EKC 曲线达到拐点之后，人口规模和城市化等生活领域的相关活动已经成为影响新兴经济体碳排放的重要因素，新兴经济体的人口快速增长和城市化率的显著提升过程中,需要考虑对碳排放和环境产生的负面影响。

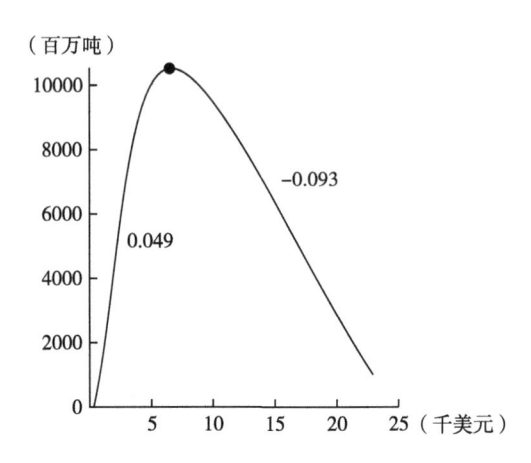

图 5-2 人均 GDP(千美元)与 CO_2(百万吨)的非线性趋势

综合 PSTR 模型的两阶段机制结果来看,人均 GDP 对世界主要新兴经济体 CO_2 排放的影响呈现出先上升后下降的倒"U"形关系,两机制的拐点即为碳峰值点。拐点处的人均 GDP 为 6.477 千美元,高于目前 31 个新兴经济体的平均值,说明大部分新兴经济体目前仍处在碳达峰的拐点前端,这与 EKC 曲线的关系描述基本一致,也符合前文关于经济发展和 CO_2 排放关系的基本假设。且拐点的转换速度较快,说明新兴经济体已经意识到碳减排的重要性,在全球碳治理背景下,各国家相应出台了一系列围绕 CO_2 减排方面的政策和措施,并确定了碳达峰和碳中和的具体时间点和行动方案。

第四节 碳达峰的国别异质性路径

通过分析发现,世界 31 个主要新兴经济体的碳达峰路径符合 EKC 曲线的基本形状,随着经济发展和工业化水平的提升以及人口密度的增长,新兴经济体国家的碳排放经历了第一阶段的不断攀升之后,达到碳排放的峰值点,之后随着经济的高质量发展、产业结构的不断优化和人口结构的调整，碳排放开始呈现不断下降趋势。进一步研究发现，受经济发展历程、资源禀赋、技术进步和经济体量的影响，31个新兴经济体的EKC曲线形态存在一定的异质性，不同国家之间的碳达峰路径还需充分考虑自身国情和经济发展情况。因此，本节在新兴经济体碳达峰路径的研究基础上，进一步按照经济发展水平、产业结构和常住人口密集度的差异将31个新兴经济体进行聚类分析，分别对金砖国家、东南亚国家、南美洲国家、非洲国家和其他国家五个类别国家的碳排放和碳达峰异质性路径进行分析，以明确不同国家的具体碳达峰行动方案和时间点。

一 国别分类

对31个新兴经济体的类别进行划分时，首先以地区为标准，其次结合聚类分析法，通过对经济发展水平、产业结构和常住人口密度三个指标进行分别聚类分析，并附以相应的权重，进而得到最终的国别分类。

聚类分析法是一种迭代求解的综合聚类分析算法，以样本数据的特定特征为基准，将数据集按照一定的结构划分为 K 个聚类，每个聚类的样本之间以数据的特定属性为中心，并将数据按照属性的相似度进行距离排列和分布（Ketchen，1996）。聚类分析法具有数据迭代、自动识别和强关系簇的显著特征，能够以寻找最佳解决方案为目标将样本数据按照一定的属性关联度进行聚类划分，因此成为类别分析和特征划分领域应用最为广泛的分类方法（倪鹏飞等，2003），能够很好地满足本书对中国不同城市类别的精准划分需求。在聚类分析的具体过程中，以产业发展阶段作为数据簇类划分的指标依据，以相对成熟的欧几里得距离函数来描述数据之间的相似度（Stuhlmacher，2019），通过以产业发展为基准数据的依次迭代分类，最终达到标准函数最优或迭代次数最大为止，标准函数的表达式为：

$$F(C_j, X) = \text{Min} \sum_{j=1}^{K} \sum_{X \in \mathbf{R}_j^n} Dis(C_j, X)^2 \tag{5-21}$$

式（5-21）中，$(X^1, X^2, \cdots, X^n)^T$ 表示无标签的样本数据矩阵，$X \in R_j^n$ 表示数据的 n 维向量，K 为数据簇的数量，C_j 为第 j 个数据簇的中心点，$Dis(C_j, X)$ 表示 X 到中心 C 的距离，距离越近，数据和中心质点的相似度越高。

本节在对31个新兴经济体划分时，结合了区域标准和聚类分析的方法。首先，以31个新兴经济体所在的区域为标准，将这些国家分为亚洲、南美洲、非洲和其他国家四类；其次，结合聚类分析方法，以经济发展水平为聚类簇标准，对以上四类国家进行分别排序；再次，同样以产业结构指标和常住人口密度指标为聚类分析的中心聚类簇标准，对31个国家进行分别排序；最后，对三个聚类分析的结果分别汇总，并赋予1/3的权重，得到初步的聚类分析的结果，并再次按照区域进行划分，根据需要将亚洲细分为东南亚、西亚等。

最终，在区域细分指标的基础上，通过K-means聚类分析将31个新兴经济体划分为五个数据簇群：第一类为5个金砖国家，分别为俄罗斯、中国、巴西、印度和南非；第二类为5个东南亚国家，分别为柬埔寨、印度尼西亚、老挝、缅甸和泰国；第三类为8个南美洲国家，分别为阿根廷、玻利维亚、哥伦比亚、厄瓜多尔、巴拉圭、秘鲁、乌拉圭和智利；第四类为8个非洲国家，分别为埃塞俄比亚、加纳、危地马拉、牙买加、肯尼亚、坦桑尼亚、乌干达和吉布提；第五类为其他的5个亚洲和欧洲国家，分别为爱沙尼亚、约旦、摩尔多瓦、蒙古国和土耳其。五类国家的样本数据特征如表5-6所示。

表5-6　　　　PSTR模型的国别异质性样本描述统计

国别类型	指标	样本量	均值	标准差	最小值	最大值
金砖国家	CO_2（百万吨）	45	2755.59	3503.79	363.38	10515.84
	AGDP（千美元）	45	7.51	3.85	1.36	14.61
	IP（%）	45	28.16	5.39	18.30	40.10
	PO（百人/平方千米）	45	1.34	1.59	0.08	4.54
东南亚	CO_2（百万吨）	45	176.26	202.09	5.98	629.8
	AGDP（千美元）	45	2.71	1.87	0.79	7.27
	IP（%）	45	33.42	5.80	21.90	43.90
	PO（百人/平方千米）	45	0.94	0.41	0.27	1.46
南美洲	CO_2（百万吨）	72	59.54	49.66	7.71	169.50
	AGDP（千美元）	72	8.65	4.68	1.96	17.28
	IP（%）	72	29.13	4.32	21.70	37.80
	PO（百人/平方千米）	72	0.27	0.17	0.09	0.67

续表

国别类型	指标	样本量	均值	标准差	最小值	最大值
非洲	CO_2（百万吨）	72	42.63	46.10	2.07	167.83
	AGDP（千美元）	72	1.94	1.58	0.34	5.56
	IP（%）	72	20.38	4.42	9.40	27.70
	PO（百人/平方千米）	72	1.24	0.70	0.37	2.67
其他国家	CO_2（百万吨）	45	76.46	128.29	4.32	382.31
	AGDP（千美元）	45	7.84	6.12	1.90	22.93
	IP（%）	45	25.75	4.96	17.10	38.20
	PO（百人/平方千米）	45	0.70	0.47	0.02	1.24

数据来源：根据 CEADs 碳排放数据库、国家统计局网站、国研网数据库整理。

由表5-6的数据可以看出，CO_2 排放在不同的新兴经济体中存在明显的差异性。受经济体量、产业结构和人口规模因素的影响，碳排放的最大值出现在金砖五国中，2018年中国的碳排放量达到105亿吨，俄罗斯、印度、巴西和南非的碳排放总量均处于新兴经济体的前列，金砖五国同时也是世界 CO_2 的主要来源地。东南亚五国的碳排放最大值超过6亿吨，这五个国家的平均碳排放规模虽然与金砖五国存在较大的差距，但是仍然处于新兴经济体中的第二梯队，领先于南美和非洲等国家。CO_2 排放量的最小值出现在非洲的吉布提，该国家的年均碳排放量仅为2百万吨左右，非洲八个国家的整体碳排放量受到经济发展水平的影响，处于新兴经济体中的最低层次。

人均 GDP 是影响碳排放的重要因素，同时也是衡量一个国家经济发展水平的重要指标，其在不同类型的新兴经济体中也差异十分明显。人均 GDP 的最大值出现在爱沙尼亚，最小值出现在非洲的埃塞俄比亚，南美洲和金砖五国的人均 GDP 相对较高，而东南亚和非洲各国的人均 GDP 处于较低水平。

工业产值占国民经济的比重同样是决定一个国家和地区碳排放量的指标之一。工业比重最高的国家是印度尼西亚，制造业在该国的占比超过40%，比重最低的是埃塞俄比亚，该国家的工业占比不到10%，目前仍以农业为主，东南亚五国的平均工业产值占比处于最高的层次，平均为整个国民经济的1/3，其次是金砖五国和南美洲国家，制造业在这些国家的经济发展过程中同样处于主导地位,这也是导致这些国家碳排放量居高不下的原因之一。

近年来,人口规模和集聚程度正在各国家碳排放的持续增长中起到越来越重要的影响。印度和中国都属于常住人口密度相对较高的国家,印度的常住人口密度超过 400 人/平方千米,是 31 个新兴经济体中人口密度最高的国家,金砖五国的平均常住人口密度领先于其他新兴经济体,这也是导致金砖五国碳排放量居高不下的原因之一,非洲和东南亚的人口密集度也处于较高水平,生活领域的碳排放是这些国家实现碳达峰目标的重点关注领域。

综上所述,不同类型的新兴经济体类别之间的碳排放存在明显的差异性,而这种差异性与各国家的经济发展水平、工业结构和常住人口密度的异质性息息相关,因此,需要以这些经济和社会因素为基础,探究不同类型新兴经济体的异质性 EKC 机制,进而研究不同类型新兴经济体的异质性碳达峰路径,从而为中国"双碳"目标的实现提供经验和借鉴。

二 异质性 PSTR 模型构建

在对 31 个世界主要新兴经济体碳达峰路径的整体研究基础上,以区域标准和 K-means 聚类分析为依据,分别对金砖五国、东南亚五国、南美洲八国、非洲八国和其他五国的具体异质性碳达峰路径进行进一步研究。在式(5-13)的基准 PSTR 模型基础上,分别对五类新兴经济体的样本数据进行异质性非线性分析,通过探讨经济发展、产业结构、常住人口密度和 CO_2 排放的非线性关系,分析不同类别新兴经济体的具体差异化碳排放路径,并对异质性路径之间的趋势进行对比和分析,明确中国下一步实现碳达峰目标的方向。细分后五类新兴经济体的 PSTR 异质性模型如下:

$$CO_{2it}^{Br} = \alpha + \beta_{01}AGDP_{it} + \beta_{02}IP_{it} + \beta_{03}PO_{it} + \sum_{k=1}^{n}(\beta_{k1}AGDP_{it}^{k} + \beta_{k2}IP_{it}^{k} + \beta_{k3}PO_{it}^{k}) \times G^{k}(Q_{it}; \omega_{j}^{k}, c_{j}^{k}) + \varepsilon_{it} \qquad (5-22)$$

$$CO_{2it}^{SEA} = \alpha + \beta_{01}AGDP_{it} + \beta_{02}IP_{it} + \beta_{03}PO_{it} + \sum_{k=1}^{n}(\beta_{k1}AGDP_{it}^{k} + \beta_{k2}IP_{it}^{k} + \beta_{k3}PO_{it}^{k}) \times G^{k}(Q_{it}; \omega_{j}^{k}, c_{j}^{k}) + \varepsilon_{it} \qquad (5-23)$$

$$CO_{2it}^{SA} = \alpha + \beta_{01}AGDP_{it} + \beta_{02}IP_{it} + \beta_{03}PO_{it} + \sum_{k=1}^{n}(\beta_{k1}AGDP_{it}^{k} + \beta_{k2}IP_{it}^{k} +$$

$$\beta_{k3}PO_{it}^k) \times G^k(Q_{it}; \omega_j^k, c_j^k) + \varepsilon_{it} \tag{5-24}$$

$$CO_{2it}^{AF} = \alpha + \beta_{01}AGDP_{it} + \beta_{02}IP_{it} + \beta_{03}PO_{it} + \sum_{k=1}^{n}(\beta_{k1}AGDP_{it}^k + \beta_{k2}IP_{it}^k +$$

$$\beta_{k3}PO_{it}^k) \times G^k(Q_{it}; \omega_j^k, c_j^k) + \varepsilon_{it} \tag{5-25}$$

$$CO_{2it}^{OT} = \alpha + \beta_{01}AGDP_{it} + \beta_{02}IP_{it} + \beta_{03}PO_{it} + \sum_{k=1}^{n}(\beta_{k1}AGDP_{it}^k + \beta_{k2}IP_{it}^k +$$

$$\beta_{k3}PO_{it}^k) \times G^k(Q_{it}; \omega_j^k, c_j^k) + \varepsilon_{it} \tag{5-26}$$

转换函数 $G^k(Q_{it}; \omega^k, c^k)$ 为：

$$G^k(Q_{it}; \omega_j^k, c_j^k) = \left\{1 + \exp\left[-\omega_j^k \prod_{j=1}^{m}(Q_{it} - c_j^k)\right]\right\}^{-1} \omega > 0 \tag{5-27}$$

转换变量 Q_{it} 为：

$$Q_{it} = AGDP_{i,t-1} \tag{5-28}$$

其中，因变量 CO_2^{BR}、CO_2^{SEA}、CO_2^{SA}、CO_2^{AF} 和 CO_2^{OT} 分别表示金砖五国、东南亚五国、南美洲八国、非洲八国和其他五国共五类新兴经济体的碳排放数量，自变量 $AGDP$、IP 和 PO 分别代表新兴经济体 i 在 t 时期的人均国内生产总值、工业占比和常住人口密度，转换函数 G 和转换变量 Q 的指标含义与上文 PSTR 基准模型的解释保持一致，具体数据来源于对五类子样本的筛选和整理，单位与整体模型一致。

三 模型的非线性机制检验

按照 PSTR 模型的基本假设和前提条件，在原假设 H_0：$\omega=0$ 和备择假设 H_1：$\omega\neq0$ 下，对五类新兴经济体的碳达峰异质性模型分别在转换函数的门限参数数量 m 为 1 和 2 的识别机制下进行 Wald、Fisher 和 LRT 检验，以确定五个子样本模型的非线性趋势（见表 5-7）。

表 5-7　　　　新兴经济体国别异质性的 PSTR 模型非线性检验

国别类型	检验工具	$m=1$ Value	P	$m=2$ Value	P
金砖国家	Wald	27.600***	0.000	33.348***	0.000
	Fisher	19.564***	0.000	16.218***	0.000
	LRT	42.760***	0.000	60.803***	0.000

续表

国别类型	检验工具	$m=1$ Value	$m=1$ P	$m=2$ Value	$m=2$ P
东南亚	Wald	22.727***	0.000	35.063***	0.000
	Fisher	12.585***	0.000	19.994***	0.000
	LRT	31.649***	0.000	67.966***	0.000
南美洲	Wald	24.930***	0.005	39.118***	0.000
	Fisher	10.822***	0.005	11.656***	0.000
	LRT	30.708***	0.004	56.844***	0.000
非洲	Wald	11.892***	0.008	24.206***	0.000
	Fisher	4.023**	0.011	4.896***	0.000
	LRT	12.998***	0.005	29.503***	0.000
其他国家	Wald	37.605***	0.000	43.546***	0.000
	Fisher	62.715***	0.000	169.764***	0.000
	LRT	81.262***	0.000	154.469***	0.000

注：*p<0.1，**p<0.05，***p<0.01。

由表5-7可以看出，五类新兴经济体的异质性PSTR模型在$m=1$和$m=2$的识别机制下，P值均等于或接近0，同时可以发现，Wald、Fisher和LRT三个检验的检验值均足够大，五类模型能够在1%的显著性水平下显著拒绝原线性假设。说明五类子样本新兴经济体的经济发展水平、产业结构和常住人口密度与这些国家的CO_2排放量之间存在显著的非线性关系，满足PSTR的基本条件。

四 剩余机制检验——转换函数个数 k

确定了五类新兴经济体模型的非线性趋势之后，继续采用Wald、Fisher和LRT三个检验来进一步确定转换函数G的个数k。分别设定原假设H_{10}：$k=1$，备择假设H_{11}：$k=2$，然后检验两个模型参数是否拒绝原假设，如果拒绝则进一步继续设定原假设H_{20}：$k=2$，备择假设H_{21}：$k=3$，然后再次进行检验，直到三个检验均接受原假设为止，此时的k数量即为五类模型转换函数的最优数量（见表5-8）。

表 5-8　新兴经济体国别异质性的 PSTR 模型剩余机制检验
（转换函数个数 k）

国别类型	检验工具	$H_{10}: k=1; H_{11}: k=2$				$H_{20}: k=2; H_{21}: k=3$			
		$m=1$		$m=2$		$m=1$		$m=2$	
		Value	P	Value	P	Value	P	Value	P
金砖国家	Wald	12.090***	0.000	15.720**	0.015	13.806*	0.063	16.428*	0.061
	Fisher	3.796***	0.000	2.505**	0.046	4.131	0.105	3.182	0.102
	LRT	14.080***	0.000	19.339***	0.004	16.489	0.601	21.414	0.471
东南亚	Wald	14.731***	0.002	16.861***	0.010	5.455	0.107	6.904	0.101
	Fisher	5.029***	0.006	2.796**	0.029	2.159	0.115	2.073	0.147
	LRT	17.843***	0.000	21.128***	0.002	7.366*	0.071	8.728*	0.059
南美洲	Wald	1.362	0.714	9.362	0.154				
	Fisher	0.352	0.788	1.291	0.278				
	LRT	1.376	0.711	10.040	0.123				
非洲	Wald	3.072	0.265	1.964	0.181				
	Fisher	2.315	0.186	1.557	0.164				
	LRT	1.562	0.415	1.894	0.179				
其他国家	Wald	7.295	0.263	9.335	0.156				
	Fisher	1.999	0.135	1.221	0.325				
	LRT	1.959	0.127	10.462	0.107				

注：* $p<0.1$，** $p<0.05$，*** $p<0.01$。

表 5-8 为新兴经济体国别异质性的 PSTR 模型剩余机制检验结果表明，南美洲八国、非洲八国和其他五国三个类别的模型，在 $m=1$ 和 $m=2$ 的识别机制下均无法通过 Wald、Fisher 和 LRT 三个检验，即不能拒绝 $k=1$ 的原假设，由此可以确定这三类新兴经济体的 PSTR 模型转换函数 G 的数量为 1，模型至少存在两个转换机制。金砖五国和东南亚五国两类 PSTR 异质性模型在 Wald、Fisher 和 LRT 三个检验下均显著拒绝 $k=1$ 的原假设，进一步的检验发现，三类新兴经济体能够同时接受 $k=2$ 的原假设，由此可以确定这三类国家的 PSTR 模型转换函数 G 的数量为 2，即模型至少存在三个转换机制。

五　剩余机制检验——位置参数个数 m

在确定了五类新兴经济体 PSTR 异质性模型转换函数数量的基础上，进一步通过PSTR模型的AIC准则和BIC准则，来确定五类新兴经济体具体模型中位置参数的数量m，检验方法同样采用的是纵向比较法，将三组假设检验（H_{10}：$m=1$ 和 H_{11}：$m=2$；H_{20}：$m=2$ 和 H_{21}：$m=3$；H_{30}：$m=3$ 和 H_{31}：$m=4$）下的AIC值和BIC值进行纵向比较，结果如表5-9所示。

表5-9　新兴经济体国别异质性的PSTR模型剩余机制进一步检验（位置参数个数m）

国别类型	检验标准	$m=1$ Value	$m=2$ Value	$m=3$ Value
金砖国家	AIC	11.767	12.281	12.773
	BIC	12.289	12.642	13.041
东南亚	AIC	6.846	7.383	7.749
	BIC	7.368	7.745	8.102
南美洲	AIC	7.112	7.150	7.309
	BIC	7.365	7.435	7.511
非洲	AIC	7.438	7.031	7.337
	BIC	7.691	7.315	7.553
其他国家	AIC	3.692	4.452	4.707
	BIC	4.053	4.773	4.915

由表5-9的剩余机制检验结果可以看出，金砖五国、东南亚五国、南美洲八国和其他五国这四类新兴经济体模型，在$m=1$时的AIC值和BIC值明显小于$m=2$和$m=3$的情况，因此可以确定这四类新兴经济体模型的每个转换函数G中只存在一个位置参数c_1。而非洲八国PSTR模型的AIC值和BIC值在$m=2$的情况下达到最小，因此这八个国家模型的转换函数G中存在两个不同的位置参数c_1和c_2。

总体来看，五类不同新兴经济体PSTR异质性模型的非线性机制检验结果说明，金砖五国和东南亚五国这两类新兴经济体模型的转换函数和位置参数最优组合为$k=2$和$m=1$，非洲八国模型的最佳组合为$k=1$和$m=2$。说明在不同的转换函数和位置参数下，在经济发展过程中这三类新兴经济体的CO_2排放均呈现出三机制的多阶段、非线性特征，而南美洲八国和非洲五国这两类模型的转换函数和位置参数最佳组合为$k=1$和$m=1$，这两类新兴经济体的CO_2排放均呈现出两机制的非线性特征。

六 国别异质性的 PSTR 模型结果

在确定了转换函数 k 和位置参数 m 的具体数量后，以不同的子样本数据为基础，对五类新兴经济体分别按照式（5-22）至式（5-26）进行 PSTR 非线性回归。继续采用网络格点法（Hansen，1999），对不同新兴经济体模型的位置参数 c 和转换速度 ω 的组合进行检验，以寻找与 PSTR 模型变化趋势一致的最优解，并采用去组内均值的方法确定转换函数 G 的最终形式，求出不同机制下的拟合估计参数。结果如表 5-10 所示。

表 5-10 新兴经济体国别异质性的 PSTR 结果

机制	变量	系数	金砖国家 Value	东南亚 Value	南美洲 Value	非洲 Value	其他 Value
第一机制	GDP	β_{01}	0.218*** (0.124)	0.358*** (0.137)	0.015*** (0.006)	0.078** (0.238)	2.395*** (1.639)
	IP	β_{02}	0.015** (0.080)	0.535*** (0.258)	0.001* (0.002)	0.039** (0.009)	0.181** (0.049)
	PO	β_{03}	0.007 (0.082)	0.095* (0.034)	0.024** (0.013)	0.008** (0.002)	0.018*** (0.009)
第二机制	GDP	β_{01}	-0.191*** (0.166)	0.085*** (0.013)	-0.024** (0.005)	0.042** (0.079)	-3.769*** (1.977)
	IP	β_{02}	-0.017** (0.082)	0.943** (0.205)	0.046** (0.017)	0.086* (0.057)	0.038** (0.029)
	PO	β_{03}	1.023* (0.439)	0.270** (0.093)	-0.049** (0.011)	0.045** (0.019)	0.044** (0.017)
	c_1		4.937	2.074	14.458	0.728	8.090
	ω_1		0.007	21.097	0.853	1.415	1.330
第三机制	GDP	β_{01}	-0.027*** (0.058)	-0.135*** (0.016)		-0.040** (0.005)	
	IP	β_{02}	0.027* (0.019)	-0.119** (0.036)		0.106** (0.047)	
	PO	β_{03}	1.013** (0.429)	0.517** (0.202)		1.833** (0.741)	
	c_2		8.746	4.111		2.591	
	ω_2		1.078	10.054			

注：*p<0.1，**p<0.05，***p<0.01。

资料来源：括号内为标准差。

（一）金砖五国

由表5-10的结果可以看出，金砖五国的碳排放轨迹呈现第一阶段上升、后两阶段下降的不规则倒"U"形非线性趋势，且碳达峰之后碳排放的两阶段下降趋势呈现一急一缓的特征（见图5-3）。金砖五国的CO_2排放在人均GDP为4.937千美元和8.746千美元两处实现了碳排放三阶段之间的平滑转换，两次转换的速度分别为0.007和1.078，以两个位置参数为拐点，金砖五国的经济发展对CO_2排放的影响主要存在三个不同的作用机制，且在人均GDP为4.937千美元左右时达到CO_2的排放峰值点，之后开始出现下降趋势。

如图5-3所示，金砖五国碳排放的第一阶段为上升阶段，当人均GDP介于1.36千美元和4.937千美元时，PSTR模型的两个转换函数G_1和G_2的取值均为0，此时模型退化为简单的多元线性阶段，转换函数不发挥作用，经济发展水平对金砖国家CO_2排放产生了显著的影响，影响系数在1%的显著性水平下达到0.218，即人均GDP每增加1000美元，碳排放会增长0.218百万吨。另外，工业结构变量对CO_2排放的影响系数也达到0.015百万吨，且显著性较强，而常住人口变量在经济发展的初期阶段对碳排放的影响相对较弱。

第二阶段为碳达峰后的EKC曲线下降较快的阶段，经济发展水平相对于初始阶段有了一定的提升。当人均GDP介于4.937千美元和8.746千美元之间时，转换函数G_1取值为1，G_2取值为0，在G_1的作用下，人均GDP对CO_2排放的影响度开始出现平滑转换趋势，从0.218下降了0.191，工业结构对CO_2排放的影响也下降了0.017，但经济发展水平和工业结构两个变量对CO_2排放的影响仍然显著（显著性水平分别达到1%和5%）。第二阶段相对于第一阶段来说已经处于EKC曲线的阈值拐点之后，即该阶段金砖五国总体已经实现了碳达峰的目标。

第三阶段为碳达峰后EKC曲线的再次下降阶段，这一阶段相对于第二阶段来说，CO_2的下降速度明显变缓。当人均GDP水平超过8.746千美元时，在两个转换函数G_1和G_2的共同作用下（取值均为1），随着金砖国家经济发展水平的进一步上升，这些新兴经济体的CO_2排放水平进一步下降，在实现碳达峰后开始向碳中和目标迈进，经济发展水平和工业结构变量的影响系数变为-0.027和0.027，常住人口变量对碳排放的影响在这一阶段开始变得显著，影响系数为1.013。说明此时的经济发展状态已经达到较高水平，产业结构趋于合理，人口变量已经成为影响金砖国家碳排放的主要因素。

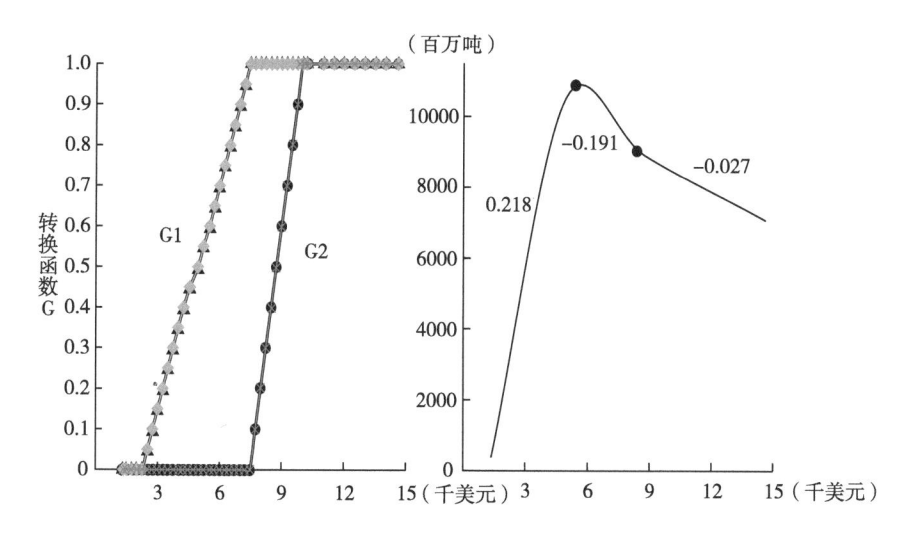

图 5-3　金砖国家的转换函数及人均 *GDP*（千美元）与 *CO*$_2$（百万吨）的非线性趋势

综合来看，经济发展水平、工业结构和常住人口密度决定了金砖国家的 CO_2 排放路径。在碳排放的前期阶段，产业结构调整是金砖国家实现碳达峰的重要途径，随着碳达峰目标的逐渐实现，人口集聚带来的生活领域碳排放需要引起足够的重视。

（二）东南亚五国

东南亚五国经济发展与 CO_2 排放之间的关系趋势与金砖国家比较类似，EKC 曲线均呈现三阶段的非线性特征，但东南亚国家的碳排放阶段趋势为前两阶段上升、第三阶段下降的典型三阶段倒"U"形（见图 5-4）。该类新兴经济体的两个人均 GDP 拐点分别为 2.074 千美元和 4.111 千美元，即东南亚国家经历了两阶段的 CO_2 排放增长之后，当人均 GDP 达到 4.111 千美元时碳排放达到了峰值点，两个门限拐点的转换速度分别为 21.097 和 10.054，表明不同机制之间实现了快速转换。

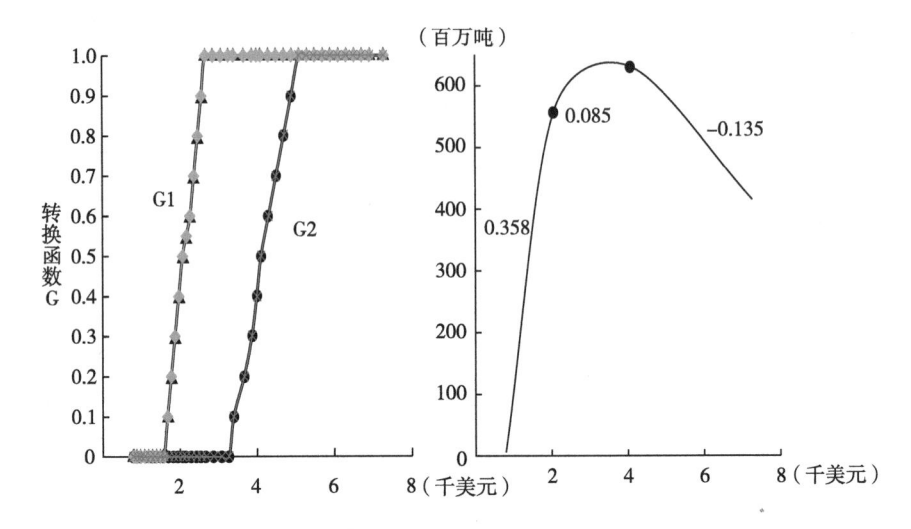

图 5-4　东南亚五国的转换函数及人均 GDP（千美元）与 CO_2（百万吨）的非线性趋势

由表 5-10 的结果可以看出，经济发展水平和工业结构仍然是影响东南亚新兴经济体 CO_2 排放的主要因素。人均 GDP 在三个不同作用机制下显著性水平均能达到 1%，影响系数分别为 0.358、0.085 和 -0.135，从作用度上处于各新兴经济体的前列，产业结构对碳排放的影响也分别在 5% 的显著性水平上达到 0.535、0.943 和 -0.119，影响度同样位列各新兴经济体的第一梯队，常住人口密度变量的影响度在第三阶段有了一定程度的提升，但显著性总体不强。

综合来看，东南亚五国虽然在 CO_2 的排放总量上远低于金砖国家，但是经济体量是造成碳排放差距的主要原因，目前东南亚五国的产业结构偏向制造业，产业结构的升级和改造以及经济发展水平的提升是这些国家实现碳达峰和碳中和目标的重要途径和有效抓手。

（三）南美洲八国

由表 5-10 的结果可以看出，南美洲八国的碳排放趋势符合典型的 EKC 曲线特征，即经济发展水平与 CO_2 排放之间呈现明显的标准倒"U"形趋势，这些国家的碳排放经历了先上升后下降的两阶段非线性过程，两阶段的拐点即为碳峰值点。由图 5-5 可知，EKC 曲线拐点的人均 GDP 为 14.458 千美元（碳峰值点），说明南美洲经济体在相对较高的经济发展水平上实现了碳峰值的目标,两机制之间的平滑转换速度为0.853,转换速度相对较缓。

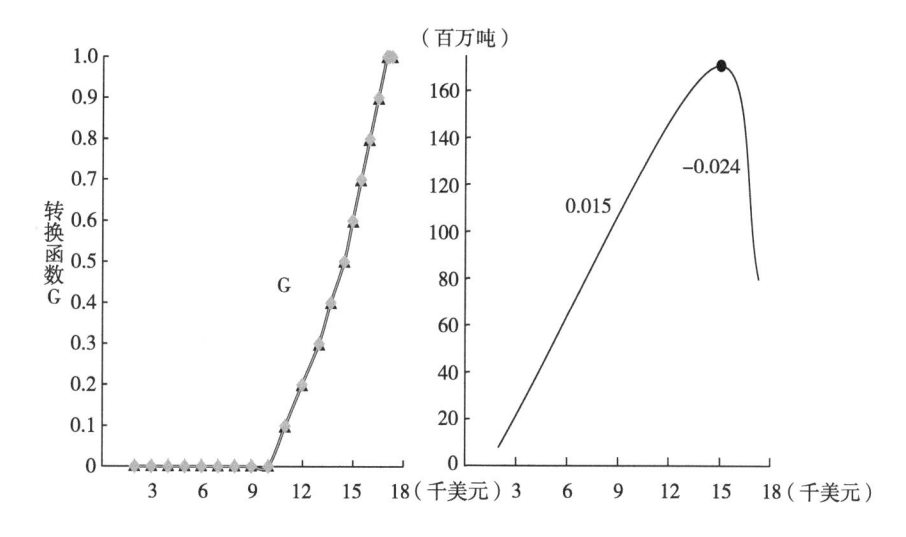

图 5-5 南美洲八国的转换函数及人均 *GDP*(千美元)与 CO_2(百万吨)的非线性趋势

具体来看,第一机制中,当人均 GDP 水平处于 1.96 千美元和 14.458 千美元之间时,模型退化为简单的线性趋势,此时经济发展水平和常住人口密度变量对 CO_2 排放的影响较为显著,系数值分别为 0.015 和 0.024,产业结构的影响度相对较弱;第二机制中,当人均 GDP 水平大于 14.458 千美元时,人均 GDP 和常住人口密度对 CO_2 排放的影响转为负向,而产业结构的影响度此时得到较大幅度的提升,影响系数达到 0.046。

综合来看,南美洲国家相对于其他新兴经济体,在一个较高的经济发展水平上达到了碳峰值点,经济发展水平和常住人口密度因素对碳排放的影响相对较大,产业结构的影响相对较轻,在合理布局产业结构的基础上,这些国家需要进一步实现生产和生活之间碳排放的平衡和统筹。

(四)非洲八国

非洲新兴经济体的 EKC 曲线形态如图 5-6 所示,与东南亚五国的碳排放路径相似,该类型国家的碳排放在经历了一快一慢两阶段的增长之后，达到碳排放的峰值点，越过峰值点之后，碳排放开始出现下降的趋势，即非洲经济体的 EKC 曲线呈现出三阶段的非线性特征。CO_2 的排放以 1.415 的平滑转换速度在 0.728 千美元和 2.591 千美元（人均 GDP）两个拐点实现了三个机制之间的转换，在人均 GDP 达到 2.591 千美元时，碳排放达到最大值，之后经济发展与 CO_2 排放的关系达到了 EKC 曲线的下降部分。

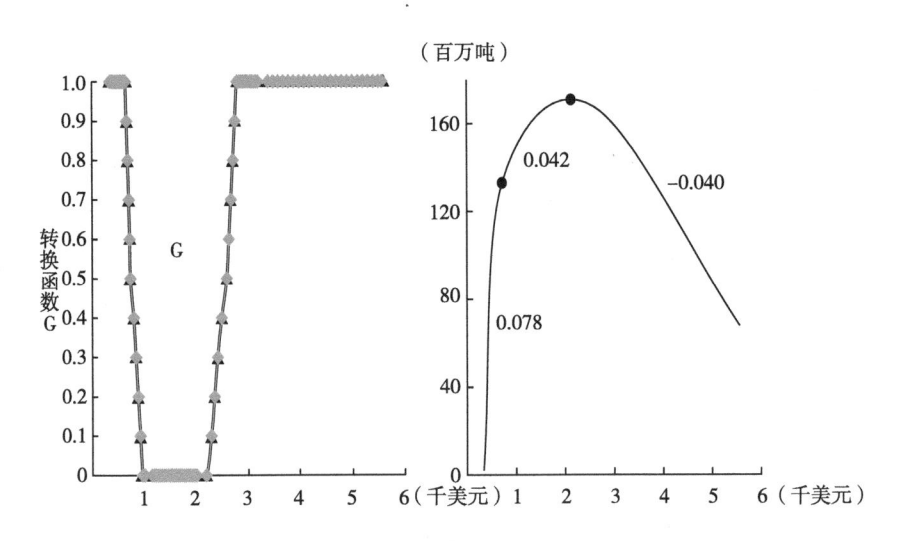

图 5-6　非洲八国的转换函数及人均 GDP（千美元）与 CO_2（百万吨）的非线性趋势

从表 5-10 可以看出，在第一机制和第三机制中，转换函数 G 取值为 1，当模型处于中间机制时，转换函数 G 取值为 0，总体上，人均 GDP、产业结构和人口变量对非洲新兴经济体碳排放的影响相对显著。三个阶段中，人均 GDP 的影响系数分别在 5% 的显著性水平上达到 0.078、0.042 和 -0.040，产业结构变量的影响度分别达到 0.039、0.086 和 0.106，说明经济发展水平与产业结构是决定非洲新兴经济体碳排放的主要因素。而常住人口变量的影响显著性明显高于其他新兴经济体，在 5% 的显著性水平下，影响度分别达到 0.008、0.045 和 1.833，尤其在第三阶段，人口因素已经成为影响非洲新兴经济体碳排放的主导因素。

综合来看，非洲新兴经济体需要在经历两阶段的碳排放增长之后才能实现碳达峰的目标。而且受经济发展水平的限制，这些国家碳峰值点的人均GDP水平处于各新兴经济体的最底端，说明非洲各国的碳减排之路任重道远，在不断转变产业结构的同时，还要控制人口规模，提升自身的经济发展水平。

（五）其他五国

爱沙尼亚、约旦、摩尔多瓦、蒙古国和土耳其五个国家的CO_2排放趋势与南美洲新兴经济体比较类似，但总体碳排放量比南美洲经济体更高，碳达峰点的人均GDP水平比南美洲经济体略低。这五个国家符合典型的EKC曲线特征，即经济发展水平与CO_2排放之间呈现明显的标准倒"U"形趋势，这些国家的碳排放经历了先上升后下降的两阶段非线性过程，两阶段的拐点即为碳峰值点。由图5-7可知，EKC曲线拐点的人均GDP为8.09千美元（碳峰值点），说明这些新兴经济体在相对较高的经济发展水平上实现了碳峰值的目标，两机制之间的平滑转换速度为1.33，转换速度相对较缓。

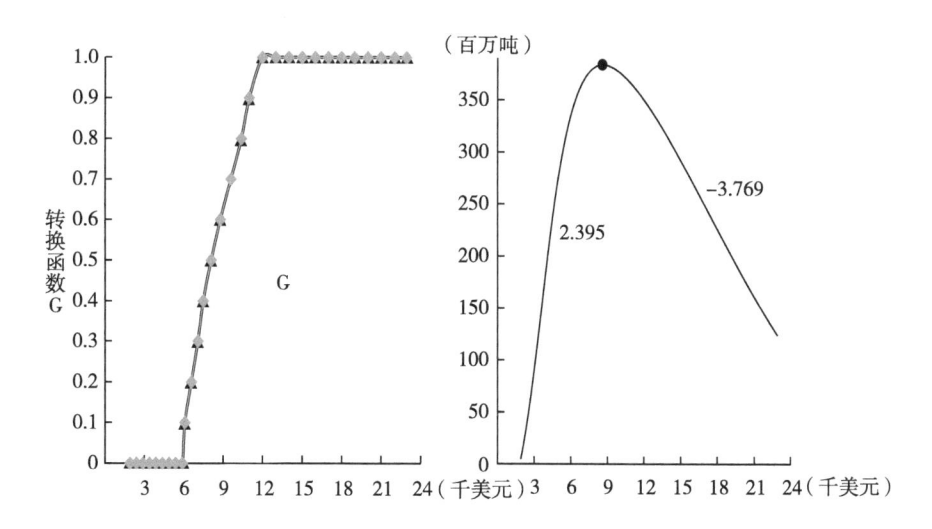

图5-7 其他五国的转换函数及人均*GDP*（千美元）与
CO_2（百万吨）的非线性趋势

具体的机制特征如表5-10所示，第一机制中，当人均GDP水平处于1.9—8.09千美元时，模型退化为简单的线性趋势，此时经济发展水平、产业结构和常住人口密度变量对 CO_2 排放的影响均较为显著，系数值分别为 2.395、0.181 和 0.018，该类型新兴经济体的经济发展水平影响度位居各国家中的第一位，常住人口密度变量的显著性也最强；第二机制中，当人均 GDP 水平大于 8.09 千美元时，人均 GDP 对 CO_2 排放的影响在 EKC 曲线越过峰值点后转为负向，而产业结构和常住人口密度的影响度仍然为正，影响系数分别达到 0.038 和 0.044。由此可见，爱沙尼亚、摩尔多瓦和土耳其等五个国家整体上在一个较高的经济发展水平上实现碳达峰的目标，经济发展水平是决定这些国家碳排放规模的最重要因素，产业结构调整和人口结构优化也是控制碳排放的重要路径。

综合五类新兴经济体的 CO_2 排放路径来看（见图 5-8），虽然均大致符合 EKC 曲线的倒"U"形特征，但受不同国家和地区之间经济发展水平、产业结构和常住人口密度等经济、社会因素的影响，不同类型新兴经济体的碳达峰目标实现路径差异性非常明显。

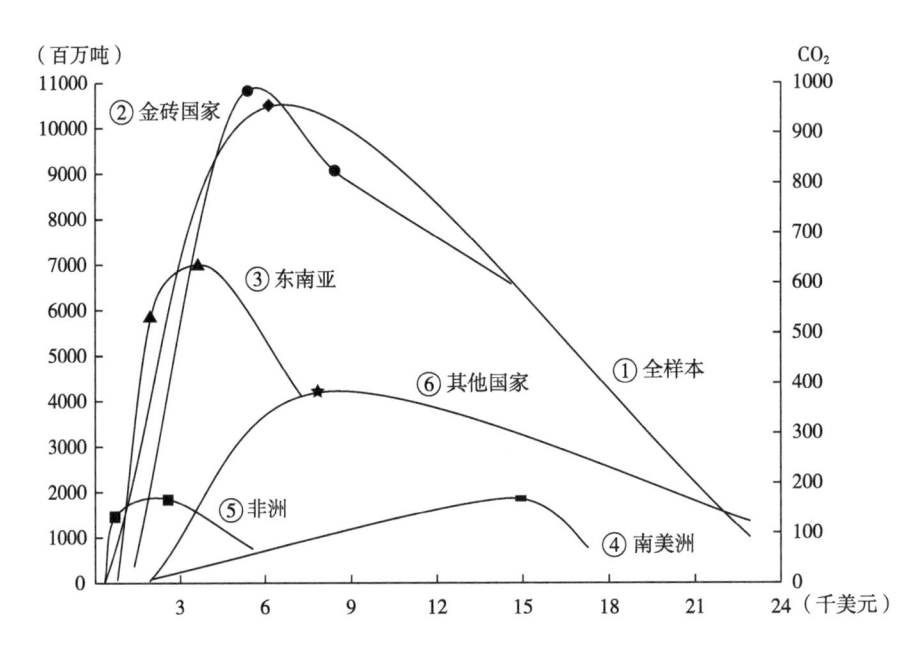

图 5-8 五类新兴经济体人均 GDP（千美元）与 CO_2（百万吨）非线性趋势的异质性比较

综合 PSTR 整体和异质性模型的结果可以将全样本和五类异质性样本

的 EKC 曲线形态划分为三类。

第一类为标准的两阶段倒"U"形，图 5-8 中的①全样本、④南美洲八国和⑥其他五国均属于这一类别。31 个新兴经济体的全样本模型显示，人均 GDP 对这些国家 CO_2 排放的影响呈现出先上升后下降的倒"U"形关系，两机制的拐点即为碳峰值点，碳峰值点的人均 GDP 水平为 6.477 千美元，南美洲八国和爱沙尼亚、摩尔多瓦和土耳其等五个国家两类新兴经济体的碳排放趋势与总体样本类似，两类国家的碳排放均经历了第一阶段的上升和第二阶段的下降趋势，且碳峰值点的人均 GDP 分别达到 14.458 千美元和 8.09 千美元，高于全样本模型，说明这两类国家在较高的经济发展水平上达到了碳达峰目标。

第二类为第一阶段上升、后两阶段下降的三阶段不规则倒"U"形，图 5-8 中的②金砖五国属于这一类别。金砖五国的 CO_2 排放在人均 GDP 为 4.937 千美元和 8.746 千美元两处实现了碳排放三阶段之间的平滑转换，且在人均 GDP 为 4.937 千美元左右时达到 CO_2 的排放峰值点，之后开始出现下降趋势，碳峰值点的经济发展水平略低于全样本，但 CO_2 排放量在 31 个新兴经济体中占比最高。

第三类为前两阶段上升、第三阶段下降的三阶段不规则倒"U"形，图 5-8 中的③东南亚五国和⑤非洲八国属于这一类别。东南亚新兴经济体的两个人均 GDP 拐点分别为 2.074 千美元和 4.111 千美元，当人均 GDP 达到 4.111 千美元时碳排放达到了峰值点，而非洲八国在人均 GDP 达到 2.591 千美元时，碳排放达到最大值，之后经济发展与 CO_2 排放的关系达到了 EKC 曲线的下降部分，说明这两类国家碳峰值点的经济发展水平相对较低。

第五节　小结

本章在前文拓展的 EKC 曲线基础上，结合面板平滑转换模型（PSTR），从经济发展水平、产业结构和常住人口密集度等视角，对 31 个新兴经济体的碳排放机制和路径进行实证研究，验证了 EKC 曲线在这些国家和地区的具体特征和形态，并对 31 个新兴经济体按照经济发展水平和区域进行进一步聚类分析，对不同类别国家和地区的国别异质性碳达峰路径进行研究，并结合中国当前的经济发展现实和碳达峰工作的推进情况，提出"双碳"目标顺利实现的政策建议。

31个世界主要新兴经济体的整体 PSTR 模型结果显示：人均 GDP 对世界主要新兴经济体 CO_2 排放的影响呈现出先上升后下降的倒"U"形关系，两机制的拐点即为碳峰值点。拐点处的人均 GDP 为 6.477 千美元，高于目前 31 个新兴经济体的平均值，说明大部分新兴经济体目前仍处在碳达峰的拐点前端，这与 EKC 曲线的关系描述基本一致，也符合前文关于经济发展和 CO_2 排放关系的基本假设。且拐点的转换速度较快，说明新兴经济体已经意识到碳减排的重要性，在全球碳治理背景下，各国家相应出台了一系列围绕 CO_2 减排方面的政策和措施，并确定了碳达峰和碳中和的基本时间点和行动方案。

国别异质性碳排放路径研究发现：金砖五国的碳排放轨迹呈现第一阶段上升、后两阶段下降的不规则倒"U"形非线性趋势，碳达峰之后，碳排放的两阶段下降趋势呈现一急一缓的特征，且在人均 GDP 为 4.937 千美元左右时达到 CO_2 的排放峰值点，之后开始出现下降趋势。碳峰值点的经济发展水平略低于全样本，但 CO_2 排放量在 31 个新兴经济体中占比最高，经济发展水平、工业结构和常住人口密度决定了金砖国家的 CO_2 排放路径，在碳排放的前期阶段，产业结构调整是金砖国家实现碳达峰的重要途径，随着碳达峰目标的逐渐实现，人口集聚带来的生活领域碳排放需要引起足够的重视。

东南亚国家的碳排放阶段趋势为前两阶段上升、第三阶段下降的典型三阶段倒"U"形，两个人均 GDP 拐点分别为 2.074 千美元和 4.111 千美元。当人均 GDP 达到 4.111 千美元时，碳排放达到了峰值点，碳峰值点的经济发展水平相对较低，东南亚五国在 CO_2 的排放总量上远低于金砖国家，经济体量是造成碳排放差距的主要原因。目前东南亚五国的产业结构偏向制造业，产业结构的升级和改造以及经济发展水平的提升是这些国家实现碳达峰和碳中和目标的重要途径和有效抓手。

南美洲八国的碳排放趋势符合典型的 EKC 曲线特征，即经济发展水平与 CO_2 排放之间呈现明显的标准倒"U"形趋势，这些国家的碳排放经历了先上升后下降的两阶段非线性过程，两阶段的拐点即为碳峰值点。EKC 曲线拐点的人均 GDP 为 14458 美元，说明南美洲经济体在相对较高的经济发展水平上实现了碳达峰的目标，经济发展水平和常住人口密度因素对碳排放的影响相对较大,产业结构的影响相对较轻,在合理布局产业结构的基础上,这些国家需要进一步实现生产和生活之间碳排放的平衡和统筹。

非洲新兴经济体的碳排放在经历了一快一慢两阶段的增长之后,达到碳排放的峰值点,越过峰值点之后,碳排放开始出现下降的趋势,即 EKC 曲线呈现出三阶段的非线性特征。CO_2 排放在人均 GDP 为 0.728 千美元和 2.591 千美元两个拐点处实现了三个机制之间的转换,在人均 GDP 达到 2.591 千美元时,碳排放量达到最大值,之后经济发展与 CO_2 排放的关系达到了 EKC 曲线的下降部分,非洲新兴经济体需要在经历两阶段的碳排放增长之后才能实现碳达峰目标,而且由于经济发展水平的限制,这些国家碳峰值点的人均 GDP 水平处于各新兴经济体的最底端,说明非洲各国的碳减排之路任重道远,在不断转变产业结构的同时,还要控制人口规模,提升自身的经济发展水平。

爱沙尼亚、约旦、摩尔多瓦、蒙古国和土耳其五个国家符合典型的 EKC 曲线特征,即经济发展水平与 CO_2 排放之间呈现明显的标准倒"U"形趋势。这些国家的碳排放经历了先上升后下降的两阶段非线性过程,两阶段的拐点即为碳峰值点,EKC 曲线拐点的人均 GDP 为 8090 美元,说明这些新兴经济体在相对较高的经济发展水平上实现了碳峰值的目标,经济发展水平是决定这些国家碳排放规模的最重要因素,产业结构调整和人口结构优化也是控制碳排放的重要路径。

第六章 中国碳达峰的省际异质性路径

第一节 引言

随着世界经济的快速发展，人民生活水平不断提升，同时，人类活动范围的扩大也对全球环境产生了重要影响，环境污染问题逐渐在全球范围内显现，尤其是二氧化碳排放造成的全球变暖问题，正逐渐成为人类亟待解决的重大环境问题之一。能源燃烧和工业生产是生产领域碳排放的主要来源，人口集聚和城市化进程的加快让生活领域的碳排放规模也逐渐扩大，全球温室气体的增加对全球的生态系统形成了重要威胁，CO_2的减排和治理已迫在眉睫。在这一背景下，世界各国家和地区在新能源使用、产业结构升级和碳减排技术开发等领域做出了不懈努力，全球在应对碳排放和气候变化方面逐渐达成共识，各国家和地区的碳补偿等工作也在有条不紊地展开。在全球共同应对CO_2排放这一重大环境问题的背景下，中国根据自身的经济发展情况和全球的碳减排行动趋势，制定出了符合中国国情的碳减排规划，承诺2030年前CO_2的排放不再增长，达到峰值之后逐步降低，并在控制碳排放的基础上，通过植树造林、节能减排等形式，抵消自身产生的CO_2排放，实现CO_2"零排放"，到2060年实现碳中和。2030碳达峰和2060碳中和目标由习近平主席在第75届联合国大会上庄严提出，并在《"十四五"规划和2035年远景目标》中得到逐步落实，中国力争到2035年要在碳排放达峰后实现经济发展中CO_2排放的稳中有降，实现经济和环境的可持续发展。

中国区域经济发展的不平衡性决定了各省份碳达峰行动时间表的差异性，各地区的通力合作和协调发展是中国碳达峰目标顺利实现的重要保障。受经济发展水平、产业结构和人口密度等因素的影响，以高新技术产业为依托的东部较发达地区，产业结构较为合理，碳减排技术的研发和新能源的使用处于领先地位，有望最先完成碳达峰的目标。以轻工业为主导的中部省份，碳排放规模相对较低，但是经济发展水平还有待提升。以重工业为主导的西部省份受产业结构的制约，是中国碳排放的主要来源，同时也是中国碳减排工作的重心。鉴于此，国家在"十四五"规划中明确鼓励地方根据具体情况制定2030年前碳排放达峰行动方案，有条件的地方率先达峰，2020年年底的中央经济工作会议进一步要求各地方抓紧制定2030年前碳排放达峰行动方案，加快调整优化产业结构、能源结构，加快建设全国用能权、碳排放权交易市场。

要合理制定中国各地区的碳达峰和碳中和行动方案，必须首先解决如下问题：一是中国各省份的碳排放情况是怎样的？碳排放的规模受到哪些经济和社会因素的影响？二是在这些因素的影响下，经济发展特征不同的省份和地区具有怎样的差异化碳排放和碳达峰路径？不同类型省份的EKC曲线具有怎样的异质性特征？三是基于中国碳达峰省际异质性的分析，不同地区在碳达峰过程中扮演什么样的角色？中国如何在兼顾效率与公平原则的基础上探索碳达峰的区域协调路径？对这些问题的研究在中国致力于实现碳达峰和碳中和目标的背景下具有重要的意义，这些也是本章试图回答和解决的问题，只有把这些问题搞清楚，各地区才能群策群力，通过技术交流、要素互补和产业合作共同实现中国碳达峰和碳中和的整体目标。

基于此，本章依据CEADs数据库的中国省级碳排放清单，整理出中国30个省份[①]的CO_2排放规模，以面板平滑转换模型（PSTR）为依托，分析中国省级EKC曲线的趋势和特征，并通过聚类分析方法对高新技术产业主导型、轻工业主导型和重工业主导型省份的碳达峰路径进行异质性分析，以此为基础，提出中国碳达峰目标顺利实现的区域协调路径。

---

① 由于西藏自治区、中国香港、中国澳门和中国台湾的相关统计数据缺失，故本书的样本数据只包括30个省份。

第二节 碳达峰的总体路径——基于中国省级面板数据的分析

前文关于新兴经济体国别异质性碳达峰路径的研究为中国的碳减排路径提供了基本方向，鉴于中国区域经济发展的不均衡性，在国别碳排放路径的研究基础上，进一步以 EKC 曲线为理论机制，结合中国 30 个代表性省份碳排放和经济社会发展的面板数据，通过 PSTR 非线性模型对中国省级层面的总体碳达峰路径进行分析，找出中国各区域碳排放的峰值点和变化趋势，为中国各省份碳达峰行动方案的制定提供依据，同时也为下文不同类型省级单位碳排放异质性路径的研究提供对比标准。

一 理论机制

遵循经济发展的一般规律，世界各国的环境污染在经济发展初期和上升期呈现不断加剧的趋势，随着环境污染的加剧和经济高质量、可持续发展需求的上升，经济发展到一定水平后，环境污染开始逐渐好转，并在经济发展模式转型升级之后呈现下降趋势。环境库兹涅茨曲线（EKC）对这一经济发展和环境污染之间的关系进行了很好的刻画和描述（Panayotou，1993），EKC 曲线也是本节研究中国碳达峰省际异质性的理论和机制基础。三次项的 EKC 曲线基本公式和机制可以表达为：

$$P_{it}=\alpha+\alpha_1 GDP_{it}+\alpha_2 GDP_{it}^2+\alpha_3 GDP_{it}^3+\alpha_4 X_{it}+\varepsilon_{it} \qquad (6-1)$$

其中，P_{it} 表示国家 i 在 t 时期的污染物排放数量，GDP_{it} 表示国家 i 在 t 时期的经济发展水平，一般用人均 GDP 来衡量，X_{it} 表示影响国家 i 在 t 时期环境污染物排放的其他解释变量，ε_{it} 是满足独立同分布条件的随机干扰项序列。EKC 曲线中常见的衡量 P_{it} 的指标包括二氧化硫、废水、废气、烟尘和固体废弃物排放量等，解释变量除人均 GDP 之外，一般还包括人口集聚、城市化、产业结构、能源消耗和技术效率等核心指标。

随着经济发展和环境问题的日益加剧，EKC 曲线在解释二者关系的过程中也暴露出其在假设提出和基准公式设定上的一些不足，EKC 曲线固化地将环境质量和经济发展水平之间的关系确定为二次项或者三次项的参数估计形式，但现实情况中，经济发展水平和环境污染之间呈现的倒"U"形或倒"N"形关系并不规则，EKC 曲线并非严格的中间对称型，且倒"U"形或倒"N"形曲线的拐点转换速度和转换趋势也呈现多样化的特征。因此，EKC 曲线的形式在式（6-1）的基础上也在不断发展和完善。

在此基础上，本节从 EKC 曲线的不足和中国省级层面的经济发展现实出发，对 EKC 曲线进行了进一步拓展，放宽 EKC 曲线的严格轴对称假设，分 i 个阶段来连续描述中国经济发展水平和环境质量之间的关系，并着重分析不同阶段拐点 c_i 的平滑转换关系，引入转换函数 G 对不同阶段的曲线特征进行衔接，最终确定 EKC 曲线的具体形状和转换趋势，在式（6-1）的基础上变换后的三阶段 EKC 曲线表达式为：

$$P_{it} = \alpha + \alpha_1 GDP_{it} + \alpha_2 GDP_{it} G^1(Q; \omega_1, c_1) + \alpha_3 GDP_{it} G^2(Q; \omega_2, c_2) + \alpha_4 X_{it} + \varepsilon_{it} \tag{6-2}$$

式（6-2）中，c_1 和 c_2 为 EKC 曲线的两个拐点阈值，ω_1 和 ω_2 分别为两阶段转换函数的转换速度，Q 为转换变量，是经济发展和环境污染之间发展的主体变量，功能和取值类似于 2SLS 中的工具变量，一般取值为核心解释变量的滞后一期，同时引入门限阈值 c 的平滑转换函数 $G(Q; \omega, c)$，转换函数是实现被解释变量在不同转换阶段平滑转换的核心动力和主要作用趋势，转换函数 $G(Q; \omega, c)$ 一般取对数形式（Colletaz 和 Hurlin，2006），取值为 0 和 1，具体公式表达为：

$$G(Q; \omega, c) = \{1 + \exp[-\omega(Q-c)]\}^{-1} \quad \omega > 0 \tag{6-3}$$

当 GDP_{it} 处于最小值和 c_1 之间时，式（6-2）中的 $G^1 = 0$，$G^2 = 0$，经济发展与环境质量之间呈现单一曲线关系，影响度为 α_1；当 GDP_{it} 处于 c_1 和 c_2 之间时，$G^1 = 1$，$G^2 = 0$，GDP_t 与 P_{it} 之间呈现"U"形或者倒"U"形关系，二阶段的影响度变为 $\alpha_1 + \alpha_2$；当 GDP_{it} 处于 c_2 和最大值之间时，$G^1 = 1$，$G^2 = 1$，EKC 曲线呈现"N"形或者倒"N"形趋势特征，三阶段的影响度进一步转变为 $\alpha_1 + \alpha_2 + \alpha_3$。在此基础上，进一步将式（6-3）从三阶段扩展到多阶段，将环境污染变量变为碳排放变量，公式可以变化为：

$$CO_{2_{it}} = \alpha + \alpha_0 GDP_{it} + \sum_{k=1}^{r} \alpha_k GDP_{it}^k G^k(Q_{it}; \omega_j^k, c_j^k) + \alpha_{r+1} X_{it} + \varepsilon_{it} \tag{6-4}$$

式（6-4）中，转换函数 $G^k(Q_{it}; \omega^k, c^k)$ 为：

$$G^k(Q_{it};\omega_j^k,c_j^k)=\left\{1+exp\left[-\omega_j^k\prod_{j=1}^{m}(Q_{it}-c_j^k)\right]\right\}^{-1}\omega>0 \quad (6-5)$$

以上各式中，k 为转换函数 G 的个数，取值为 [1, r]，j 是位置参数 c 的个数，取值为 [1, m]。基于式（6-4）提出本节的基本假设：中国各省份的经济发展水平与 CO_2 排放之间呈现多阶段的非线性平滑转换关系，不同经济发展水平的省级单位具有差异化的 EKC 曲线特征和异质性碳达峰路径。

二 模型构建与样本选择

省级层面碳排放路径的研究依然以 EKC 曲线为机制基础，EKC 曲线刻画了经济发展和环境污染之间的多阶段、非线性关系，而对 EKC 曲线的拓展研究式（6-4）进一步阐明了经济发展与 CO_2 排放多阶段特征之间的连续转换关系。因此，以经济发展水平和经济发展阶段为主线，本节采用兼具面板数据处理和非线性平滑关系刻画的 PSTR 模型（面板平滑转换阈值模型）来研究中国经济发展与碳排放的关系。

PSTR 模型是门限阈值非线性模型的一种，从面板门限模型和平滑转化自回归模型演变而来，通过引入门限变量和平滑转换函数能够很好地刻画不同经济变量之间的平滑多机制关系，在金融时间序列和经济面板数据的分析领域应用性较强（Gonzalez 等，2017）。在 PSTR 的模型基础上，构建中国省际全样本面板数据层面的 CO_2 增长模型：

$$CO_2^{Total}{}_{it}=\alpha+\alpha_{01}PGDP_{it}+\alpha_{02}IS_{it}+\alpha_{03}POP_{it}+\sum_{k=1}^{r}(\alpha_{k1}PGDP_{it}^k+\alpha_{k2}IP_{it}^k+\alpha_{k3}PO_{it}^k)\times G^k(Q_{it};\omega_j^k,c_j^k)+\varepsilon_{it} \quad (6-6)$$

转换函数 $G^k(Q_{it};\omega^k,c^k)$ 为：

$$G^k(Q_{it};\omega_j^k,c_j^k)=\left\{1+exp\left[-\omega_j^k\prod_{j=1}^{m}(Q_{it}-c_j^k)\right]\right\}^{-1}\omega>0 \quad (6-7)$$

转换变量 Q_{it} 为：

$$Q_{it}=PGDP_{i,t-1} \quad (6-8)$$

其中，$CO_2^{Total}{}_{it}$ 表示全样本的碳排放数量，数据来源于 CEADs 数据库的能源及碳排放清单子库。经济发展变量 $PGDP_{it}$ 表示 i 省份在 t 年的人均 GDP，数据通过 2000 年不变价格计算整理后获得，单位为万元，产业结构变量 IS_{it} 表示 i 省份在 t 年的第二产业增加值占比，人口变量 POP_{it} 表示 i 省份在 t 年的人口密度，单位为百人/平方千米，三个变量数据均来源于历年中国各省级单位统计年鉴和国研网数据库。考虑到 $PGDP$ 与 CO_2 之间的连续作用关系，同时为了降低模型的内生性问题，模型转换变量 $PGDP_{it-1}$ 选取的是人均 GDP 的滞后一期数据，同样以 2000 年不变价格为基础计算整理获得。

三 数据描述性统计

鉴于 PSTR 模型对数据平衡性的要求，模型选取面板数据作为研究工具，同时基于中国省级 CO_2 排放数据的可得性，在 CEADs 数据库的基础上，选取 2000—2018 年共 19 年为模型的时间跨度，选取中国 30 个省级单位为模型的研究对象，在数据处理过程中对个别数据的缺失问题采取了递归处理，最终模型 570 个全样本数据的描述性统计如表 6-1 所示。

表 6-1　　　　　　　　模型全样本的描述统计

指标	样本量	均值	标准差	最小值	最大值
CO_2（亿吨）	570	2.426	1.831	0.087	9.122
$PGDP$（万元）	570	3.120	2.502	0.276	15.310
IS（%）	570	0.432	0.080	0.166	0.620
POP（百人/平方千米）	570	4.318	6.162	0.071	38.265

资料来源：根据中国碳排放数据库、中国各省统计年鉴、国研网数据库。

表 6-1 的数据显示，2000—2018 年，中国各省份的 CO_2 排放数量差异明显，不同类别的省份在人均 GDP、产业结构和人口密度等数据指标上也表现出与碳排放相似的差异性。

四 全样本 PSTR 模型的非线性机制检验

自变量与因变量的非线性关系验证是 PSTR 模型运行的第一步，非线性趋势的存在也是满足 PSTR 模型运行的基本假设前提。PSTR 的非线性检验即检验模型中的转换函数 G 是否存在，若 $\omega>0$，则自变量和因变量之间为至少存在 1 个转换机制的非线性模型，若 $\omega=0$，则模型退化为单一的线性模型。因此，设立模型非线性检验的原假设 $H_0: \omega=0$，备择假设 $H_1: \omega>0$，并分别在转换函数的位置参数数量 m 为 1 和 2 的识别机制下，对模型进行 $Wald$、$Fisher$ 和 LRT 检验，三个检验分别服从卡方分布和 F 分布。

另外，在 $\omega>0$ 的备择假设下，PSTR 模型存在非线性机制，不满足三个检验的经典假设和运行条件，在检验过程中存在参数的无法识别问题，因此，在具体的非线性检验过程中构造包含线性和非线性属性的辅助函数来替换原转换函数 $G^k(Q_{it};\omega_j^k,c_j^k)$，辅助函数选用的是转换函数 G 在 $\omega=0$ 处的泰勒展开式，具体展开形式为：

$$G_{it}=\alpha+\alpha_0^{*'}T_{it}+\alpha_1^{*'}T_{it}Q_{it}^1+\alpha_2^{*'}T_{it}Q_{it}^2+\cdots+\alpha_m^{*'}T_{it}Q_{it}^m+\varepsilon_{it}^{*} \quad (6-9)$$

$$\varepsilon_{it}^{*}=\varepsilon_{it}+R_m(Q_{it};\omega,c) \quad (6-10)$$

其中，$(\alpha_0^*,\alpha_1^*,\alpha_2^*,\cdots,\alpha_m^*)'$ 为转换函数 G 的系数矩阵，R_m 是泰勒展开式的余项。综合以上，各 PSTR 模型在不同识别参数条件下的非线性检验结果如表 6-2 所示。

表 6-2　　　　　　　　PSTR 模型的非线性检验

检验工具	$m=1$ Value	P	$m=2$ Value	P
LM	21.816***	0.000	35.677***	0.000
LMF	7.124***	0.000	5.943***	0.000
LRT	22.245***	0.000	36.842***	0.000

注：*p<0.1，**p<0.05，***p<0.01。
资料来源：根据检验结果整理。

由表 6-2 可知，全样本 PSTR 模型在 $m=1$ 和 $m=2$ 的识别机制下，Wald、Fisher 和 LRT 的检验值足够大，P 值均等于 0，模型的显著性水平均达到 1%，能够显著拒绝模型为线性的原假设，说明实证模型中的 CO_2 排放量与经济发展水平、产业结构和人口密度变量之间存在显著的非线性关系，满足 PSTR 模型的基本假设。

五　全样本 PSTR 模型的转换机制检验

非线性检验结果表明全样本 PSTR 模型均为至少存在 1 个转换机制的非线性模型，下一步需要确定转换函数的具体个数 r 以及位置参数的详细数量 m（Colletaz 和 Hurlin，2006），进而确定 PSTR 模型的最终转换趋势和转换位置。转换函数个数 r 的确定依然采用 Wald、Fisher 和 LRT 三个检验工具，从 $r=1$ 开始依次进行检验，直到检验结果不拒绝原假设为止。具体检验过程为：首先设定原假设 H_{10}：$r=1$，备择假设 H_{11}：$r=2$，然后检验两个模型参数是否接受原假设，如果拒绝则进一步设定第二阶段原

假设 H_{20}：$r=2$，备择假设 H_{21}：$r=3$，以此类推，直到三个检验均接受原假设为止，此时的 r 数量即为模型转换函数 G 的最优数量。

表 6-3 全样本模型的转换机制检验

检验工具	H_{10}：$r=1$；H_{11}：$r=2$			
	$m=1$		$m=2$	
	Value	P	Value	P
LM	3.684	0.298	6.199	0.401
LMF	1.151	0.328	0.968	0.446
LRT	3.696	0.296	6.233	0.398

资料来源：根据检验结果整理。

表 6-3 的各 PSTR 模型转换机制检验结果显示，在 $r=1$ 的原假设条件下，全样本的 PSTR 模型在 $m=1$ 和 $m=2$ 的识别机制下均无法通过 Wald、Fisher 和 LRT 三个检验，不能拒绝 $r=1$ 的原假设，由此可以确定模型转换函数 G 的数量为 1，模型至少存在两个阶段的作用机制。

六　全样本 PSTR 模型的位置参数检验

明确了 PSTR 模型转换机制的个数之后，进一步对模型的剩余机制情况进行检验，即对模型每个转换函数 G 中的位置参数个数 m 进行检验，从而确定 m 的具体数量，位置参数数量 m 通过 PSTR 模型的赤池信息准则（AIC）和贝叶斯信息准则（BIC）来确定，检验方法采用的是纵向比较法，将 H_{10}：$m=1$ 和 H_{11}：$m=2$、H_{20}：$m=2$ 和 H_{21}：$m=3$、H_{30}：$m=3$ 和 H_{31}：$m=4$ 三组假设检验下的 AIC 值和 BIC 值进行纵向比较，AIC 和 BIC 的最小值组合即为位置参数 m 的最优数量，结果见表 6-4 所示。

表 6-4 全样本模型位置参数的数量检验

检验标准	$m=1$	$m=2$	$m=3$
	Value	Value	Value
AIC	0.647	0.653	0.659
BIC	0.708	0.722	0.733

资料来源：根据检验结果整理。

表 6-4 位置参数数量检验的结果表明，PSTR 模型在 $m=1$ 时的 AIC 和 BIC 值明显小于 $m=2$ 和 $m=3$ 的情况，因此可以确定模型每个转换函数 G 中只存在一个位置参数 c。综合三类机制检验的结果，最终可以确定全样本 PSTR 模型的转换函数和未知参数组合为 $m=1$ 和 $r=1$，说明在不同的转换函数和位置参数下，以经济发展水平为主线全样本模型总体呈现二阶段的非线性特征。

七 全样本 PSTR 模型结果

按照式 (6-6) 对全样本 PSTR 模型的具体非线性趋势和平滑转换位置进行分析。由于分段非线性转移机制的存在，c 和 ω 依然存在类似前文非线性检验中的参数识别问题，因此，位置参数 c 和转换速度 ω 的确定采用网络格点法加以解决 (Hansen, 1999)，在具体的操作过程中，根据 c 和 ω 的数据特征，分别对 c 和 ω 的不同组合进行依次检验，以寻找与 PSTR 模型变化趋势一致的最优组合，并采用去组内均值的方法确定转换函数 G 的最终形式，并求出不同机制下的拟合估计参数，结果如表 6-5 所示。

表 6-5　　　　　　　　全样本的 PSTR 结果

机制	变量	系数	Value
第一机制	PGDP	α_{01}	0.608** (0.231)
第一机制	IS	α_{02}	6.835** (0.699)
第一机制	POP	α_{03}	0.306** (0.046)
第二机制	PGDP	α_{11}	-0.715** (0.207)
第二机制	IS	α_{12}	3.092* (0.673)
第二机制	POP	α_{13}	-0.364** (0.046)
	c_1		6.426
	ω_1		1.502

注：*p<0.1，**p<0.05，***p<0.01；括号内为稳健标准误。

全样本的 PSTR 模型结果显示，中国各省份的经济发展与 CO_2 排放之间呈现先上升后下降的两机制非线性关系，人均 GDP 与 CO_2 排放呈现显著的倒"U"形趋势（见图 6-1），验证了 EKC 曲线在中国的适用性。

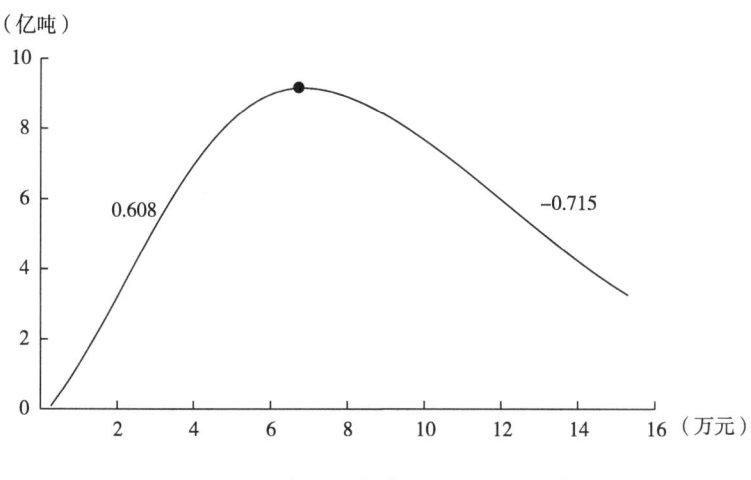

图 6-1 省级层面人均 GDP（万元）与 CO_2（亿吨）非线性趋势

第一机制为不含转换机制的线性机制，当人均 GDP 小于 6.426 万元时，转换函数 G 取值为 0，此时模型（6-6）退化为简单线性模型，PGDP、IS 和 POP 三个解释变量的显著性水平均达到 0.05，对碳排放的影响度分别为 0.608、6.835 和 0.306，产业结构对各省份碳排放的影响度最高。

第二机制为包含转换函数的非线性机制，当人均 GDP 超过门限参数 6.426 万元时，转换函数 G 取值为 1，模型以 6.426 万元为拐点、以 1.502 为转换速度实现了两个机制之间的平滑转换，此时 PGDP 和 POP 对碳排放的影响分别变为 -0.715 和 -0.364，而 IS 对碳排放的影响继续为正，影响系数为 3.092。结果表明，产业结构是决定中国各省份碳排放数量的核心因素，人均 GDP 和人口密度在碳峰值拐点之后与 CO_2 排放逐渐呈现负向的递减关系。

第三节　产业结构视角下的省际聚类分析

中国各省份之间的经济社会发展存在较大的差异性，这也决定了区域之间碳排放的不均衡，因此，在中国省际碳达峰整体路径的研究基础上，结合聚类分析和相关分类方法，按照产业结构等因素对各省份进行分类，从不同的视角分类研究不同类别省份的异质性碳达峰路径，为各省份制定符合自身发展特征的碳达峰行动方案奠定基础。

一　省际聚类分析

在中国各省份碳排放核算的基础上，进一步以产业结构作为基准变量，将 30 个省份进行具体分类分析，分类方法采用经典的聚类分析法（K-means）。K-means 分析法具有数据迭代、自动识别和强关系簇的显著特征，能够以数据的显著特征为依据，对样本进行迭代划分，并将数据按照与中心显著因子的距离进行中心度和相似度的排列，从而将样本划分为具体不同类别的数据簇集，为进一步的数据分类分析奠定很好的基础，K-means 算法已经成为类别分析和特征划分领域应用最为广泛的分类方法（Ramaswami 等，2018）。鉴于中国各省份碳排放的差异性以及产业结构的显著导向性，K-means 分析法能够很好地满足本节对中国不同省份类别的精准划分。

在对中国 30 个省份按照产业结构进行具体分类时，第一步，以中国 30 个省份的工业总产出数据为依托，将工业生产部门分为重工业、轻工业和高科技工业三类（Shan 等，2018），分别计算各省级单位的三大类产业产出占比；第二步，按照三大类工业产值占比对 30 个省份进行分别排序，由此获得每个省级单位在不同工业类别中的排名；第三步，将省级单位的具体排名转化为百分位，由此得到各省份的工业结构指标，并根据各省级单位不同工业类别的数值进行聚类区分。

在 K-means 分析的具体计算过程中，以各省份的产业结构作为数据划分的指标依据，并使用相对成熟的欧几里得距离函数来描述数据之间的相似度（Stuhlmacher，2019），通过以产业发展为基准数据的依次迭代分类，最终达到标准函数最优或迭代次数最大为止，标准函数的表达式为：

$$F(C_j, X) = \text{Min} \sum_{j=1}^{K} \sum_{X \in R_j^n} Dis(C_j, X)^2 \qquad (6-11)$$

式（6-11）中，$(X^1, X^2, \cdots, X^n)^T$ 为无标签的样本数据矩阵，$X \in R_j^n$ 为数据的 n 维向量，K 为数据簇的数量，C_j 为第 j 个数据簇的中心点，$Dis(C_j, X)$ 为 X 到中心 C 的距离，距离越近，数据和中心质点的相似度越高。

二 聚类结果和描述性统计

最终，通过 K-means 分析将 30 个省份划分为三个数据簇群，其中以北京、上海和天津为代表的高新技术产业主导型省份 8 个，以河南、湖南和福建为代表的轻工业主导型省份 7 个，以河北、山东和内蒙古为代表的重工业主导型省份 15 个，三类省份的样本数据及相关经济指标特征如表 6-6 所示。

表 6-6　　　　　　　　2018 年各类型省份的碳排放及
相关经济指标分析（均值）

省份类型	CO_2（亿吨）	人均 GDP（万元）	工业占比（%）	人口密度（百人/平方千米）
高新技术产业主导型	3.190	10.163	0.371	11.362
轻工业主导型	2.777	5.512	0.368	3.104
重工业主导型	4.013	5.073	0.391	2.005

资料来源：碳排放数据库核算、中国各省份统计年鉴整理。

由表 6-6 的数据可以看出，高新技术产业主导型、轻工业主导型和重工业主导型三类省级单位簇集在 CO_2 排放及相关经济指标上存在显著的差异性。总体来看，CO_2 排放数量上重工业主导型省份居于首位，人均 GDP 和人口密度方面高新技术产业主导型省份存在较大优势，各省份在工业占比方面基本趋于一致。进一步按照类别进行细分发现：

第一类别，高新技术产业主导型省份 CO_2 排放的平均数量低于重工业主导型省份，却高于轻工业主导型省份，这与高度聚集的人口有直接的关系。北京、上海和天津等大城市在保持较高经济发展水平的同时，尽管工业生产领域的碳排放下降明显，但人口的聚集也带来了交通、电力和日常消费等领域 CO_2 排放的快速增长，居民生活和消费领域的碳减排逐渐成为这一类别省份碳达峰工作的重心。

第二类别，轻工业主导型省份的碳排放平均数量处于全国最低水平，这些省份的主导产业在工业生产中的碳排放强度较弱，能够在保持一定的经济增长速度的基础上维持低水平的碳排放。但与此同时，河南、湖南和福建等省份的人口增长和人口集聚也一定程度上推动了生活领域 CO_2 排放的增长，轻工业主导型省份在碳达峰过程中的主要工作是维持低水平碳排放的同时加速经济的创新增长。

第三类别，重工业主导型省份的平均碳排放数量达到 4 亿吨以上，是中国 CO_2 排放增长的主要来源，以能源开采和重工业为主导的产业结构虽然一定程度上促进了各省份经济的增长，但也带来了较为严重的环境问题和可持续发展问题。河北、内蒙古和山西等省份的产业转型和节能减排是中国 2030 碳达峰目标能否顺利实现的决定因素，也是碳中和工作的重心所在。

综上所述，不同类别省份 CO_2 的排放数量和排放趋势存在明显的差异性，而经分析发现，经济发展水平、工业结构和人口密度等变量是导致碳排放省际差异的主要原因，因此，中国各省份的异质性碳达峰路径需要结合这些因素去具体分析，并以此为依据，探索中国碳达峰的区域协调路径和可行方案。

第四节　碳达峰的省际异质性路径
——省际聚类分析视角

在中国整体省际碳达峰路径的研究基础上，以聚类分析为依据，对三大类别省份的异质性碳排放路径进行分别研究，明确不同类别省份的碳峰值点和 EKC 曲线趋势，同时将三类省份与全样本的省际碳达峰路径进行对比，梳理不同类别省份碳达峰路径的具体特征，为各省份碳达峰目标的实现提供依据。

一　模型构建与样本选择

碳达峰路径的省际异质性研究依然以拓展的 EKC 曲线为机制依据，EKC 曲线刻画了经济发展和环境污染之间的多阶段非线性关系，而对

EKC 曲线的拓展研究进一步阐明了经济发展与 CO_2 排放多阶段特征之间的连续转换关系。因此，以经济发展水平和经济发展阶段为主线，本节采用兼具面板数据处理和非线性平滑关系刻画的 PSTR 模型（面板平滑转换阈值模型）来研究中国经济发展与碳排放的关系，同时以前文 K-means 分析的结果为基础，对中国碳达峰的省际异质性路径进行分析。

PSTR 模型是门限阈值非线性模型的一种，从面板门限模型和平滑转化自回归模型演变而来，通过引入门限变量和平滑转换函数能够很好地刻画不同经济变量之间的平滑、多机制关系，在金融时间序列和经济面板数据的分析领域应用性较强（Gonzalez 等，2017）。在 PSTR 的模型基础上，以 K-means 分析为依据，基于高新技术产业主导型省份、轻工业主导型省份和重工业主导型省份的碳排放情况差异性的分析，构建中国省际子样本层面的碳排放异质性 PSTR 模型，模型具体形式如下：

$$CO_{2it}^{High} = \alpha + \alpha_{01}PGDP_{it} + \alpha_{02}IS_{it} + \alpha_{03}POP_{it} + \sum_{k=1}^{r}(\alpha_{k1}PGDP_{it}^{k} + \alpha_{k2}IP_{it}^{k} + \alpha_{k3}PO_{it}^{k}) \times G^{k}(Q_{it}; \omega_{j}^{k}, c_{j}^{k}) + \varepsilon_{it} \quad (6-12)$$

$$CO_{2it}^{Light} = \alpha + \alpha_{01}PGDP_{it} + \alpha_{02}IS_{it} + \alpha_{03}POP_{it} + \sum_{k=1}^{r}(\alpha_{k1}PGDP_{it}^{k} + \alpha_{k2}IP_{it}^{k} + \alpha_{k3}PO_{it}^{k}) \times G^{k}(Q_{it}; \omega_{j}^{k}, c_{j}^{k}) + \varepsilon_{it} \quad (6-13)$$

$$CO_{2it}^{Heavy} = \alpha + \alpha_{01}PGDP_{it} + \alpha_{02}IS_{it} + \alpha_{03}POP_{it} + \sum_{k=1}^{r}(\alpha_{k1}PGDP_{it}^{k} + \alpha_{k2}IP_{it}^{k} + \alpha_{k3}PO_{it}^{k}) \times G^{k}(Q_{it}; \omega_{j}^{k}, c_{j}^{k}) + \varepsilon_{it} \quad (6-14)$$

转换函数 $G^{k}(Q_{it}; \omega^{k}, c^{k})$ 均为：

$$G^{k}(Q_{it}; \omega_{j}^{k}, c_{j}^{k}) = \left\{1 + \exp\left[-\omega_{j}^{k}\prod_{j=1}^{m}(Q_{it} - c_{j}^{k})\right]\right\}^{-1} \quad \omega > 0 \quad (6-15)$$

转换变量 Q_{it} 均为：

$$Q_{it} = PGDP_{i,t-1} \quad (6-16)$$

其中，CO_{2it}^{High}、CO_{2it}^{Light}、CO_{2it}^{Heavy} 分别表示高新技术产业主导型子样本、轻工业主导型子样本和重工业主导型子样本的碳排放数量，数据来源于 CEADs 数据库的能源及碳排放清单子库。经济发展变量 $PGDP_{it}$ 表示 i 省份在 t 年的人均 GDP，数据通过 2000 年不变价格计算整理后获得，单位为万元，产业结构变量 IS_{it} 表示 i 省份在 t 年的第二产业增加值占比，

人口变量 POP_{it} 表示 i 省份在 t 年的人口密度，单位为百人/平方千米，三个变量数据来源于历年中国各省级单位统计年鉴和国研网数据库。考虑到 $PGDP$ 与 CO_2 之间的连续作用关系，同时为了降低模型的内生性问题，模型转换变量 $PGDP_{it-1}$ 选取的是人均 GDP 的滞后一期数据，同样以 2000 年不变价格为基础计算整理获得。

二 描述性统计

鉴于 PSTR 模型对数据平衡性的要求，模型选取面板数据作为研究工具，同时基于 CO_2 数据的可得性，在 CEADs 数据库的基础上，选取 2000—2018 年为模型的时间跨度，选取中国 30 个省级单位为模型的研究对象，在数据处理过程中对个别数据的缺失问题采取了递归处理，最终不同类别的省际子样本数据的描述性统计如表 6-7 所示。

表 6-7　　PSTR 省际异质性模型子样本数据的描述统计

类型	指标	样本量	均值	标准差	最小值	最大值
高新技术产业主导型	CO_2（亿吨）	152	2.332	1.739	0.533	7.641
	PGDP（万元）	152	5.002	3.348	0.485	15.310
	IS（%）	152	0.439	0.098	0.166	0.565
	POP（百人/平方千米）	152	9.965	9.583	2.461	38.265
轻工业主导型	CO_2（亿吨）	133	2.063	1.306	0.087	5.485
	PGDP（万元）	133	2.562	1.788	0.515	9.854
	IS（%）	133	0.418	0.094	0.197	0.572
	POP（百人/平方千米）	133	2.996	1.550	0.838	5.868
重工业主导型	CO_2（亿吨）	285	2.647	2.050	0.121	9.122
	PGDP（万元）	285	2.377	1.583	0.276	7.111
	IS（%）	285	0.435	0.059	0.307	0.620
	POP（百人/平方千米）	285	1.923	1.578	0.071	6.549

资料来源：根据中国碳排放数据库、中国各省统计年鉴、国研网数据库。

表 6-7 的数据显示，2000—2018 年，中国各省份的 CO_2 排放数量差异明显，不同类别的省份在人均 GDP、产业结构和人口密度等数据指标上也表现出与碳排放相似的差异性。

碳排放差异性方面，重工业主导型省份的排放均值领先于其他省份，同时碳排放的最大值也出现在这类省份中,由此可见,重工业主导型省份的碳减排是中国实现碳达峰和碳中和目标的工作重心,碳排放的最小值出现在轻工业主导型省份中,这类省份有可能最先实现碳达峰的目标;人均 GDP 方面,以北京、上海和天津为代表的高新技术产业主导型省级单位处于遥遥领先地位,无论是均值还是最大和最小值,各省份的差异性较大;产业结构方面,重工业主导型省份的工业增加值占比最大,这也是造成该类省份 CO_2 排放规模较大的主要原因(彭水军和包群,2006);人口密度方面,高新技术型主导型省份的大城市比较集中,人口集中度相对较高,人口聚集和城市化速度的加快也从居民生活领域影响着 CO_2 的整体排放规模(邵帅等,2016)。

三 异质性模型的非线性检验

自变量与因变量的非线性关系验证是 PSTR 模型运行的第一步,非线性趋势的存在也是满足 PSTR 模型运行的基本假设前提。PSTR 的非线性检验即检验模型(6-12)至模型(6-14)中的转换函数 G 是否存在,若 $\omega>0$,则自变量和因变量之间为至少存在 1 个转换机制的非线性模型,若 $\omega=0$,则模型退化为单一的线性模型。因此,设立模型非线性检验的原假设 H_0:$\omega=0$,备择假设 H_1:$\omega>0$,并分别在转换函数的位置参数数量 m 为 1 和 2 的识别机制下,对 3 个模型进行 Wald、Fisher 和 LRT 检验,三个检验分别服从卡方分布和 F 分布。

另外,在 $\omega>0$ 的备择假设下,模型存在非线性机制,不满足三个检验的经典假设和运行条件,在检验过程中存在参数的无法识别问题,因此,在具体的非线性检验过程中构造包含线性和非线性属性的辅助函数来替换原转换函数 $G^k(Q_{it}; \omega_j^k, c_j^k)$,辅助函数选用的是转换函数 G 在 $\omega=0$ 处的泰勒展开式,展开式的具体形式为:

$$G_{it} = \alpha + \alpha_0^{*'} T_{it} + \alpha_1^{*'} T_{it} Q_{it}^1 + \alpha_2^{*'} T_{it} Q_{it}^2 + \cdots + \alpha_m^{*'} T_{it} Q_{it}^m + \varepsilon_{it}^* \tag{6-17}$$

$$\varepsilon_{it}^* = \varepsilon_{it} + R_m(Q_{it}; \omega, c) \tag{6-18}$$

其中,$(\alpha_0^*, \alpha_1^*, \alpha_2^*, \cdots, \alpha_m^*)'$ 为转换函数 G 的系数矩阵,R_m 是泰勒展开式的余项。综合以上,各 PSTR 模型在不同识别参数条件下的非线性检验结果如表 6-8 所示。

表 6-8　　　　　　　省际异质性 PSTR 模型的非线性检验

省份类型	检验工具	$m=1$ Value	$m=1$ P	$m=2$ Value	$m=2$ P
高新技术产业主导型	LM	35.237***	0.000	36.101***	0.000
	LMF	14.184***	0.000	7.164***	0.000
	LRT	40.088***	0.000	41.217***	0.000
轻工业主导型	LM	28.291***	0.000	35.982***	0.000
	LMF	11.078***	0.000	7.417***	0.000
	LRT	31.809***	0.000	41.955***	0.000
重工业主导型	LM	18.619***	0.000	57.179***	0.000
	LMF	6.221***	0.000	11.043***	0.000
	LRT	19.255***	0.000	63.819***	0.000

注：***p<0.01。

资料来源：根据检验结果整理。

由表 6-8 可知，省际异质性 PSTR 模型在 $m=1$ 和 $m=2$ 的识别机制下，Wald、Fisher 和 LRT 的检验值足够大，P 值均等于 0，模型的显著性水平均达到 1%，能够显著拒绝模型为线性的原假设，说明 3 个实证模型中的 CO_2 排放量与经济发展水平、产业结构和人口密度变量之间存在显著的非线性关系，满足 PSTR 的基本假设。

四　异质性模型的转换机制检验

非线性检验结果表明高新技术产业主导型、轻工业主导型和重工业主导型 3 个 PSTR 模型均为至少存在 1 个转换机制的非线性模型，下一步需要确定转换函数的具体个数 r 以及位置参数的详细数量 m（Colletaz 和 Hurlin，2006），进而确定 PSTR 模型的最终转换趋势和转换位置。转换函数个数 r 的确定依然采用 Wald、Fisher 和 LRT 三个检验工具，从 $r=1$ 开始依次进行检验，直到检验结果不拒绝原假设为止。具体检验过程为首先设定原假设 H_{10}：$r=1$，备择假设 H_{11}：$r=2$，然后检验两个模型参数是否接受原假设，如果拒绝则进一步设定第二阶段原假设 H_{20}：$r=2$，备择假设 H_{21}：$r=3$，以此类推，直到三个检验均接受原假设为止，此时 r 的数量即为模型的转换函数 G 的最优数量（见表 6-9）。

表6-9　　　　　PSTR省际异质性模型的转换机制检验

省份类型	检验工具	$H_{10}: r=1$; $H_{11}: r=2$				$H_{20}: r=2$; $H_{21}: r=3$			
		$m=1$		$m=2$		$m=1$		$m=2$	
		Value	P	Value	P	Value	P	Value	P
高新技术产业主导型	LM	1.549	0.671	4.186	0.651				
	LMF	0.463	0.708	0.623	0.712				
	LRT	1.557	0.669	4.245	0.644				
轻工业主导型	LM	24.137***	0.000	27.710***	0.000	13.088	0.402	13.824	0.654
	LMF	4.213***	0.001	5.591***	0.000	2.019	0.609	4.011	0.577
	LRT	26.634***	0.000	31.094***	0.000	13.778	0.312	16.443	0.490
重工业主导型	LM	28.420***	0.000	33.986***	0.000	4.509	0.211	7.172	0.305
	LMF	4.051***	0.000	5.822***	0.000	1.399	0.244	1.097	0.364
	LRT	32.719***	0.000	36.189***	0.000	4.545	0.208	7.264	0.297

注：***p<0.01。
资料来源：根据检验结果整理。

表6-9的各PSTR模型转换机制检验结果显示，在$r=1$的原假设条件下，全样本和高新技术产业主导型省份的PSTR模型在$m=1$和$m=2$的识别机制下均无法通过Wald、Fisher和LRT三个检验，不能拒绝$r=1$的原假设，由此可以确定这两类模型转换函数G的数量为1，模型至少存在两个阶段的作用机制。与此同时，轻工业和重工业主导型省份在三个检验下无论是$m=1$还是$m=2$的情况下均显著拒绝$r=1$的原假设，进一步的检验发现，这两类省份在$r=2$的情况下显著性较差，由此可以确定轻工业和重工业主导型省份模型转换函数G的数量为2，模型至少存在三个阶段的作用机制。

五　异质性模型位置参数的数量检验

明确了PSTR模型转换机制的个数之后，进一步对模型的剩余机制情况进行检验，即对模型每个转换函数G中的位置参数个数m进行检验，从而确定m的具体数量，位置参数数量m通过PSTR模型的赤池信息准则（AIC）和贝叶斯信息准则（BIC）来确定，检验方法采用的是纵向比较法，将$H_{10}: m=1$和$H_{11}: m=2$、$H_{20}: m=2$和$H_{21}: m=3$、$H_{30}: m=3$和$H_{31}: m=4$三组假设检验下的AIC值和BIC值进行纵向比较，AIC和BIC的最小值组合即为位置参数m的最优数量，结果见表6-10所示。

表 6-10　　PSTR 省际异质性模型位置参数的数量检验

省份类型	检验标准	$m=1$ Value	$m=2$ Value	$m=3$ Value
高新技术产业主导型	AIC	0.072	0.091	0.097
	BIC	0.231	0.270	0.283
轻工业主导型	AIC	−1.198	−1.129	−1.094
	BIC	−1.024	−0.803	−0.694
重工业主导型	AIC	0.111	0.169	0.190
	BIC	0.272	0.304	0.337

资料来源：根据检验结果整理。

表 6-10 的 PSTR 省际异质性模型位置参数数量检验结果表明，高新技术产业主导型、轻工业主导型和重工业主导型三类 PSTR 模型在 $m=1$ 时的 AIC 和 BIC 值明显小于 $m=2$ 和 $m=3$ 的情况，因此可以确定模型每个转换函数 G 中只存在一个位置参数 c。综合三类机制检验的结果，最终可以确定高新技术产业主导型省份 PSTR 模型的转换函数和未知参数组合为 $m=1$ 和 $r=1$，轻工业和重工业主导型省份 PSTR 模型参数的最优组合为 $m=1$ 和 $r=2$，说明在不同的转换函数和位置参数下，以经济发展水平为主线，全样本和高新技术产业主导型省份总体呈现二阶段的非线性特征，而轻工业和重工业主导型省份的作用机制则进一步拓展到三阶段。

六　省际异质性 PSTR 结果

在位置参数和转换变量的不同组合下（$m=1$、$r=1$；$m=1$、$r=2$），按照式（6-12）至式（6-14）对高新技术产业主导型、轻工业主导型和重工业主导型三类省际异质性 PSTR 模型的具体非线性趋势和平滑转换位置进行分析。由于分段非线性转移机制的存在，c 和 ω 依然存在类似前文非线性检验中的参数识别问题，因此，位置参数 c 和转换速度 ω 的确定采用网络格点法加以解决（Hansen，1999），在具体的操作过程中，根据 c 和 ω 的数据特征，分别对 c 和 ω 的不同组合进行依次检验，以寻找与 PSTR 模型变化趋势一致的最优组合，并采用去组内均值的方法确定转换函数 G 的最终形式，最终计算得到不同机制下的拟合估计参数，结果如表 6-11 所示。

表 6-11　省际异质性 PSTR 结果

机制	变量	系数	高新技术产业主导型 Value	轻工业主导型 Value	重工业主导型 Value
第一机制	PGDP	α_{01}	0.229*** (0.184)	1.176** (0.120)	7.993*** (1.174)
第一机制	IS	α_{02}	1.431** (2.551)	13.775*** (0.889)	63.516*** (10.821)
第一机制	POP	α_{03}	0.420*** (0.056)	0.262** (0.075)	1.606** (0.338)
第二机制	PGDP	α_{11}	-0.176** (0.215)	-1.046** (0.237)	1.453** (0.289)
第二机制	IS	α_{12}	49.978** (7.828)	-2.468*** (2.349)	5.000*** (1.567)
第二机制	POP	α_{13}	0.531*** (0.071)	-1.774** (0.358)	-0.705* (0.156)
第二机制	c_1		10.790	3.547	4.677
第二机制	ω_1		0.149	0.557	0.963
第三机制	PGDP	α_{21}		-0.201** (0.241)	-6.547** (1.072)
第三机制	IS	α_{22}		-5.068* (2.602)	62.478** (10.547)
第三机制	POP	α_{23}		1.769** (0.383)	-0.689** (0.308)
第三机制	c_2			4.923	5.687
第三机制	ω_2			1.462	0.582

注：*p<0.1，**p<0.05，***p<0.01；括号内为稳健标准误。

高新技术产业主导型省份的经济发展与 CO_2 排放之间的关系趋势与全样本模型趋于一致，均呈现明显的两阶段标准倒"U"形特征，但相较于全样本模型，高新技术产业主导型省份碳峰值的人均 GDP 拐点水平更高（10.790 万元），两机制之间的平滑转换速度相对较慢（0.149）。当人均 GDP 介于 0.485 万元和 10.790 万元之间时，模型（6-15）中的转换函数 G 取值为 0，人均 GDP 在 0.01 的显著性水平下对 CO_2 排放产生了 0.229 单位的影响，产业结构因素的影响系数为 1.431，相对于全样本模型略有下降，人口密度变量的影响度和显著性分别达到 0.420 和 0.01，相较全样本模型有了较大提升；当人均 GDP 进一步增长，达到 10.790 万元时，高新技术产业主导型省份的碳排放达到峰值点，并在峰值点以转换函数 G=1 为推动，较为缓慢地实现了机制之间的平滑转换；峰值点之后，二阶段人均 GDP 对碳排放的影响系数下降了 0.176，与此同时，产业结构和人口密度对碳排放的影响也依旧显著，人口密度继续在 0.01 的显著性水平下对 CO_2 排放的增长产生了 0.531 个单位的影响。综合来看，高新技术产业主导型省份在较高的经济发展水平上达到了碳排放的峰值点，产业结构的提升对碳达峰和碳中和目标的实现起到了重要作用，人口密度的增长正逐渐成为高新技术产业主导型省份碳排放的重要来源和下一步碳减排的主攻领域。

轻工业主导型省份的 EKC 曲线形状如图 6-2 所示，人均 GDP 增长和 CO_2 排放之间呈现第一阶段上升、后两阶段下降的三阶段不规则倒"U"形特征，三阶段之间的拐点分别为 3.547 万元和 4.923 万元，其中 3.547 万元为 CO_2 排放峰值点，不同阶段之间的转换速度先慢（0.557）后快（1.462），以人均 GDP 为主线实现了多机制之间的平滑转换。三个阶段 $PGDP$ 对 CO_2 排放的影响系数分别为 1.176、-1.046 和 -0.201，显著性水平均达到 0.05，随着人均 GDP 的增长，碳排放呈现明显的先上升、后下降的趋势，下降阶段又进一步表现为先急后缓的特征，产业结构对碳排放的影响显著性最高（0.01），影响趋势同样呈现第一阶段上升、后两阶段下降的三阶段趋势，影响系数分别达到 13.775、-2.468 和 -5.068，与此同时，人口密度对轻工业主导型省份的碳排放影响相对较弱。总体来看，受产业结构的影响，轻工业主导型省份在较低的经济发展水平上达到了碳排放的峰值点，碳达峰之后碳排放规模的缩减趋势明显。

重工业主导型省份的经济发展与 CO_2 排放之间也呈现三阶段的不规则倒"U"形关系，但与轻工业主导型省份不同，重工业主导型省份的碳排放在经济发展过程中先经历了两阶段的上升期，到达碳峰值点后碳排放再逐渐下降。如图 6-2 所示，重工业主导型省份的两个人均 GDP 拐点分别为 4.677 万元和 5.687 万元，其中 5.687 万元为该类省份的碳峰值点，三阶段之间的转换速度均较慢，分别为 0.963 和 0.582。三类碳排放的核心影响指标中，产业结构的显著性水平最高，达到 0.01，同时影响系数也处于领先地位，三个阶段中人均 GDP 对碳排放的影响系数分别为 7.993、1.453 和 -6.547，影响度呈现明显的先上升后下降趋势，人口密度变量对该类省份的碳排放影响并不显著。由此可见，重工业主导的产业结构是造成该类省份碳排放规模较大的主要原因，该类省份的碳排放需要经历两阶段的上升之后才能达到碳峰值点，重工业主导型省份的节能减排工作是中国碳达峰和碳中和目标顺利实现的关键所在。

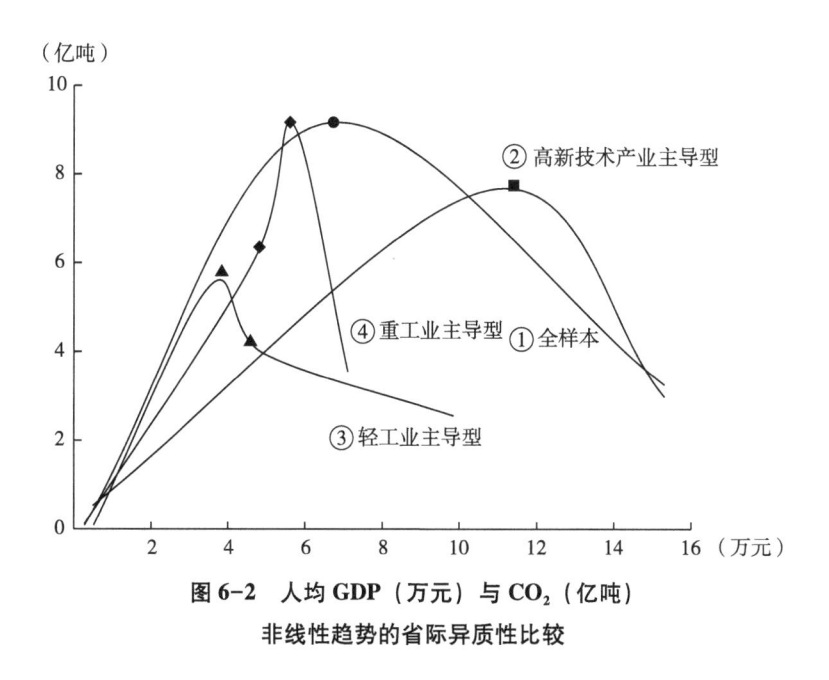

图 6-2 人均 GDP（万元）与 CO_2（亿吨）非线性趋势的省际异质性比较

综合全样本、高新技术产业主导型、轻工业主导型和重工业主导型 4 类 PSTR 模型的结果来看，虽然各模型均基本符合 EKC 曲线的倒"U"形特征，但受经济发展水平、产业结构和人口密度等经济社会因素的影响，不同类型的省份碳达峰目标的实现路径差异性非常明显。全样本和高新技术产业主导型省份的 EKC 曲线呈现标准的先上升、后下降的两阶段倒"U"形特征，与全样本模型相比，高新技术产业主导型省份碳峰值点的经济发展水平较高，同时人口密度的增长所带来的生活领域的碳排放也逐渐成为该类省份 CO_2 排放增长的原因；轻工业和重工业主导型省份的 EKC 曲线均呈现三阶段的近似倒"U"形特征，轻工业主导型省份在经济发展的第一阶段末期即达到了碳峰值点,之后两阶段碳排放开始呈现不同幅度的下降,而重工业主导型省份在经历了两阶段的 CO_2 不断上升之后,才迎来碳排放的下降期,碳峰值点出现在第二阶段和第三阶段的拐点,综合来看,产业结构在这两类省份的碳排放和碳达峰过程中起到非常重要的作用。

第五节 小结

本章依据中国碳排放数据库的省级碳排放清单,整理出中国 30 个省份的二氧化碳排放量,以面板平滑转换模型为依托,分析中国省级 EKC 曲线的趋势和特征,并通过聚类分析方法对高新技术产业主导型、轻工业主导型和重工业主导型省份的碳达峰路径进行异质性分析,以此为基础,提出中国碳达峰目标实现的区域协调路径。

基于中国的省级面板数据,探讨了地区经济发展与 CO_2 排放之间的非线性关系,并对 EKC 曲线的省际异质性进行了分析,本章的主要研究结论:第一,中国各省份的经济发展与 CO_2 排放之间呈现明显的倒"U"形关系,随着经济发展水平的提升,各省级单位的 CO_2 排放数量总体以碳峰值点为拐点呈现先上升、后下降的两阶段非线性关系,产业结构是决定中国各省份碳排放数量的核心因素,人均 GDP 和人口密度同样会对碳达峰和碳减排目标的实现产生重要影响;第二,碳达峰的省际异质性研究表明,不同类型省份的 CO_2 排放路径均一定程度上符合 EKC 曲线的倒"U"形特征,但受经济发展水平、产业结构和人口密度等因素的影响,碳达峰目标的实现路径和碳峰值点存在明显的差异性;第三,以北京、上海和天津为代表的高新技术产业主导型省份,其 EKC 曲线呈现标准的先上升、后下降的两阶段倒"U"形特征,该类省份碳峰值点的经济发展水平较高,同时人口密度的增长所带来的生活领域碳排放也逐渐成为 CO_2 排放增长的原因和下一步碳减排的主攻领域;第四,以河南、湖南和福建为代表的轻工业主导型省份,其经济增长和 CO_2 排放之间呈现第一阶段上升、后两阶段下降的三阶段不规则倒"U"形特征,轻工业主导型省份在经济发展的第一阶段末期、在较低的经济发展水平上就达到了碳峰值点,之后两阶段碳排放开始呈现不同幅度的下降,在保持较低碳排放水平的同时，寻找经济发展的新增长点成为该类省份的工作重心；第五，以河北、山东和内蒙古等为代表的重工业主导型省份，碳排放在经历了两阶段的 CO_2 排放不断增加之后，才迎来碳排放的下降期，碳峰值点出现在第二阶段和第三阶段的拐点，以重工业主导的产业结构是造成该类省份碳排放规模较大的主要原因，该类省份的节能减排工作是中国碳达峰和碳中和目标顺利实现的关键所在。

通过对中国省际碳达峰异质性路径的研究，本章针对中国碳达峰目标实现的区域协调路径给出相关政策启示：第一，在 2030 年前碳达峰目标的实现过程中，不搞一刀切，应根据中国各省份的具体经济发展水平和 CO_2 排放情况，制定差异化的碳达峰时间表，并采取适当的整合力度和有针对性的实现路径，各省份应根据自身的经济、社会、技术和产业发展情况找准在 2030 年前碳达峰目标实现过程中的角色定位，碳达峰目标的实现既需要追求效率也需要兼顾公平；第二，以北京、上海和天津为代表的高新技术产业主导型省份，在碳达峰和碳中和目标的实现中需要扮演主导者的角色，这些省份是碳补偿过程中的"补偿主体"，需要在控制生活领域 CO_2 排放的基础上率先实现碳达峰的目标，同时还要为其他地区提供 CO_2 减排领域的资金、技术和政策支撑，碳减排领域新技术、新方法和新手段的研究和开发也是高新技术型省份的重点发展目标；第三，以河南、湖南和福建为代表的轻工业主导型省份，需要在保持 CO_2 低水平排放的同时，通过与北京和上海等较发达地区的产业合作和交流，寻找经济发展的新增长点，促进经济发展水平的提升是该类地区的主要努力方向；第四，以河北、山东和内蒙古为代表的重工业主导型省份的碳达峰目标任重道远，产业结构的转型和升级迫在眉睫，此类省份是碳补偿过程中的"受偿主体"，主要任务是承接北京、上海和天津等地区在技术、资金和产业政策方面的支持，尽快完成对高污染、高排放产业的转型和升级，同时利用自身的资源优势，发展新能源和绿色环保产业，通过控制 CO_2 的排放数量为地区以及中国整体碳达峰目标的实现贡献力量。总言之，不同类型的省份需要群策群力，根据各地区的特点和发展情况，在兼顾效率与公平原则基础上共同实现中国 2030 年前碳达峰和 2060 年前碳中和的目标。

第七章 中国碳达峰的城市异质性路径

第一节 引言

第二次世界大战以来，随着经济全球化的发展，世界各国家和地区的经济发展水平和居民生活水平均有了显著的提升，随着人类活动范围的扩大和深度的提升，环境污染问题逐渐显现，尤其是全球气候变化正逐渐成为人类面临的重大环境问题之一，各国家和地区在生产和生活过程中的二氧化碳排放导致全球温室气体猛增，对全球的生命系统形成重要威胁，二氧化碳的减排和治理迫在眉睫。针对这一全球性环境问题，世界近200个国家和地区在20世纪90年代共同签署了《联合国气候变化框架公约》（UNFCCC），随着各国家和地区在全球气候变化领域共识的增强，具有法律效力的气候协议《京都议定书》和《巴黎协定》相继出台，标志着全球应对气候变化的行动走上新台阶。

在全球共同应对气候变化问题的背景下，中国以《京都议定书》和《巴黎协议》为蓝本，提出逐步实现碳达峰和碳中和的目标，承诺2030年前CO_2的排放不再增长，达到峰值之后逐步降低，并在控制碳排放的基础上，通过植树造林、节能减排等形式，抵消自身产生的CO_2排放量，实现CO_2"零排放"，到2060年实现碳中和。2020年9月，在第75届联合国大会上，习近平总书记向国际社会做出庄严承诺，中国力争二氧化碳排放2030年前达到峰值、2060年前实现碳中和。

《"十四五"规划和二〇三五远景目标》进一步提出，中国到2035年要在碳排放达峰后实现经济发展中CO_2排放的稳中有降，根本上扭转生态环境的恶化局面，基本形成绿色和谐的生产和生活方式，在"十四五"时期，中国要加快推动绿色低碳发展，降低碳排放强度，推进碳排放权市场化交易。2020年年底的中央经济工作会议进一步将做好碳达峰、碳中和工作作为2021年八大重点任务之一，要求各地方抓紧制定2030年前碳排放达峰行动方案，支持有条件的地方率先达峰，要加快调整优化产业结构、能源结构，推动煤炭消费尽早达峰，大力发展新能源，加快建设全国用能权、碳排放权交易市场，完善能源消费双控制度。

受地理位置、自然资源和发展历史等因素的影响，中国的区域经济发展呈现出明显的不平衡性，这种不平衡性不仅表现在经济发展水平、产业结构和人口密度上，同样也体现在CO_2的排放上。总体来看，中西部以能源和重工业为支柱产业的地区和城市，其CO_2排放的数量明显高于其他地区和城市，而以高新技术和服务业等产业为依托的东部城市群，在保持高水平经济增长的同时，在CO_2排放的控制和碳中和的技术研发领域处于领先地位。

鉴于此，国家在"十四五"规划中也明确鼓励地方根据具体情况制定2030年前碳排放达峰行动方案，有条件的地方率先达峰。那么，具有不同经济发展特征的地区和城市，其异质性碳排放和碳达峰路径是怎样的？哪些城市群会率先实现碳达峰？不同城市群要实现碳达峰的目标需要做出哪些改变？在碳达峰目标的实现过程中如何兼顾效率与公平的原则？不同地区和城市在碳达峰过程中又扮演着什么样的角色？对这些问题的研究在中国致力实现碳达峰和碳中和目标的背景下具有重要的意义，这些问题也是本书试图来回答和解决的问题，只有把这些问题搞清楚，各地区和城市群才能群策群力，通过技术交流、要素互补和产业合作共同实现中国的碳达峰和碳中和目标。

综上所述，有关碳排放、碳达峰和碳补偿方面的国内外研究已经有了一定的积累，但城市层面碳排放核算方法的拓展和核算数据的应用还需要进一步深化，在经济和社会各因素的影响下，中国城市层面EKC曲线的具体形态和特征还有待验证，处于不同经济发展阶段、具有不同产业结构特征的城市群体，如何根据自身的情况制定合理的碳达峰和碳中和路径也需要更多的实证研究和探讨。

基于此，本章依据中国碳排放核算数据库（CEADs）编纂的中国城市级碳排放清单核算方法，计算出中国 247 个城市①的 CO_2 排放数量，以 PSTR 非线性模型为基础探究了中国城市经济发展过程中 CO_2 排放路径的具体特征，并通过聚类分析方法对能源型、重工业型、轻工业型、技术型和服务型五类城市碳达峰实现路径的异质性进行分析，从碳中和的效率与公平视角，对不同类别城市在中国碳达峰目标实现中扮演的角色进行定位，并给出这些城市经济增长与 CO_2 排放的协调发展建议。

第二节　碳达峰的总体路径——基于中国城市级面板数据的分析

鉴于中国区域经济发展的差异性，在中国省际碳达峰路径的分析基础上，进一步将碳达峰的区域路径研究深化到城市层面，在城市维度碳排放数量测算的基础上，对中国 247 个城市的整体碳排放趋势和不同城市群的差异化碳达峰路径进行研究，从而对各省份主要城市的碳排放趋势进行梳理，为各类城市差异化碳达峰行动方案的制定提供依据和参考。

一　理论机制

（一）城市级碳排放的核算

合理制定城市碳减排政策的第一步是准确核算各城市的二氧化碳排放规模，这也是城市级碳达峰研究中至关重要的一步。目前，国家层面的碳排放主要由各国统计局或国际机构依据 IPCC 的清单指南和各国能源统计数据进行估算，这一层面的数据相对夯实，而城市层面的碳排放核算难点在于如何处理各个国家和地区的差异性情况，同时城市层面数据的获得对数据统计的准确性和处理过程的技术性要求更高，因而目前城市层面的碳排放核算数据较少。本节依据中国碳排放核算数据库（CEADs）编纂的中国城市级碳排放清单核算方法，整理计算出中国 247 个城市的 CO_2 排放量。

一般而言，二氧化碳排放的核算包括两部分：能源燃烧相关排放

---

① 根据数据的连续性和可得性，将原样本中的 339 个城市进行筛选，剔除数据不连续和大面积缺失的样本，对个别数据缺失的重要城市进行了总体递归处理，最终保留了具有代表性的 247 个城市样本，基本涵盖了各省份的主要核心城市，数据具有一定的代表性和说服性。

$CO_2energy$，以及工业生产过程排放 $CO_2process$（Liu 等，2015）。根据 IPCC 发布的清单编制指南，二氧化碳排放量等于不同能源参数下（NCV、EF、O）活动水平数据 AD 乘以排放因子 EF（IPCC，2006）。具体计算方法如下：

$$CO_2 = CO_{2energy} + CO_{2progress} = \sum_i \sum_j (AD_{ij} \times NCV_i \times EF_i \times O_{ij}) + \sum_t (AD_t \times EF_t) \tag{7-1}$$

其中，AD_{ij} 表示行业 j 使用能源 i 的数量，NCV_i 表示能源 i 的排放净热值，EF_i 表示能源 i 的排放因子，O_{ij} 表示行业 j 使用能源 i 的氧化效率。AD_t 表示工业产品 t 的产量，EF_t 表示产品 t 的排放因子。根据 CEADs 的方法（Shan 等，2016），通过收集能源平衡表、工业分行业能源消费数据、工业产品产量，以及地级市的人口、GDP、重点工业行业产值等社会经济指标，可以计算出城市尺度的 CO_2 排放量。

（二）经济发展对碳排放的影响——EKC 曲线

在经济社会发展的过程中，CO_2 作为工业生产和居民生活的产物，其排放数量的变化也逐渐成为衡量经济发展阶段和特征的重要指标。在经济发展的初期，随着工业生产的扩大，经济快速增长的同时，CO_2 排放量呈现快速攀升趋势，此阶段的 CO_2 排放量与经济增长之间呈现直接的正向关系；伴随着环境问题的日益恶化和经济增长方式的转变，CO_2 排放量在第二阶段的增长速度逐渐趋缓；在经济增长的高水平阶段，CO_2 排放量与经济增长之间呈现较为明显的负向关系，碳排放与经济社会之间实现了和谐发展的目标。

经济增长与 CO_2 排放量之间的关系存在多重作用机制。首先，从经济增长方式的角度来看，经济增长方式越合理，CO_2 排放量越小，在经济发展初期的粗放型增长模式下，对经济增长速度和数量的追求，使经济增长建立在大量资源和要素投入的基础上。当经济增长模式从粗放型转变为集约型时，经济从单纯的高数量和高速度增长转向高质量增长，CO_2 排放量将逐渐达到峰值，并逐渐下降。经济增长方式和经济增长理念的变化直接决定了碳排放的规模；其次，从产业结构的视角来看，产业结构的合理与否也直接决定了 CO_2 排放量，全球产业结构从第一、第二产业向第三产业的演变过程，也是碳排放量从快速增长到增速放缓再到逐渐下降的转变过程，与此同时，产业结构的差异性也导致了区域、省际和城市间碳达峰时间和路径的异质性；最后，从技术进步方面来看，技术进步决定了碳排放的强度，经济增长模式的转变和产业结构的优化调整都离不开技术进步的推动，技术进步不仅改变了传统能源和电力等高耗能产业的增长效率，同时也为太阳能、风能和氢燃料等新兴能源产业的兴起提供了重要支撑，所以技术进步的速度和水平与 CO_2 排放量息息相关。

综上所述，CO_2 排放量与经济增长在不同发展阶段存在直接的相关关系，这种关系通过经济增长方式的转变、产业结构的调整和技术的进步三种机制发挥着作用，在现实研究的过程中，往往采用 EKC 曲线来描述和刻画环境质量和经济增长之间的关系，EKC 曲线是刻画经济发展与环境污染关系的重要理论和机制基础，该曲线最早由 Panayotou（1993）在借鉴收入不均衡领域的库兹涅茨曲线的基础上提出来的，逐渐被应用到经济发展与各类环境污染指标的分析中，在各国家和地区的碳排放和经济发展实践中逐步得到验证和认可，EKC 曲线也是本节研究的机制基础和理论起点，该曲线国别层面的基本公式和机制为：

$$Y_{it}=\alpha_i+\beta_1 X_{it}+\beta_2 X_{it}^2+\beta_3 X_{it}^3+\beta_4 Z_{it}+\varepsilon_{it} \tag{7-2}$$

其中，Y_{it} 表示国家 i 在 t 时期的污染物排放数量，X_{it} 表示国家 i 在 t 时期的经济发展水平，一般用人均 GDP 来衡量，Z_{it} 表示影响国家 i 在 t 时期环境污染物排放的其他解释变量，ε_{it} 表示满足独立同分布条件的随机干扰项序列。EKC 曲线中常见的衡量环境污染的指标包括废气排放量、工业烟尘排放量、二氧化硫排放量、工业废水排放量和固体废弃物排放量等，经济和社会发展解释变量一般包括人均 GDP、产业结构、能源消耗、人口增长和城市化等核心指标，EKC 曲线的形式在式（7-2）的基础上也在不断发展和完善。

鉴于此，以式（7-2）EKC 曲线基准形式为依据，将国家层面的分析拓展到城市层面，将环境污染指标拓展到二氧化碳排放领域，进而提出本节的第一个假设：中国各城市的经济发展水平与 CO_2 排放之间呈现较为明显的倒"U"形特征，在倒"U"形曲线的顶点达到碳峰值点。

（三）EKC 曲线的进一步拓展

EKC 曲线在实际应用中也在不断地拓展和完善。一方面，世界各国家和地区在经济发展水平和环境质量方面存在较大的差异，应用具体的国别数据进行 EKC 关系验证时，还需要考虑政策、人口、基础设施和技术等综合方面的因素,同时,区域和城市层面的不均衡发展也为EKC机制的研究增加了异质性方面的难度;另一方面,EKC曲线本身的公式和基准研究也存在一定的不足,一般意义上的EKC曲线标准形式固化地将环境质量和经济发展水平之间的关系确定为二次项或者三次项的参数估计形式,但现实情况中,经济发展水平和环境污染之间呈现的倒"U"形或者倒"N"形关系并不规则,更多的EKC倒"U"形曲线并非严格的中间对称,且倒"U"形或倒"N"形的拐点转换速度和转换趋势也呈现多样化的特征。因此,在式(7-2)的基础上,Narayan等(2016)用相互估计、非参数识别、随机前沿成本模型等方法对经济发展与环境污染的关系进行了重新考量和验证。

在此基础上,本节从EKC曲线的不足和中国城市层面的经济发展现实出发,对EKC曲线进行了进一步拓展。放宽EKC曲线的轴对称假设,分阶段来描述经济发展水平和环境质量之间的关系,并着重分析不同阶段拐点的平滑转换关系,引入转换函数对不同阶段的曲线特征进行衔接,最终确定EKC曲线的具体形状和转换趋势。经济发展水平和环境质量之间的多阶段关系刻画如下:

$$Y_{it} = \begin{cases} \beta_1 X_{it} + \beta_4 Z_{it} & \text{当} \quad X_{\min} < X_{it} \leq c_1 \\ \beta_1 X_{it} + \beta_2 X_{it} + \beta_4 Z_{it} & \text{当} \quad c_1 < X_{it} \leq c_2 \\ \beta_1 X_{it} + \beta_2 X_{it} + \beta_3 X_{it} + \beta_4 Z_{it} & \text{当} \quad c_2 < X_{it} \leq X_{\max} \end{cases} \quad (7-3)$$

式(7-3)中,c_1和c_2为EKC曲线的两个拐点阈值,鉴于经济发展与环境质量之间关系的连续性特征,在式(7-3)的基础上,进一步对拐点按照不同阶段之间的变化速度ω进行平滑连续处理,将影响EKC曲线趋势和形状的核心变量,即经济发展水平X_{it}作为转换变量Q,并进行滞后一期处理(X_{it-1}),同时引入门限阈值c的平滑转换函数$G(Q;\omega,c)$,改进后的二阶段EKC曲线的表达式为:

$$Y_{it} = \alpha_0 + \beta_1 X_{it}[1 - G^1(Q;\omega_1,c_1)] + \beta_2 X_{it} G^1(Q;\omega_1,c_1) + \beta_3 Z_{it} + \varepsilon_{it} \quad (7-4)$$

进一步地,三阶段的EKC曲线表达式为:

$$Y_{it} = \alpha_0 + \beta_1 X_{it} + \beta_2 X_{it} G^1(Q;\omega_1,c_1) + \beta_3 X_{it} G^2(Q;\omega_2,c_2) + \beta_4 Z_{it} + \varepsilon_{it} \quad (7-5)$$

其中,转换函数$G(Q;\omega,c)$取对数形式,取值为0和1,即:

$$G(Q;\omega,c) = \{1+exp[-\omega(Q-c)]\}^{-1} \omega > 0 \qquad (7\text{-}6)$$

以上各式中，ω_i 为 i 阶段转换函数的转换速度，c_i 为 i 阶段转换变量的位置参数，Q 为转换变量；当 X_{it} 处于最小值和 c_1 之间时，$G^1 = 0$，$G^2 = 0$，经济发展与环境质量之间呈现单一线性关系，影响度为 β_1；当 X_{it} 处于 c_1 和 c_2 之间时，$G^1 = 1$，$G^2 = 0$，X_{it} 与 Y_{it} 之间呈现"U"形或者倒"U"形关系，二阶段的影响度变为 $\beta_1+\beta_2$；当 X_{it} 处于 c_2 和最大值之间时，$G^1 = 1$，$G^2 = 1$，EKC 曲线呈现"N"形或者倒"N"形趋势特征，三阶段的影响度进一步转变为 $\beta_1+\beta_2+\beta_3$。基于此，提出本节的第二个基本假设：中国各城市的经济发展水平与 CO_2 排放之间呈现多阶段的非线性平滑转换关系，不同经济发展水平的城市群具有差异化的 EKC 曲线特征。

二　模型构建与变量选择

通过对 EKC 曲线的分析和拓展可知，在不同的经济发展阶段，二氧化碳排放量的增长呈现出差异化的多机制变化特征，同时在不同经济发展阶段之间呈现连续转换的关系，鉴于此，本书选用面板平滑转化模型（PSTR）来分析中国城市经济发展和二氧化碳排放的非线性关系。PSTR 模型是门限阈值非线性模型的一种，从面板门限模型和平滑转化自回归模型演变而来，通过引入门限变量和平滑转换函数能够很好地刻画不同经济变量之间的平滑多机制关系，在金融时间序列和经济面板数据的分析领域应用性较强（Gonzalez 等，2017），PSTR 模型的基本公式为：

$$Y_{it} = \alpha + \beta_0 X_{it} + \sum_{k=1}^{n} \beta_k X_{it}^k G^k(Q_{it}; \omega_j^k, c_j^k) + \varepsilon_{it} \qquad (7\text{-}7)$$

式中，转换函数 $G^k(Q_{it}; \omega^k, c^k)$ 为：

$$G^k(Q_{it}; \omega_j^k, c_j^k) = \{1 + \exp[-\omega_j^k \prod_{j=1}^{m}(Q_{it} - c_j^k)]\}^{-1} \omega > 0 \qquad (7\text{-}8)$$

式（7-7）中，X_{it} 为解释变量，包含核心解释变量和控制变量两部分，Y_{it} 为被解释变量，β 为自变量的解释系数，$G^k(Q_{it}; \omega_j^k, c_j^k)$ 是转换函数，采用对数函数形式，核心解释变量会在不同的阶段受到转换函数的影响，G 在 [0, 1] 之间连续，保证模型在不同机制间的平滑转换，k 为转换函数 G 的个数，取值为 [1, n]，Q_{it} 是转换变量，是非线性机制存在的引导变量，ω 为平滑转换参数，且 $\omega>0$，代表着模型的转换速度，ω 越大，意味着 PSTR 模型以越快的速度完成不同机制之间的转换；反之亦然，c 为门限阈值，即位置参数，是不同机制之间的转换拐点，且 $c_1 \leq$

$c_2 \leq \cdots \leq c_z$,ε_{it} 为满足独立同分布条件的随机干扰项序列,j 为位置参数 c 的个数,取值为 $[1, m]$。

CO_2 的排放量除取决于经济发展水平之外,还受到产业结构、人口密度等生产和生活因素的影响,产业结构水平越高、越合理的地区和城市,其 CO_2 的排放量水平相对越低,第二产业在整个经济中所占的比重与 CO_2 的排放有直接的关系(彭水军和包群,2006)。另外,人口密度的高低也从生活层面影响着 CO_2 的整体排放规模(邵帅等,2016)。鉴于此,在式(7-7)PSTR 的基准模型基础上,构建中国城市层面的 CO_2 增长模型,来探究不同经济发展水平下城市 CO_2 的异质性、非线性排放路径:

$$CO_{2it} = \alpha + \beta_{01}GDP_{it} + \beta_{02}IP_{it} + \beta_{03}PO_{it} + \sum_{k=1}^{n}(\beta_{k1}GDP_{it}^k + \beta_{k2}IP_{it}^k + \beta_{k3}PO_{it}^k) \times G^k(Q_{it}; \omega_j^k, c_j^k) + \varepsilon_{it} \quad (7-9)$$

转换函数 $G^k(Q_{it}; \omega^k, c^k)$ 为:

$$G^k(Q_{it}; \omega_j^k, c_j^k) = \left\{1 + \exp\left[-\omega_j^h \prod_{j=1}^{m}(Q_{it} - c_j^k)\right]\right\}^{-1} \omega > 0 \quad (7-10)$$

转换变量 Q_{it} 为:

$$Q_{it} = GDP_{i,t-1} \quad (7-11)$$

被解释变量 CO_{2it} 表示城市 i 在 t 年的 CO_2 排放量,数据来源于中国碳排放数据库(CEADs)的能源及二氧化碳排放清单子库,该数据库通过投入产出表核算出国家、省级和城市尺度的二氧化碳排放数量。三个核心解释变量中,经济发展变量 GDP_{it} 表示城市 i 在 t 年的人均国内生产总值,数据通过 2005 年不变价格计算整理后获得,单位为万元,产业结构变量 IP_{it} 表示城市 i 在 t 年的工业生产总值占比,人口变量 PO_{it} 表示城市 i 在 t 年的人口密度,单位为百人/平方千米,三个变量数据均来源于中国各城市历年统计年鉴。

考虑到 GDP 与 CO_2 之间的连续作用关系,同时为了降低模型的内生性问题,模型转换变量 GDP_{it-1} 选取的是人均 GDP 的滞后一期数据,同样以 2005 年不变价格为基础计算整理获得。

三 数据的描述性统计

鉴于 PSTR 模型对数据平衡性的要求(Hansen,1999),模型选取面板数据作为研究工具,同时基于中国城市 CO_2 数据的可得性,在中国碳排放数据库(CEADs)的基础上,选取 2005—2017 年共 13 年作为模型的时间跨度，选取中国 247 个城市为模型的研究对象，在数据处理过程中对个别数据的缺失问题采取了递归处理，最终模型的 3211 个样本数据的描述性统计如表 7-1 所示。

表 7-1　　　　　　　PSTR 模型的全样本描述统计

指标	样本量	均值	标准差	最小值	最大值
CO_2（百万吨）	3211	35.95	37.59	0.73	436.25
GDP（万元）	3211	4.15	3.71	0.24	29.12
IP（%）	3211	48.93	10.50	14.84	85.92
PO（百人/平方千米）	3211	4.50	3.77	0.10	38.26

资料来源：根据中国碳排放数据库及《中国城市统计年鉴》。

由表 7-1 可知，CO_2 的排放量在中国 247 个城市中的差异非常明显，最小值与最大值之间相差悬殊，表明中国各省区和城市的 CO_2 排放正处于不同的发展阶段，同时，GDP、IP 和 PO 三个解释变量的差异性也从侧面反映了中国区域经济发展的不平衡性。样本数据的差异性说明中国的区域和城市碳排放路径需要根据具体情况进行差别化处理，在实现碳达峰和碳中和目标的大背景下，对 CO_2 城市差异化排放路径的探索具有重要的现实意义。

四　机制的非线性检验

PSTR 模型的运行首先要保证模型满足非线性的基本前提假设，即自变量和因变量之间在转换变量的作用下存在非线性关系。PSTR 的非线性检验即检验模型（7-9）中的转换效应是否存在，若不存在（$\omega=0$），则自变量和因变量之间为单一的线性关系，若存在（$\omega\neq0$），则自变量和因变量之间为至少存在两个机制的非线性模型。因此，设立模型非线性检验的原假设 H_0：$\omega=0$，备择假设 H_1：$\omega\neq0$，并分别在转换函数的门限参数数量 m 为 1 和 2 的识别机制下，对 PSTR 模型进行 Wald、Fisher 和 LRT 检验。三个检验的具体形式如下：

$$Wald = TN(SSR_0 - SSR_1)/SSR_0 \sim \chi^2(mk) \tag{7-12}$$

$$Fisher = \frac{(SSR_0 - SSR_1)/mk}{SSR_0/(TN-N-mk)} \sim F(mk, TN-N-mk) \tag{7-13}$$

$$LRT = -2Log(SSR_1/SSR_0) \sim \chi^2(mk) \tag{7-14}$$

三个检验分别服从卡方分布和 F 分布，SSR_0 为简单线性机制条件下的残差平方和，SSR_1 为非线性多机制条件下的残差平方和，k 为解释变量的个数。另外，在 $\omega \neq 0$ 的备择假设下，模型存在非线性机制，不满足三个检验的经典假设和条件，在检验过程中存在参数的识别问题无法解决，影响检验结果的真实性。鉴于此，在具体的非线性检验过程中构造包含线性和非线性属性的辅助函数来替换原转换函数 $G^k(Q_{it}; \omega_j^k, c_j^k)$，辅助函数选用的是转换函数在 $\omega = 0$ 处的泰勒展开式，具体形式为：

$$G_{it} = \alpha_i + \beta_0^{*'} T_{it} + \beta_1^{*'} T_{it} Q_{it}^1 + \beta_2^{*'} T_{it} Q_{it}^2 + \cdots + \beta_m^{*'} T_{it} Q_{it}^m + \varepsilon_{it}^* \tag{7-15}$$

$$\varepsilon_{it}^* = \varepsilon_{it} + R_m(Q_{it}; \omega, \pi) \tag{7-16}$$

其中，$(\beta_0^*, \beta_1^*, \beta_2^*, \cdots, \beta_m^*)'$ 为转换函数 G 的系数矩阵，R_m 是泰勒展开式的余项。综合以上，PSTR 在不同识别参数个数条件下的非线性检验结果如表 7-2 所示。

表 7-2　　　　　　　　PSTR 模型的非线性检验

检验工具	m = 1		m = 2	
	Value	P	Value	P
Wald	81.668***	0.000	124.366***	0.000
Fisher	25.758***	0.000	19.864***	0.000
LRT	82.725***	0.000	126.838***	0.000

注：＊＊＊p<0.01。

资料来源：根据检验结果整理。

由表 7-2 可知，模型在 $m=1$ 和 $m=2$ 的识别机制下，Wald、Fisher 和 LRT 的检验值足够大，且 P 值均为 0，模型能够在 1% 的显著性水平下显著拒绝线性原假设，说明经济发展水平、产业结构和人口密度变量与 CO_2 的排放量之间存在显著的非线性关系，满足 PSTR 的基本条件，关系识别存在较强的合理性。

五　模型的剩余机制检验——转换函数个数 n

在确定了模型自变量和因变量之间的非线性关系之后，需要对模型在不同转换变量下的机制和转换函数的特性进行分析，即 PSTR 模型的剩余机制检验（Colletaz 和 Hurlin，2006），非线性检验结果表明 PSTR 模型至少存在两个机制的非线性模型，但是具体的转换函数的个数 n 以及门限参数的数量 m 需要进一步检验和确定。

首先是确定转换函数的个数 n，依然采用 Wald、Fisher 和 LRT 三个检验，从 $n=1$ 开始依次进行检验，直到检验结果接受原假设为止。具体检验过程为首先设定原假设 H_{10}：$n=1$，备择假设 H_{11}：$n=2$，然后检验两个模型参数是否拒绝原假设，如果拒绝则进一步继续设定原假设 H_{20}：$n=2$，备择假设 H_{21}：$n=3$，然后再次进行检验，直到三个检验均接受原假设为止，此时的 n 数量即为模型转换函数的最优数量。

如表 7-3 所示，PSTR 模型在 $m=1$ 和 $m=2$ 的识别机制下均无法通过 Wald、Fisher 和 LRT 三个检验，不能拒绝 $n=1$ 的原假设，由此可以确定 PSTR 模型的转换函数 G 的数量为 1，模型至少存在两个转换机制。

表 7-3　　　　　　　剩余机制检验（转换函数个数 n）

假设	检验工具	$m=1$		$m=2$	
		Value	P	Value	P
H_{10}：$n=1$ H_{11}：$n=2$	Wald	4.137	0.681	1.849	0.707
	Fisher	2.194	0.870	2.750	0.511
	LRT	3.145	0.675	1.899	0.648

资料来源：根据检验结果整理。

六　模型的剩余机制进一步检验——位置参数个数 m

明确了 PSTR 模型的转换函数 G 的数量为 1 之后，进一步对模型每个转换函数 G 中的位置参数个数 m 进行检验，从而确定 m 的具体数量，转换函数个数 n 与位置参数个数 m 的组合最终确定了 PSTR 的转换机制和转换位置。位置参数数量 m 通过 PSTR 模型的 AIC（赤池信息）准则和 BIC（贝叶斯信息）准则来确定，检验方法采用的是纵向比较法，将三组假设检验（H_{10}：$m=1$ 和 H_{11}：$m=2$；H_{20}：$m=2$ 和 H_{21}：$m=3$；H_{30}：$m=3$ 和 H_{31}：$m=4$）下的 AIC 值和 BIC 值进行纵向比较，结果如表 7-4 所示。

表 7-4　　　　　　　剩余机制进一步检验（位置参数个数 m）

检验标准	$m=1$	$m=2$	$m=3$
	Value	Value	Value
AIC	5.035	5.051	5.371

续表

检验标准	m = 1	m = 2	m = 3
	Value	Value	Value
BIC	5.063	5.066	5.384

资料来源：根据检验结果整理。

表7-4的结果所示，在 $n=1$ 的情况下，当 m 取1时，AIC 值和 BIC 值均普遍小于 m 取2和3的情况，因此可以确定模型的最佳机制组合为1个转换函数和1个位置参数，即 $n=1$ 和 $m=1$ 为 PSTR 模型的最优组合。综上所述，非线性和剩余机制的系列检验最终确定模型（7-9）存在一个转换函数和两个机制的典型非线性特征。

七 PSTR 模型结果

在 $n=1$ 和 $m=1$ 的组合下，对 PSTR 模型的两阶段机制进行分析，首先确定转换函数 G 中位置参数 c 的具体数值，以 c 为模型的阈值拐点将模型的两机制进行转换；其次确定转换函数 G 在不同机制之间的转换速度 ω；最后以 c 和 ω 为基础确定最终的转换函数 G，并将转换效应 G 代入 PSTR 模型进行最终的非线性回归。

由于分段转移机制的存在，使 c 和 ω 依然存在类似前文非线性检验中的参数识别问题，因此，位置参数 c 和转换速度 ω 的确定采用网络格点法（Hansen，1999），在具体的运作过程中，分别对不同 c 和 ω 的组合进行检验，以寻找与 PSTR 模型变化趋势一致的最优组合，并采用去组内均值的方法确定转换函数 G 的最终形式，并求出不同机制下的拟合估计参数。PSTR 模型的基准结果如表7-5所示。

表7-5　　　　　　　　PSTR 模型的基准结果

变量	第一机制				第二机制			
	系数	Value	T	P	系数	Value	T	P
GDP	β_{01}	4.442***	17.849	0.000	β_{11}	-1.954***	-5.874	0.002
IP	β_{02}	9.691***	4.925	0.003	β_{12}	38.451**	2.224	0.034
PO	β_{03}	0.704**	2.893	0.049	β_{13}	-0.970**	-2.447	0.017
c						5.962		
ω						11.962		

注：**$p<0.05$，***$p<0.01$。

资料来源：根据检验结果整理。

表 7-5 的 PSTR 结果表明，GDP、IP 和 PO 三个解释变量与城市 CO_2 排放之间呈现显著的两机制非线性关系，两机制结果的显著性水平均能达到 5% 及以上，且以人均 GDP 等于 5.962 万元为门限阈值，两机制之间以 11.962 的速度实现了快速的机制平滑转换（见图 7-1）。

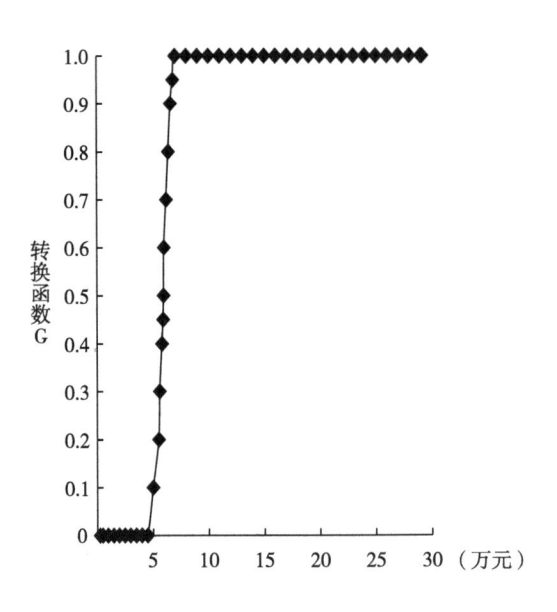

图 7-1　转换函数与转换趋势

第一机制为不含转换效应的线性机制，此时人均 GDP 的取值区间为 [0.240，5.962]，转换函数 $G=0$，GDP 的影响系数为 4.442，表明人均 GDP 每增加 1 个单位，CO_2 的排放量会增长 4.442 个单位，IP 和 PO 两个变量的线性影响系数也分别达到 9.691 和 0.704，说明人均 GDP 和产业结构等生产领域是影响城市 CO_2 排放的主要因素。

第二机制增加了转换函数的转换效应，此时人均 GDP 的取值区间为 [5.962，29.124]，转换函数 $G=1$，当转换变量超过门限临界值时，人均 GDP 对城市 CO_2 的影响系数从 4.442 下降了 1.954，说明此时随着经济的发展，二氧化碳的排放量开始越过峰值呈现递减趋势。第二机制下产业结构变量 IP 的影响系数进一步扩大了 38.451，而人口密度变量对 CO_2 排放的影响在这一阶段也呈现下降的趋势（见图 7-2）。

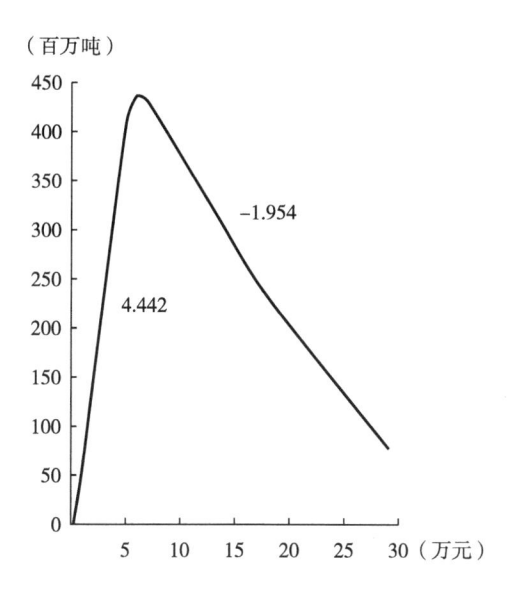

图 7-2 人均 GDP（万元）与 CO_2（百万吨）的非线性趋势

综合 PSTR 的两阶段机制结果来看，人均 GDP 对中国城市 CO_2 排放的影响呈现出先上升后下降的倒"U"形关系，两机制的拐点即为碳峰值点，这与 EKC 曲线的关系描述基本一致，也符合前文关于经济发展和 CO_2 排放关系的基本假设。

第三节 产业结构视角下的城市聚类分析

中国城市碳达峰总体 PSTR 路径模型的结果显示，CO_2 的排放路径和峰值点受到城市经济发展水平等因素的影响，而中国不同区域的城市经济发展水平存在明显的不平衡性特征，这种不平衡性特征与产业结构的差异性息息相关。因此，在对中国 247 个城市经济发展和 CO_2 排放非线性关系梳理的基础上，进一步按产业发展程度对 247 个城市进行聚类分析，分别对能源型、重工业型、轻工业型、技术型和服务型城市的碳排放和碳达峰异质性路径进行分析，以明确不同城市群在中国碳达峰和碳中和目标实现过程中的角色和定位。

聚类分析法是一种迭代求解的综合聚类分析算法，以样本数据的特定特征为基准，将数据集按照一定的结构划分为 K 个聚类，每个聚类的样本之间以数据的特定属性为中心，并将数据按照属性的相似度进行距离排列和分布（Ketchen，1996）。聚类分析法具有数据迭代、自动识别和强关系簇的显著特征，能够以寻找最佳解决方案为目标将样本数据按照一定的属性关联度进行聚类划分，因此成为类别分析和特征划分领域应用最为广泛的分类方法（倪鹏飞等，2003），能够很好地满足本书对中国不同城市类别的精准划分。

在聚类分析的具体过程中，以产业发展阶段作为数据簇类划分的指标依据，以相对成熟的欧几里得距离函数来描述数据之间的相似度（Stuhlmacher，2019），通过以产业发展为基准数据的依次迭代分类，最终达到标准函数最优或迭代次数最大为止，标准函数的表达式为：

$$F(C_j, X) = \text{Min} \sum_{j=1}^{K} \sum_{X \in R_j^n} Dis(C_j, X)^2 \qquad (7-17)$$

式中，$(X^1, X^2, \cdots, X^n)^T$ 表示无标签的样本数据矩阵，$X \in R_j^n$ 表示数据的 n 维向量，K 为数据簇的数量，C_j 为第 j 个数据簇的中心点，$Dis(C_j, X)$ 表示 X 到中心 C 的距离，距离越近，数据和中心质点的相似度越高。

另外，本书在对中国 247 个城市按照产业发展阶段进行具体分类时，还汲取了 GDP 占比分类法的优势（Ramaswami 等，2018），并应用到聚类分析法中对分类方法进行了进一步分完善。首先，以中国 247 个城市的部门工业总产出数据为依托，将工业生产部门分为能源生产、重工业、轻工业和高科技工业四类（Shan 等，2018），分别计算各城市四类产业的产出占比；其次，按照四类工业产业占比对 247 个城市分别进行排序，由此获得每个城市在不同工业产业类别中的排名；再次，将城市的具体排名转化为百分位数，由此得到各城市的工业产业结构指标，并根据各城市不同工业产业类别的数值进行聚类区分；最后，从高新技术产业类别的城市群当中，提取服务业产业占 GDP 比重大于 50% 的城市，并划分为服务业主导型城市群。

最终，通过 K-means 聚类分析将 247 个城市划分为五个数据簇群，其中以大庆和鄂尔多斯等为代表的能源型城市 32 个，以马鞍山和包头为代表的重工业型城市 81 个，以汕头和绍兴为代表的轻工业型城市 68 个，以宁波和徐州为代表的技术型城市 37 个，以北京和上海为代表的服务型城市29个，五类城市的样本数据特征如表7-6所示。

表7-6　　　　　　PSTR模型的城市异质性样本描述统计

城市类型	指标	样本量	均值	标准差	最小值	最大值
能源型	CO_2（百万吨）	416	44.687	51.248	1.818	436.249
	GDP（万元）	416	4.108	4.556	0.320	29.124
	IP（%）	416	51.633	12.047	21.631	85.924
	PO（百人/平方千米）	416	2.608	2.214	0.159	9.520
重工业型	CO_2（百万吨）	1053	35.571	34.506	1.396	338.141
	GDP（万元）	1053	3.912	3.303	0.327	28.276
	IP（%）	1053	51.503	10.158	19.696	84.386
	PO（百人/平方千米）	1053	3.570	2.252	0.354	9.187
轻工业型	CO_2（百万吨）	884	24.405	23.133	0.728	179.772
	GDP（万元）	884	2.826	2.044	0.240	13.885
	IP（%）	884	44.905	11.252	14.841	71.732
	PO（百人/平方千米）	884	4.602	3.970	0.100	26.481
技术型	CO_2（百万吨）	481	26.783	21.559	1.491	141.757
	GDP（万元）	481	4.284	3.410	0.613	19.626
	IP（%）	481	50.788	6.416	26.064	66.121
	PO（百人/平方千米）	481	4.912	2.293	1.384	11.058
服务型	CO_2（百万吨）	377	66.174	50.589	0.933	236.487
	GDP（万元）	377	7.821	4.665	0.908	24.483
	IP（%）	377	45.810	8.007	19.014	65.845
	PO（百人/平方千米）	377	8.422	6.007	1.498	38.257

资料来源：根据中国碳排放数据库及历年《中国城市统计年鉴》。

由表7-6的数据可以看出，CO_2的排放在各城市类型中存在明显的差异，最大值出现在能源型城市中，重工业型城市的排放量也处于较高水平，数据显示，这两类城市群的工业产值平均占比均超过50%，虽然依靠丰富的能源资源，包头、克拉玛依和鄂尔多斯等能源型城市的人均GDP领先于其他城市，但这一工业结构决定了两类城市的碳排放和碳中和道路任重道远，产业结构的转型和升级迫在眉睫。

轻工业型城市的CO_2排放处于各类城市中的最低一级，CO_2的平均排放数量和最小数值明显优于其他各类型城市，主要是因为轻工业型城市的人均 GDP 水平偏低，均值、最小值和最大值均低于其他城市，因此，轻工业型城市的低 CO_2 排放是以低经济发展水平为代价的，在保持 CO_2 低水平排放的同时，如何促进经济发展水平的提升是这类城市面临的主要挑战。

技术型城市的 CO_2 排放情况仅次于轻工业型城市，该类城市的 CO_2 排放峰值仅为 141.76，在各类城市中排名最低，与此同时，技术型城市群的人均 GDP 水平普遍高于能源型、重工业型和轻工业型城市，由此可见，技术型城市很好地协调了 CO_2 和经济发展之间的关系。

服务型城市的经济发展水平遥遥领先于其他城市，但城市人口密度也在各类城市中处于最高水平，与其他类型城市 CO_2 排放来源于工业生产不同，服务型城市的 CO_2 主要来源于居民生活领域，大量的人口聚集导致该类城市的 CO_2 排放均值高于其他城市，所以，生活领域 CO_2 排放的治理成为服务型城市碳达峰的主要任务。

综上所述，不同城市类别受经济发展水平、工业结构和人口密度的影响，CO_2 的排放数量和排放趋势异质性明显，需要根据不同城市存在问题和发展定位来制定具体的碳排放和碳中和路径，在实现碳达峰和碳中和目标的过程中，需要兼顾效率与公平的原则。

第四节　碳达峰的城市异质性路径
——城市聚类分析视角

通过以产业结构为核心簇集的城市聚类分析可以发现，中国不同城市之间的经济发展和 CO_2 排放呈现出明显的不平衡性，这也决定了不同城市群 EKC 曲线基本变化趋势的差异性。总体来看，中西部以能源和重工业为支柱产业的地区和城市，其 CO_2 排放的数量明显高于其他地区和城市，因此可以预见，这类城市碳达峰的时间相对较晚，而以高新技术和服务业等产业为依托的东部城市群，在保持高水平经济增长的同时，在 CO_2 排放的控制和碳中和的技术研发领域处于领先地位，这部分城市有望率先达到碳达峰的目标，从而引领中国碳中和的发展趋势。因此，需要在中国城市总体碳达峰趋势分析的基础上，对不同类型城市的异质性碳达峰路径进行差别化研究,以明确不同城市的碳达峰路径,并据此制定符合当地经济发展的碳达峰行动方案。

一 模型构建与变量选择

以上文产业结构为核心集的聚类分析为依据,基于对能源型、重工业型、轻工业型、技术型和服务型城市碳排放情况异质性的分析,进一步在式(7-9)的基准PSTR模型基础上,分别对五类城市的样本数据进行异质性非线性分析,通过探讨经济发展和CO_2排放的非线性关系,分析不同城市群的具体差异化碳排放路径。

$$CO_{2it}^{En} = \alpha + \beta_{01}GDP_{it} + \beta_{02}IP_{it} + \beta_{03}PO_{it} + \sum_{k=1}^{n}(\beta_{k1}GDP_{it}^k + \beta_{k2}IP_{it}^k + \beta_{k3}PO_{it}^k) \times G^k(Q_{it}; \omega_j^k, c_j^k) + \varepsilon_{it} \quad (7-18)$$

$$CO_{2it}^{He} = \alpha + \beta_{01}GDP_{it} + \beta_{02}IP_{it} + \beta_{03}PO_{it} + \sum_{k=1}^{n}(\beta_{k1}GDP_{it}^k + \beta_{k2}IP_{it}^k + \beta_{k3}PO_{it}^k) \times G^k(Q_{it}; \omega_j^k, c_j^k) + \varepsilon_{it} \quad (7-19)$$

$$CO_{2it}^{Li} = \alpha + \beta_{01}GDP_{it} + \beta_{02}IP_{it} + \beta_{03}PO_{it} + \sum_{k=1}^{n}(\beta_{k1}GDP_{it}^k + \beta_{k2}IP_{it}^k + \beta_{k3}PO_{it}^k) \times G^k(Q_{it}; \omega_j^k, c_j^k) + \varepsilon_{it} \quad (7-20)$$

$$CO_{2it}^{Hi} = \alpha + \beta_{01}GDP_{it} + \beta_{02}IP_{it} + \beta_{03}PO_{it} + \sum_{k=1}^{n}(\beta_{k1}GDP_{it}^k + \beta_{k2}IP_{it}^k + \beta_{k3}PO_{it}^k) \times G^k(Q_{it}; \omega_j^k, c_j^k) + \varepsilon_{it} \quad (7-21)$$

$$CO_{2it}^{Se} = \alpha + \beta_{01}GDP_{it} + \beta_{02}IP_{it} + \beta_{03}PO_{it} + \sum_{k=1}^{n}(\beta_{k1}GDP_{it}^k + \beta_{k2}IP_{it}^k + \beta_{k3}PO_{it}^k) \times G^k(Q_{it}; \omega_j^k, c_j^k) + \varepsilon_{it} \quad (7-22)$$

转换函数 $G^k(Q_{it}; \omega^k, c^k)$ 均为:

$$G^k(Q_{it}; \omega_j^k, c_j^k) = \left\{1 + \exp\left[-\omega_j^k \prod_{j=1}^{m}(Q_{it} - c_j^k)\right]\right\}^{-1} \omega > 0 \quad (7-23)$$

转换变量 Q_{it} 均为:

$$Q_{it} = GDP_{i,t-1} \quad (7-24)$$

其中,CO_2^{En}、CO_2^{He}、CO_2^{Li}、CO_2^{Hi} 和 CO_2^{Se} 分别表示能源型、重工业型、轻工业型、技术型和服务型五类城市的碳排放数量,其他各类解释变量(GDP、IP和PO)、转换函数G和转换变量Q的指标含义与上文PSTR基准模型的解释保持一致,具体数据来源于五类子样本。

二 城市异质性模型的非线性检验

首先,对五类 PSTR 方程式(7-18)至方程式(7-22)的非线性机制进行检验,在原假设 $H_0: \omega = 0$ 和备择假设 $H_1: \omega \neq 0$ 下,对五个城市异质性模型分别在转换函数的门限参数数量 m 为 1 和 2 的识别机制下进行 Wald、Fisher 和 LRT 检验,以确定五个子样本模型的非线性趋势。

表 7-7 　　　　五类城市异质性 PSTR 模型的非线性检验

城市类型	检验工具	$m=1$ Value	$m=1$ P	$m=2$ Value	$m=2$ P
能源型	Wald	65.137***	0.000	124.366***	0.000
	Fisher	23.577***	0.000	19.864***	0.000
	LRT	70.840***	0.000	126.838***	0.000
重工业型	Wald	14.393***	0.002	43.525***	0.000
	Fisher	4.476***	0.004	6.942***	0.000
	LRT	14.492***	0.002	44.450***	0.000
轻工业型	Wald	12.987***	0.005	54.812***	0.000
	Fisher	4.041***	0.005	8.924***	0.000
	LRT	13.083***	0.004	56.585***	0.000
技术型	Wald	90.850***	0.000	110.384***	0.000
	Fisher	34.230***	0.000	21.742***	0.000
	LRT	100.690***	0.000	125.397***	0.000
服务型	Wald	33.185***	0.000	57.557***	0.000
	Fisher	11.100***	0.000	10.270***	0.000
	LRT	34.737***	0.000	62.457***	0.000

注:***p<0.01。

由表 7-7 可知,五个子样本的城市异质性 PSTR 模型在 $m=1$ 和 $m=2$ 的识别机制下,P 值均等于或接近 0,Wald、Fisher 和 LRT 的检验值足够大,模型能够在 1% 的显著性水平下显著拒绝线性原假设,说明五类子样本城市群的经济发展水平、产业结构和人口密度变量与 CO_2 的排放量之间存在显著的非线性关系,满足 PSTR 模型的基本条件。

三 城市异质性模型的剩余机制检验——转换函数个数 n

然后,继续采用 Wald、Fisher 和 LRT 三个检验,分别设定原假设

H_{10}：$n=1$，备择假设 H_{11}：$n=2$，然后检验两个模型参数是否拒绝原假设，如果拒绝则进一步继续设定原假设 H_{20}：$n=2$，备择假设 H_{21}：$n=3$，然后再次进行检验，直到三个检验均接受原假设为止，此时的 n 数量即为模型的转换函数的最优数量。

表7-8 城市异质性 PSTR 模型的剩余机制检验（转换函数个数 n）

城市类型	检验工具	H_{10}：$n=1$；H_{11}：$n=2$				H_{20}：$n=2$；H_{21}：$n=3$			
		$m=1$		$m=2$		$m=1$		$m=2$	
		Value	P	Value	P	Value	P	Value	P
能源型	Wald	51.328***	0.000	17.849***	0.000	0.255	0.968	18.295*	0.060
	Fisher	17.594***	0.000	2.750***	0.000	0.076	0.973	2.816	0.101
	LRT	54.782***	0.000	17.899***	0.000	0.256	0.968	18.348	0.150
重工业型	Wald	37.868***	0.000	57.451***	0.000	9.220	0.270	9.223	0.278
	Fisher	11.974***	0.000	9.233***	0.000	2.827*	0.058	6.171	0.246
	LRT	38.566***	0.000	59.078***	0.000	9.260	0.263	9.972	0.167
轻工业型	Wald	28.559***	0.000	41.010***	0.000	7.884	0.193	8.806	0.254
	Fisher	8.981***	0.000	6.519***	0.000	5.534	0.503	6.130	0.215
	LRT	29.030***	0.000	41.991***	0.000	8.067	0.843	9.684	0.776
技术型	Wald	2.842	0.417	1.969	0.923				
	Fisher	0.856	0.464	0.294	0.940				
	LRT	2.850	0.415	1.973	0.922				
服务型	Wald	7.153	0.418	4.865	0.115				
	Fisher	9.285	0.693	6.996	0.407				
	LRT	5.937	0.336	4.378	0.462				

注：*p<0.1，***p<0.01。

由表7-8的五类 PSTR 模型剩余机制检验结果可知，技术型和服务型城市在 $m=1$ 和 $m=2$ 的识别机制下均无法通过 Wald、Fisher 和 LRT 三个检验，不能拒绝 $n=1$ 的原假设，由此可以确定这两类城市的 PSTR 模型转换函数 G 的数量为1，模型至少存在两个转换机制。能源型、重工业型和轻工业型城市在三个检验下均显著拒绝 $n=1$ 的原假设，进一步的检验发现，三类城市同时接受 $n=2$ 的原假设，由此可以确定这三类城市的 PSTR 模型转换函数 G 的数量为2，模型均至少存在三个转换机制。

四 城市异质性模型的剩余机制检验——位置参数个数 m

进一步地，在转换函数个数检验的基础上，对五类城市异质性模型的剩余机制进行检验。通过 PSTR 模型的 AIC 准则和 BIC 准则来确定位置参数的数量 m，检验方法采用的是纵向比较法，将三组假设检验（H_{10}：$m=1$ 和 H_{11}：$m=2$；H_{20}：$m=2$ 和 H_{21}：$m=3$；H_{30}：$m=3$ 和 H_{31}：$m=4$）下的 AIC 值和 BIC 值进行纵向比较，结果如表 7-9 所示。

表 7-9　城市异质性 PSTR 模型的剩余机制进一步检验
（位置参数个数 m）

城市类型	检验标准	$m=1$ Value	$m=2$ Value	$m=3$ Value
能源型	AIC	5.035	5.635	6.122
	BIC	5.063	5.471	6.248
重工业型	AIC	4.355	4.398	4.447
	BIC	4.416	4.469	4.583;
轻工业型	AIC	4.143	4.189	4.335
	BIC	4.224	4.260	4.413
技术型	AIC	3.595	3.584	3.606
	BIC	3.725	3.697	3.795
服务型	AIC	4.851	4.751	4.921
	BIC	4.934	4.907	4.935

从表 7-9 的检验结果可以看出，能源型、重工业型和轻工业型三类城市在 $m=1$ 时的 AIC 值和 BIC 值明显小于 $m=2$ 和 $m=3$ 的情况，因此可以确定这三类城市群的每个转换函数 G 中只存在一个位置参数 c_1。技术型和服务型城市的 AIC 值和 BIC 值在 $m=2$ 的情况下达到最小，因此这两类城市的转换函数 G 中存在两个不同的位置参数 c_1 和 c_2。

综合以上对五类不同城市群的非线性机制检验结果，最终可以确定不同城市群的异质性机制数量，即能源型、重工业型和轻工业型城市为 $m=1$ 和 $n=2$，技术型和服务型城市为 $m=2$ 和 $n=1$，说明在不同的转换函数和位置参数下，在经济发展过程中五类城市的 CO_2 排放均呈现三个机制的非线性特征。

五 城市异质性的 PSTR 结果

在确定了转换函数和位置参数的数量后,以不同的子样本数据为基础,对五类城市分别按照式(7-18)至式(7-22)进行 PSTR 非线性回归,继续采用网络格点法(Hansen,1999),对不同城市群的位置参数 c 和转换速度 ω 的组合进行检验,以寻找与 PSTR 模型变化趋势一致的最优解,并继续采用去组内均值的方法确定转换函数 G 的最终形式,求出不同机制下的拟合估计参数。结果如表7-10所示。

表 7-10　　城市异质性的 PSTR 结果

机制	变量	系数	能源型 Value	重工业型 Value	轻工业型 Value	技术型 Value	服务型 Value
第一机制	GDP	β_{01}	13.809*** (1.771)	30.803*** (10.731)	5.386** (3.287)	6.626*** (1.584)	6.246*** (1.904)
	IP	β_{02}	22.305** (2.836)	26.202*** (6.612)	22.309* (7.695)	23.758** (13.946)	6.241** (1.919)
	PO	β_{03}	-8.006* (2.764)	4.699* (7.587)	1.256*** (0.985)	3.564** (1.033)	7.652*** (3.839)
第二机制	GDP	β_{01}	10.496*** (3.168)	0.692*** (0.472)	-0.823** (0.287)	-0.402*** (1.258)	-3.721*** (1.496)
	IP	β_{02}	15.553** (6.038)	7.370** (6.093)	-14.956*** (1.455)	-14.792** (4.748)	0.060** (0.005)
	PO	β_{03}	-6.545 (1.283)	1.259** (0.802)	7.059** (1.089)	6.426* (1.179)	0.015** (0.010)
	c_1		5.839	6.340	4.892	5.421	6.146
	ω_1		1.707	5.057	7.121	1.232	0.393
第三机制	GDP	β_{01}	-15.129*** (3.441)	-34.766*** (10.726)	-2.330** (0.428)	-5.293*** (1.805)	-0.115*** (0.016)
	IP	β_{02}	-27.159** (7.822)	-49.287** (14.625)	-18.581** (6.145)	22.987** (3.179)	-0.091** (0.012)
	PO	β_{03}	12.512* (2.718)	-4.483 (2.632)	-11.348** (4.117)	-4.933* (1.779)	-6.846** (5.271)
	c_2		12.391	21.404	9.013	8.923	11.518
	ω_2		0.322	0.070	0.513		

注:*p<0.1,**p<0.05,***p<0.01;括号内为标准差。

如图7-3所示，能源型城市的CO_2排放在人均GDP为5.839万元和12.391万元处实现了两次平滑转换，两次转换的速度分别为1.707和0.322，以两个位置参数为拐点，能源型城市经济发展对CO_2排放的影响主要存在三个不同的作用机制，该类城市的CO_2排放呈现前两阶段上升、第三阶段下降的明显倒"U"形特征，此类城市在人均GDP为12.391万元左右时达到CO_2的排放峰值点，之后开始出现下降。

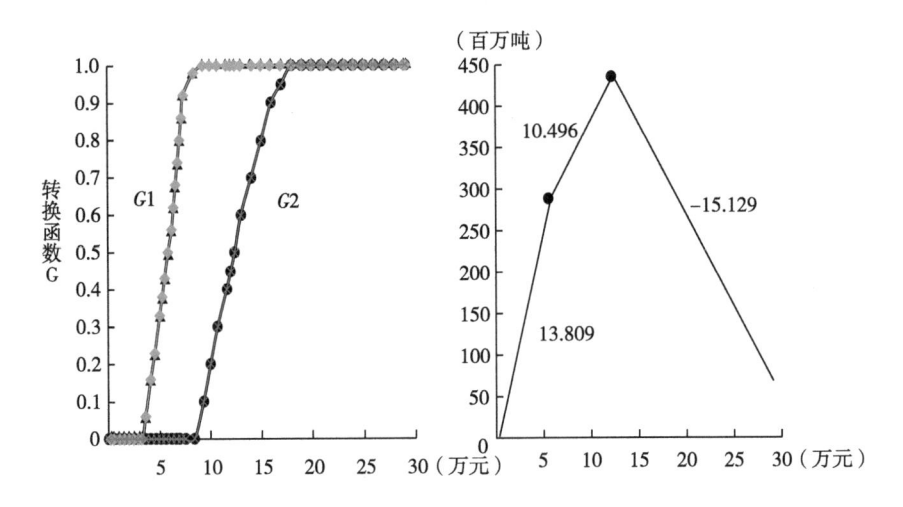

图7-3　能源型城市的转换函数及人均GDP（万元）与CO_2（百万吨）的非线性趋势

第一机制为初始线性阶段，当人均GDP介于0.32万元和5.839万元之间时，两个转换函数G_1和G_2的取值均为0，此时经济发展水平对CO_2排放产生了显著的影响，影响系数在1%的显著性水平下达到13.809，工业结构变量对CO_2排放的影响系数也达到22.305；随着经济的不断发展，当人均GDP介于5.839万元至12.391万元时，转换函数G_1取值为1，在G_1的作用下，人均GDP对CO_2排放的影响开始出现转换趋势，从13.809减缓为10.496，工业结构对CO_2排放的影响也下降为15.553，但经济发展水平和工业结构两个变量对CO_2排放的影响仍然显著为正，第二机制相对于第一机制来说仍然处于EKC曲线的拐点前端；当人均GDP水平超过12.391万元时，在两个转换函数G_1和G_2的共同作用下，随着经济发展水平的进一步上升，能源型城市的CO_2排放超过峰值点，开始出现下降趋势，经济发展水平和工业结构变量的影响系数变为 -15.129 和 -27.159，此时的经济发展状态已经达到 EKC 曲线的拐点后端。综合来看，工业结构决定了能源型城市的 CO_2 排放路径，要实现碳达峰目标还需要一个较长的过程，人口密度变量对能源型城市 CO_2 排放的影响并不显著，产业结构调整是能源型城市发展的必经之路。

重工业型城市的经济发展与 CO_2 排放之间的关系趋势与能源型城市比较相似，CO_2 的排放路径呈现出前两阶段上升、第三阶段下降的典型三阶段倒"U"形特征，如图 7-4 所示，重工业城市的两个人均 GDP 拐点分别为 6.340 万元和 21.404 万元，转换速度分别为 5.057 和 0.070，说明重工业城市在一个相对较高的经济发展水平上达到了碳峰值点。

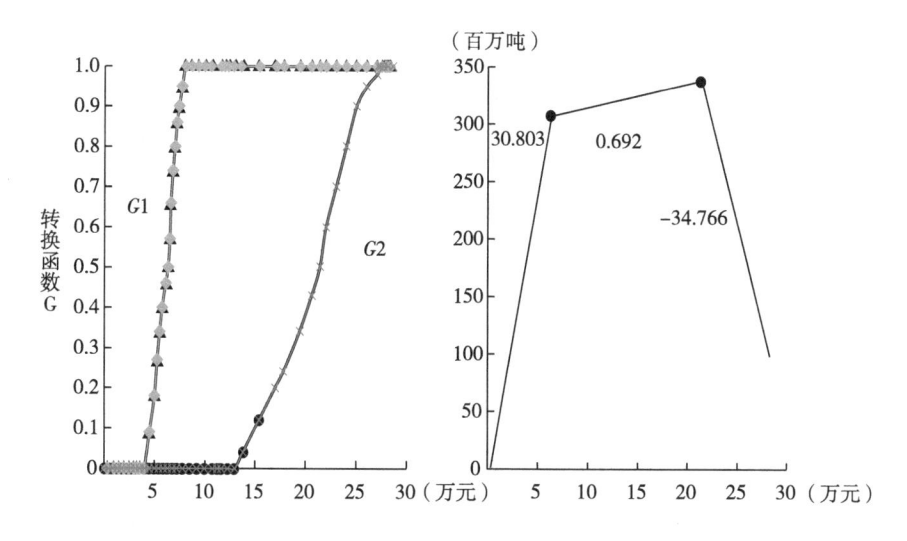

图 7-4　重工业型城市的转换函数及人均 GDP（万元）与 CO_2（百万吨）的非线性趋势

进一步从结果可以看出，经济发展水平和工业结构仍然是影响重工业型城市 CO_2 排放的主要因素，人均 GDP 在三个不同作用机制下显著性水平均能达到 1%，影响系数分别为 30.803、0.692 和 -34.766，从作用度上领先于其他各类城市，工业结构对 CO_2 的影响也分别为 26.202、7.370 和 -49.287，影响度同样位列各城市类型中的第一位，人口密度变量的影响相对于能源型城市有了一定程度的上升，但显著性总体不强。

综合来看，重工业型城市虽然在 CO_2 的排放总量上略低于能源型城市，但是高污染、高排放的重工业结构对该类城市的持续碳排放产生了显著影响，如何将固化的产业结构进行改造和升级成为重工业型城市的主要发展问题，要实现碳达峰和碳中和的目标任重而道远。

轻工业型城市在经济发展过程中的碳排放路径如图 7-5 所示，虽然 CO_2 的排放路径也呈现明显的倒"U"形趋势，但与能源型和重工业型城市的排放路径不同，轻工业型城市的碳峰值出现在第一个拐点，即人均 GDP 为 4.892 万元时，之后出现了先缓后急的两阶段下降趋势，另一个位置参数的拐点为 9.013 万元，同时两个转换函数的转换速度分别为 7.121 和 0.513，说明轻工业城市在较低的经济发展水平上实现了碳达峰的目标。

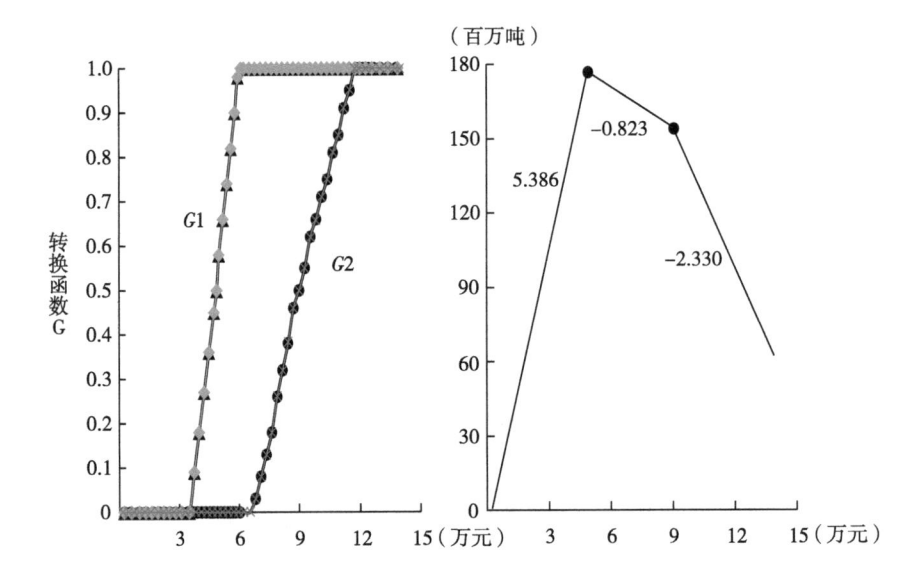

图 7-5 轻工业型城市的转换函数及人均 GDP（万元）与 CO_2（百万吨）的非线性趋势

当人均 GDP 水平处于 0.24 万元至 4.892 万元时，经济发展水平、工业结构和人口密度对 CO_2 排放的影响系数均显著为正，系数值分别为 5.386、22.309 和 1.256，人口密度指标的显著性相对于前两类城市有了显著提高；当人均 GDP 水平处于 4.892 万—9.013 万元时，人均 GDP 和

工业结构对 CO_2 排放的影响转为负向，而人口密度指标的影响度进一步上升至 7.059；进一步地，在第三机制下，即人均 GDP 超过第二个拐点之后，各解释变量的影响度均为负向。

综合来看，轻工业城市相对于能源型和重工业型城市较早实现了碳达峰目标，但这一目标是一种低经济发展水平下达成碳达峰目标，且日益增长的人口密度将从生活领域逐渐对轻工业城市的碳排放产生影响。因此，在正确处理 CO_2 排放与经济发展之间的关系、实现生产和生活之间碳平衡的同时，寻找新的经济增长点成为轻工业城市的发展重心。

技术型城市的 CO_2 排放路径如图 7-6 所示，在各解释变量的作用下，CO_2 的排放以 1.232 的速度在 5.421 万元和 8.923 万元两个拐点处实现了不同机制之间的转换，在人均 GDP 达到 5.421 万元之后，经济发展与 CO_2 排放的关系达到了 EKC 曲线的下降部分，经济发展与 CO_2 排放实现了较为和谐的平衡。

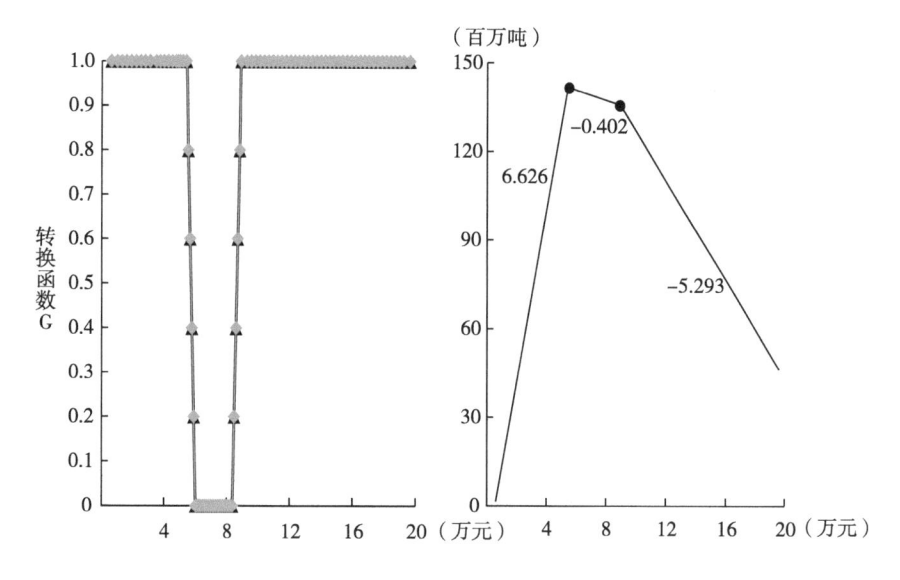

图 7-6 技术型城市的转换函数及人均 GDP（万元）与 CO_2（百万吨）的非线性趋势

在第一机制和第三机制中，转换函数 G 取值为 1，人均 GDP 的影响系数分别在 1% 的显著性水平下达到 6.626 和 -5.293，工业结构变量的影响度分别为23.758和22.987,当模型处于中间机制时,转换函数 G 取值为0,此时两个解释变量的显著性水平达到5%,说明人均 GDP 和工业结构变量对技术型城市 CO_2 排放的影响依然稳健;与此同时,随着人口在技术型城市的集聚,人口密度变量对 CO_2 的影响度正在逐步上升,三个机制的影响系数分别为3.564、6.426和-4.933。综合来看,在技术型城市的发展中,虽然生产性碳排放仍然是 CO_2 的主要来源,但是生活领域的碳排放也逐渐成为不可忽视的问题,在维持稳健 CO_2 排放水平的前提下进一步实现高质量生产和生活的平衡是技术型城市的发展目标。

服务型城市的 CO_2 排放趋势与技术型城市类似,但碳峰值拐点的人均 GDP 水平更高,不同机制之间的转换速度相对缓慢,如图7-7所示,以人均 GDP 为6.146万元和11.518万元为阈值参数,以0.393为转换速度,服务型城市的 CO_2 排放呈现第一机制上升、第二机制和第三机制逐渐下降的三机制倒"U"形关系特征。

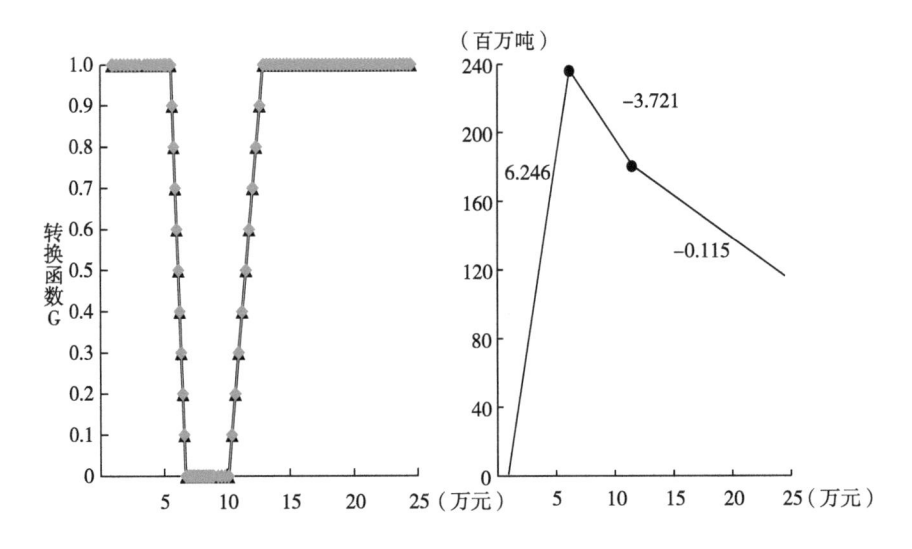

图7-7 服务型城市的转换函数及人均 GDP(万元)与 CO_2(百万吨)的非线性趋势

当人均 GDP 处于0.908万元至6.146万元时,人均 GDP、工业结构和人口密度变量对 CO_2 的排放均有显著性的影响,影响度分别达到6.246、6.241和7.652,人口密度变量的影响大于其他各类城市,成为影响碳排放的重要指标；当人均GDP处于6.146万元至11.518万元时，转换函数 G 的取值为0，转换效应在第二机制中不发生作用，经济发展水平的影响度变为-3.721；在第三机制中，转换效应继续发挥作用，当人均GDP超过11.518万元时，三个解释变量的影响度转变为-0.115、-0.091和-6.846，人口密度成为三机制中的主导变量。

由此可见，服务型城市会在一个较高的经济发展水平上实现碳达峰的目标，与此同时，由于受到人口密度所带来的生活碳排放的影响，CO_2 的峰值水平也相对较高，在已经实现经济高水平、低碳发展的基础上，降低生活中的碳排放成为服务型城市下一步的发展重心。

综合五类城市的 CO_2 异质性排放路径来看（见图7-8），虽然各类城市的碳排放趋势均符合EKC曲线的倒"U"形特征，但受经济发展水平、产业结构和人口密度等经济社会因素的影响，不同类型城市碳达峰目标的实现路径差异性非常明显。

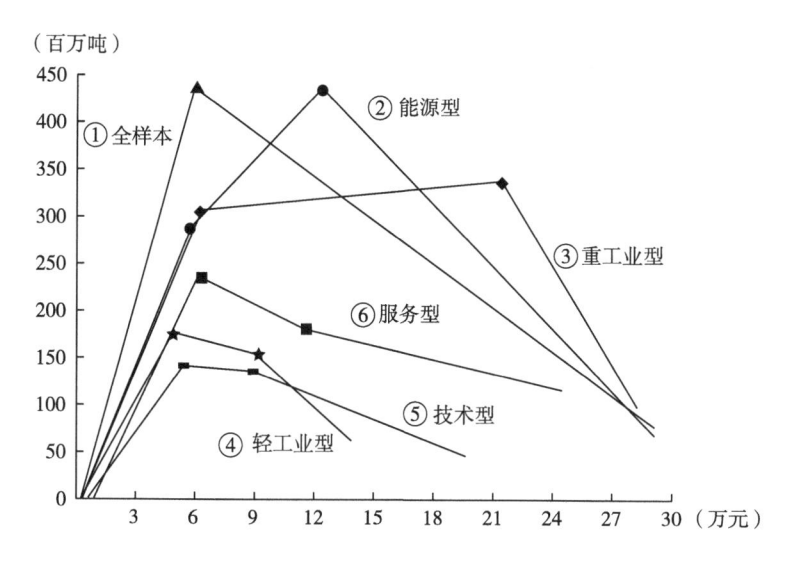

图7-8 五类城市的人均GDP（万元）与 CO_2（百万吨）非线性趋势的异质性比较

首先，能源型和重工业型城市碳达峰点的 CO_2 数值相对较高，是中国 CO_2 的主要来源，且受工业结构的制约，这两类城市需要在经历两阶段 CO_2 排放不断增长的趋势之后，才能实现碳达峰的目标，因此，产业结构的改造和升级是这两类城市实现碳达峰的必经路径。

其次，轻工业型、技术型和服务型三类城市的碳峰值明显优于全国的平均碳峰值水平，且三类城市均在经济发展的第一阶段末期实现了碳达峰目标，之后两阶段的 CO_2 排放开始呈现递减趋势，但随着经济发展水平的提升，生活领域逐渐成为三类城市中 CO_2 不可忽视的来源。

最后，具体来看，技术型城市较好地协调了经济发展和 CO_2 排放之间的关系，轻工业型城市在维持 CO_2 较低水平排放的同时，经济发展水平相对滞后，人口的大量集聚使服务型城市保持较高经济发展水平的同时，也面临较为严峻的生活领域碳排放问题。

第五节　小结

2020年9月，习近平主席在第75届联合国大会上向国际社会做出庄严承诺，中国力争二氧化碳排放2030年前达到峰值、2060年前实现碳中和。《"十四五"规划和二〇三五远景目标》进一步提出，各地方抓紧制定2030年前碳排放达峰行动方案，支持有条件的地方率先达峰。然而，受经济发展水平、产业结构和人口密度等因素的影响，中国的区域经济发展呈现出明显的不平衡性。本章在中国城市碳排放数据库（CEADs）的基础上，从非线性角度探究了中国城市经济发展过程中的 CO_2 排放路径问题，并通过聚类分析对能源型、重工业型、轻工业型、技术型和服务型五类城市碳达峰目标实现的异质性路径进行分析，从碳达峰的效率与公平视角对不同类别城市在中国碳达峰目标实现中扮演的角色进行定位，并给出经济发展与 CO_2 排放的协同发展建议。

通过本章的理论和实证分析，得出如下研究结论：第一，从中国城市的整体经济发展和 CO_2 排放情况来看，人均 GDP 对城市 CO_2 排放的影响呈现出先上升后下降的倒"U"形关系，拐点即为碳峰值点，与 EKC 曲线的关系描述基本一致；第二，城市的异质性研究表明，五类城市的 CO_2 排放路径虽然均符合倒"U"形特征，但受经济发展水平、产业结构和人口密度等经济社会因素的影响，不同城市类型碳达峰目标的实现路径和碳峰值点的 CO_2 排放量存在明显的差异性；第三，能源型和重工业型城市碳达峰点的 CO_2 数值相对较高，是中国 CO_2 的主要来源，且受工业结构的制约，这两类城市需要在经历两阶段 CO_2 排放不断增长的趋势之后，才能实现碳达峰的目标；第四，轻工业型、技术型和服务型三类城市的碳峰值明显优于全国的平均碳峰值水平，且三类城市均在经济发展的第一阶段末期实现了碳达峰目标，之后两阶段的 CO_2 排放开始呈现递减趋势，但随着经济发展水平的逐渐提升，生活领域逐渐成为三类城市中 CO_2 不可忽视的来源；第五，技术型城市较好地协调了经济增长和 CO_2 排放之间的关系，轻工业型城市在维持 CO_2 较低水平排放的同时，经济发展水平相对滞后，人口的大量集聚使服务型城市在保持较高经济发展水平的同时，也面临较为严峻的生活领域碳排放问题。

通过以上研究结论，本章针对中国城市碳达峰和碳中和目标的实现路径给出相关政策启示：第一，在 2030 碳达峰目标的实现过程中，不能一刀切，需要针对中国各城市的具体经济发展水平和 CO_2 排放情况，制定差异化的碳达峰时间表，并采取适当的整合力度和有针对性地实现路径。同时，不同的城市群应根据自身的技术、经济和社会发展情况找准在 2030 碳达峰目标实现过程中的角色定位，碳达峰的实现既需要追求效率也要兼顾公平；第二，具体来看，工业结构决定了能源型城市和重工业型城市的碳达峰目标任重道远，产业结构的转型和升级迫在眉睫，这两类城市是碳补偿过程中的"受偿主体"，主要任务是通过技术型城市和服务型城市在技术、资金和产业政策方面的支持，尽快完成对高污染、高排放产业的转型和升级，同时利用自身的资源优势，发展新能源和绿色环保产业，通过控制 CO_2 的排放数量为碳达峰目标的整体实现贡献力量；第三，以汕头和绍兴为代表的轻工业型城市，需要在保持 CO_2 低水平排放的同时，通过与技术型城市和服务型城市的产业合作和交流，寻找经济发展的新增长点，促进经济发展水平的提升是这类城市的主要方向；第四，技术型城市和服务型城市在碳达峰和碳中和目标的实现中需要扮演主导者的角色，这两类城市是碳补偿过程中的"补偿主体"，需要在控制生活领域 CO_2 排放的基础上率先实现碳达峰的目标，同时还要为其他城市群提供 CO_2 减排领域的资金、技术和政策支撑，碳中和领域新技术、新方法和新手段的研究和开发也是技术型城市和服务型城市的重点发展目标。总而言之，在中国实现 2030 碳达峰和 2060 碳中和目标的过程中，不同类型的城市群需要群策群力，在兼顾效率与公平原则基础上贡献各自的力量。

第八章　中国碳达峰的区域协同策略

考虑到中国区域经济发展的不平衡性，国务院在《2030年前碳达峰行动方案》中，明确了各地区要结合区域重大战略、区域协调发展战略和主体功能区战略，从实际出发推进本地区绿色低碳发展。在"全国上下一盘棋"的工作思路下，发挥好各地区降碳减排的区域协同效应，对中国如期完成碳达峰目标、按时实现碳中和目标具有重要的促进作用与保障效用。为进一步确定中国碳达峰的区域协同策略，首先要把准中国在实现碳达峰过程中的角色定位，厘清中国完成碳达峰目标过程中的地位和作用；其次要遵循国际碳减排规律，在参与全球联合治理碳排放行动的同时，确定碳达峰的国际协同策略；最后依据中国各行业、省际和城市经济增长与碳减排的异质性特征，分别从行业、省际和城市的角度提出碳达峰的协同策略。

第一节　碳达峰过程中的角色定位

基于区域协同发展的视角，明确碳达峰的实现过程，可以将碳达峰的区域协同策略分解为国际协同策略、行业协同策略、省际协同策略与城市协同策略四个层次，为进一步明确四个层次下的协同策略在碳达峰实现过程中的作用与价值，本节分别围绕这四个层次，深入其中界定各区域在中国碳达峰过程中的具体角色定位，从而为四个层次协同策略的制定提供依据。

一　中国在碳达峰过程中的国际角色定位

中国作为发展中国家，在碳达峰过程中的角色定位，依据《联合国气候变化框架公约》和《京都议定书》中关于历史排放责任的规定，可以暂时不承担强制性碳减排义务，由发达国家率先实现碳达峰。然而，根据国际能源署的预测,从《京都议定书》生效后近十年的碳排放结果发现,在发达国家与发展中国家不对称减排情景下,发展中国家的碳排放量完全能够抵消发达国家在碳减排工作上做出的努力。美国以此为借口,在 2001 年宣布退出《京都议定书》,最初由欧美组成的碳减排主力军,也随着美国的退出,将碳减排的重担转移到了欧盟身上。近年来,随着不对称减排的压力剧增,欧盟也因美国退出国际碳减排协议,承担了过重的碳减排压力,并开始围绕国际不对称减排问题推出一系列新规则、新制度。其中,2021 年 7 月 14 日正式公布的"Fit for 55"一揽子碳减排计划提案,就利用碳边境调节机制(Carbon Border Adjustment Mechanism,CBAM)应对国际不对称减排问题以及碳泄漏问题进行了全面部署,成为欧盟抵御国际不对称减排冲击影响的新手段和新方法。中国作为有责任的大国,在全球联合治理气候变暖问题伊始,便承担了超负荷责任,始终保持具有世界影响力的发展中大国身份,先后以《京都议定书》和《巴黎协定》为蓝本,提出逐步实现碳达峰与碳中和的目标,承诺 2030 年前 CO_2 的排放不再增长,达到峰值之后逐步降低,并在控制碳排放的基础上,通过植物造树造林、节能减排等形式,抵消自身产生的 CO_2 排放量,实现 CO_2 "零排放",到 2060 年实现碳中和。如果说实现碳达峰目标是中国自觉承担大国责任的国际碳减排角色定位,那么达成碳中和目标就是中国努力承担世界强国责任的国际碳减排角色定位。

依据拓展的 EKC 曲线聚类分析中国碳达峰实现过程中的具体路径可以发现,中国作为金砖五国之一,CO_2 排放量在 31 个新兴经济体中占比最高,碳减排任务最重。从两阶段 PSTR 模型结果中可以发现,中国目前仍处于碳达峰拐点的前端,优化升级现有产业结构、推动产业结构绿色化调整成为当前中国实现碳达峰的重要途径。随着碳达峰目标的逐步实现,影响碳排放的主导因素转变为人口集聚带来的生活领域碳排放。因此,转变居民生活方式,改变居民消费观念,借助技术创新提高居民消费效率,在提升居民生活品质的同时,大力推行共享消费模式,将低碳环保的循环经济模式植入居民思想意识中,成为这一阶段实现碳达峰的重要举措。中国提出到 2030 年实现碳达峰、2060 年实现碳中和的目标和要求,无论是对调整产业结构、优化产业转型升级,还是转变居民生活方式、改变居民消费理念,都做出了"中国速度"的要求,任务艰巨,时间紧迫,作为 CO_2 排放量占世界 1/3 的发展中国家和 31 个新兴经济体

中的 CO_2 排放量最高的金砖国家，中国对自身在国际碳减排行动中的角色定位，就是有责任的发展中大国，既要如期完成碳达峰目标，还要规范碳达峰后 30 年的碳排放路径，实现碳中和目标。

二　中国各行业在碳达峰过程中的角色定位

产业结构的合理与否直接决定了 CO_2 排放量，全球产业结构从第一、第二产业向第三产业的演变过程，也是碳排放量从快速增长到增速放缓再到逐渐下降的转变过程。然而，发达国家在工业化进程中虽然通过产业转移、科技创新、服务业升级等手段实现了"碳脱钩型"产业结构调整，即将产业结构调整为既能够实现经济增长又能够兼顾降碳减排，但同时又引发了"制造业空心化"的新问题。产业结构调整不仅仅是单纯地调整三大产业在国民经济中的比重，还涉及产业的空间布局、区域协调以及产品结构优化等问题，是"牵一发动全身"的变动，需要系统考虑、综合分析。借鉴发达国家调整产业结构降低 CO_2 排放量的经验做法，对中国准确把握各行业在碳达峰过程中的角色定位具有重要意义。

从发达国家调整产业结构实现降碳减排的经验中，总结出产业结构调整的深层次原因是提高各产业的生产率水平，进而将 CO_2 排放量维持在了较低水平，从而实现经济增长与 CO_2 排放的"脱钩"。从产业结构特征上，主要表现为服务业尤其是现代服务业在国民经济中的占比持续提高，而工业在国民经济中的占比持续下降，但随着"产业结构空洞化"问题的越发突出，近年来美、日、欧等发达国家又开始重提"再工业化"战略，将三次工业化的重点转向以高新技术为依托、拥有高附加值的高端制造业，以高新技术带动产业结构转型升级，降低各产业部门的碳排放量。在产业结构调整过程中，发达国家针对能源产业部门有保有压，归根结底还是依靠先进技术实现对能源产业部门高耗能原材料的替代，从而实现在能源产业部门以低能耗、低排放产品替代高能耗、高排放产品，优化产品结构，促进产业结构转型升级。当然，在全球化战略下，策略性地实施产业转移，也是保障经济持续增长、降低 CO_2 排放量的有效策略。此外，大力发展电子信息产业，以电子信息产业带动金融、物流、信息服务等生产性服务业大发展，并通过自动化、信息化、数据化、网络化为各个行业升级转型提供关键的技术支持。

中国当前工业化和城市化进程尚未完成，经济增长和发展仍需高度依赖于制造业和高能耗产业支撑，科技创新与技术进步的基础相较于发达国家或地区较为薄弱，仿效和复制发达国家调整产业结构降低 CO_2 排放量的做法应当分梯次进行。在实现碳达峰过程中，中国应遵循自身特有的经济发展规律，在加强基础研发能力和应用创新能力的同时，加大高新技术产业在产业结构优化调整过程中的引导与示范作用，为降碳减排创造坚实的技术基础；加快推进以云计算、大数据、物联网、人工智能、第五代移动通信、虚拟现实、数字孪生为代表的新一代数字技术，借力数字经济全面推动信息产业大发展，并积极促进信息技术产业与农业、工业、服务业的深度融合，通过发展新技术、新产业、新业态、新模式，改变相对传统的生产方式和管理模式，促进供需精准匹配，为优化调整产业结构、节能降碳提供全方位的技术支持。立足全球化战略统筹协调产业转移问题，有序引导三大产业在国内东部、中部、西部率先实现梯度发展，再综合考量全球资源整合、充分利用全球化优势完成国内外产业转移，在全面优化产业结构空间布局的同时，严防"产业结构空洞化"与"制造业空心化"问题，立足于中国国情，坚定不移地走制造业强国之路。

三 中国各省市在碳达峰过程中的角色定位

区域经济发展的不平衡性是中国经济增长与发展过程中最为典型的问题之一。受自然环境的影响，自然资源禀赋在东部、中部、西部地区具有天然的差异性。西部地区作为自然资源的主要集聚地，重点发展重工业，从而成为中国 CO_2 排放的主要来源地，也成为中国实现碳达峰过程中的重点碳规制地；中部地区则主要以发展轻工业为主，虽然碳排放规模相对较低，但经济发展水平也同样处在低位水平，对中部地区来说，降碳减排和提振经济同等重要；东部地区受惠于改革开放的优先发展政策，成为改革开放后先富起来的地区，无论是高新技术产业的发展还是产业结构的合理程度，均处于国内领先水平，是中国实现碳达峰过程中的"领头羊"，一些先进的碳减排技术和较高的碳排放要求，均可以率先在东部地区实现。

分区域对中国东部、中部、西部地区碳达峰的角色进行定位后，再依次深入各区域中的具体省份界定其在碳达峰过程中的角色定位。依据发达国家碳达峰的经验，人均 GDP 超过两万美元、城市人口占比超过 50%、第三产业比重超过 65%，可以进入碳峰值平台期；另外，总结 2000 年以后实现碳达峰国家的经验数据，发现大部分碳达峰国家的化石能源消耗占比达到65%以上、贸易隐含碳占碳排放量的50%以上。对照这些经验数据，对东部、中部、西部地区的各省份在碳达峰过程中的角色进行定位，其中，东部地区的北京市和上海市的人均GDP水平、城市人口占比以及第三产业所占比重最为接近发达国家碳峰值平台期的水平，可以在中国实现碳达峰过程中发挥"领头羊"的作用；江苏省、浙江省、福建省、广东省和天津市的人均GDP和城市化水平已经开始接近发达国家碳峰值平台期，且产业结构也已经调整为以高新技术产业为主导，因此，这五个省市可以作为中国实现碳达峰的第二梯队，充分发挥好高新技术产业对降碳减排、提高产业生产率的作用；东部地区的山东省作为传统制造业大省，产业结构中重工业比重占据主导地位，能源消耗和CO_2排放量均居于全国首位，是中国实现碳达峰过程中重点规制区域。近年来，山东省将自身在碳达峰过程中的角色定位到新旧动能转换上，希望通过新模式代替旧模式、新业态代替旧业态、新技术代替旧技术、新材料新能源代替旧材料旧能源的方式实现产业转型升级和经济环境协调发展；中部地区的江西省和西部地区的重庆市，作为中西部地区发展高新技术产业的省份，可以通过科技创新和技术进步带动中部轻工业省份和西部重工业省份实现产业结构优化，达到碳峰值平台期的经济指标要求。

另外，根据本书对中国30个省份按照工业类别进行的聚类分析，划分出了以北京、上海和天津为代表的高新技术产业主导型省份8个，以河南、湖南和福建为代表的轻工业主导型省份7个，以河北、山东和内蒙古为代表的重工业主导型省份15个。通过拓展的EKC曲线继续对这三大类省份在实现碳达峰过程中的异质性路径进行分析可以发现：以北京、上海和天津为代表的高新技术产业主导型省份，在实现2030年前碳达峰过程中，应将主要精力放在治理因人口密度增长所带来的生活领域的碳排放上；以河南、湖南和福建为代表的轻工业主导型省份，应将碳达峰的重心放在保持较低碳排放水平的同时，寻找经济发展新增长点；以河北、山东和内蒙古为代表的重工业主导型省份，是中国实现碳达峰过程中需要持续攻关的重点省份，该类省份能否做好技术减碳、产业转型升级，决定了中国能否如期实现碳达峰目标。

四　中国各城市在碳达峰过程中的角色定位

基于中国各省市在碳达峰过程中的定位，本书的研究进一步对中国247个城市按产业发展程度分别聚类成32个能源型城市、81个重工业型城市、68个轻工业型城市、37个高新技术型城市和29个服务型城市，并对这五类城市的碳排放和碳达峰异质性路径进行分析，以明确不同城市群在中国碳达峰和碳中和目标实现过程中的角色和定位。

通过对研究结果的梳理可以发现：首先，32个能源型城市和81个重工业型城市，受到工业结构的制约，成为中国CO_2的主要来源地，这两类城市的CO_2排放量需要随着人均GDP的上升经历两阶段的上升后才能达到碳达峰平台期，因此这两类城市在实现碳达峰过程中的角色定位应着重放在加速产业结构实现转型升级、广泛运用科技创新和技术进步实现降碳减排上；其次，68个轻工业型城市在扩展的EKC曲线分析框架下，表现出良好的碳达峰趋势，但在维持CO_2较低水平排放的同时，经济发展水平也维持在相对落后的状态，因此，这68个轻工业型城市在实现碳达峰过程中的角色应定位到拉动经济增长的同时兼顾CO_2排放量的控制上；再次，29个服务型城市的CO_2排放量，在扩展的EKC曲线分析框架下，也同样表现出良好的碳达峰趋势，在第一阶段末期实现了碳达峰目标之后，便开始转入排放量的递减期，但随着经济发展水平的提升，生活领域逐渐成为这类城市中CO_2不可忽视的来源，因此，这29个服务型城市在实现碳达峰过程中的角色为"服务主体"，不仅自身要实现碳达峰目标，还要为其他城市碳达峰目标的实现提供资金和政策支持，另外，还要重点治理居民生活碳排放问题；最后，37个高新技术型城市是协调经济发展和CO_2排放量关系最有利的一类城市群，能够在获得经济增长和发展的同时有效控制CO_2排放量，然而，由于这类城市在经济增长和发展上有着天然的优势，逐渐成为人才集聚和人口密集型城市，从而导致生活碳排放超标问题。因此，这37个高新技术型城市在实现碳达峰过程中的角色定位为"技术创新主体"，肩负着中国碳达峰和碳中和技术创新的责任，同时还要关注居民生活碳排放问题，尤其是居民因生活水平提高而带来的碳排放超标问题。

第二节 碳达峰的国际协同策略

中国在全球碳治理中，将自身角色界定在了有责任的大国地位上，既要如期完成碳达峰目标，还要规范碳达峰后30年的碳排放路径，实现碳中和目标。在"双碳"目标实现过程中，离不开与世界各国的协同发展、联合治理。因此，本节分别从与发达国家的国际协同策略、与新兴工业化国家的国际协同策略以及与欠发达国家的国际协同策略三个方面，提出碳达峰的具体协同策略，从国际合作视角推动中国顺利实现碳达峰目标。

一 与发达国家的国际协同策略

（一）与欧盟的国际协同策略

欧盟是最早签订并践行《京都议定书》条约的发达经济体，也是最早将可持续发展目标、《联合国气候变化框架公约》《京都议定书》《巴黎协定》融入经济社会发展长期战略规划的地区，在全球碳减排实践中始终保持领先地位。2005年，欧盟便开始培育碳排放配额（EUA）交易市场，完善欧盟碳交易机制（EU-ETS）。2012年，欧盟率先以国际航空业为试点，征收航空碳税，并实现较1980年碳排放减少19%的目标。2020年，欧盟再次将碳排放总量缩减至2005年的21%，成为全球气候治理实践领域的"领头羊"。当然，欧盟在碳减排道路上所做出的努力，除了为全球碳减排实践做出突出贡献，也为欧盟发展经济、提高在全球碳排放治理领域的话语权奠定了基础。

中国自20世纪90年代起便开始与欧盟建立经贸往来关系，发展至今，中国已经成为欧盟第二大出口市场和第一大进口来源地。然而，近年来伴随着欧债危机、英国脱欧以及新冠疫情在全球暴发，以经济发展为中心的欧盟一体化进程受到严峻挑战。欧洲环保政治的兴起与全球不对称减排问题的越发突出，促使欧盟掀起了绿色复苏计划，并于2019年通过《欧洲绿色协议》部署碳边境调节机制（Carbon Border Adjustment Mechanism，CBAM）的立法，2020年将CBAM立法草案列入工作计划，2021年7月14日正式公布"Fit for 55"一揽子碳减排计划提案，包括实施更严格的碳交易体系并扩展碳交易实施范围、为防止"碳泄漏"建立CBAM等13项措施。欧盟CBAM的推出，短期内会对中国出口到欧盟的水泥、电力、化肥、钢铁和铝五大高能耗产业的产品征收碳关税，由此将导致中国出口到欧盟的钢铁和铝行业增加23亿—25亿美元的碳关税[1]；中长期可能渗透欧盟的全部产业部门，对所有出口到欧盟的产品征收碳

---

[1] "绿色创新发展中心"测算显示，在50欧元/吨碳交易价格下，中国钢铁和铝行业面临的碳关税税率分别为11%—12%和29%—33%。由此计算得到，宽口径下钢铁行业将产生12.7亿—13.8亿美元碳关税，铝行业将产生9.8亿—11.2亿美元碳关税。

关税。

为应对欧盟碳关税的冲击影响，协调国内碳达峰与中欧贸易往来的关系，中国首先需要尽快完善与欧盟碳市场的连接机制，提升国际碳定价话语权。欧盟碳交易市场起步较早，体系和配套设施相对成熟，长期以来，一直主导着全球的碳市场定价。为提高中国在全球碳市场中的话语权，中国需在制度体系、市场管理、配套设施等方面加强与欧盟碳市场连接，积极推动具有国际影响力的碳定价中心建设，进一步促进碳排放权在全球范围内的合理定价与分配。

其次是逐步扩大全国碳排放权交易市场的覆盖范围。碳排放权交易是实现降碳的有效途径，也是将碳税收入留在国内的重要渠道，碳关税实施细则涉及大量碳市场运行管理方案，未来中国可围绕或结合这些细则与欧盟展开对话。目前，全国性碳排放权交易市场仅覆盖电力行业，为了创造有利的对话条件，中国需尽早明确除电力之外其他行业的纳入时间表、纳入范围和门槛，建立清晰的碳定价路线图。

最后是参照欧盟标准加快建立权威性的碳排放核算方法和完善的碳排放数据体系。碳排放相关数据是执行碳关税的基础，掌握权威碳排放核算方法和数据库，能够打破碳排放核算方法及数据库体系建设长期由发达国家主导的局面，帮助中国在碳关税机制下拥有更多的话语权。目前，中国碳排放核算的统计基础还不够扎实，能源消费量、排放因子等关键数据存在统计口径不一致、差异较大等问题。为加快建立统一规范的碳排放统计核算体系，中国已经成立了碳排放统计核算工作组，负责组织协调全国及各地区、各行业碳排放统计核算等工作，未来还需要进一步加大在碳排放核算领域的科研投入和相关政策、资金支持，尽早建立公开、公正、透明的全球碳排放核算数据体系，引导全球应对气候变化工作在科学、客观、公平、公正的条件下开展合作。

（二）与美国的国际协同策略

美国作为全球温室气体排放量最大的国家，其排放的 CO_2 数量占到全球总排放量的 25% 以上，超过历史上任何其他国家的排放量。然而，受各方面因素影响，美国在对待全球联合治理气候变暖问题上所采取的行动始终摇摆不定。克林顿政府曾于 1998 年签署了《京都议定书》，但 2001 年 3 月，布什政府以"减少温室气体排放将会影响美国经济发展"和"发展中国家也应该承担减排和限排温室气体的义务"为借口，宣布拒绝批准《京都议定书》。奥巴马政府在2005年出台了《新能源法案》和《美国清洁能源与安全法案》，致力于把削减温室气体排放纳入法律框架。特朗普政府认为参与应对全球气候变化的国际协定会阻碍美国经济发展，并于2017年宣布退出《巴黎协定》。2021年拜登就任美国总统后又立即宣布重返《巴黎协定》，并提出到2025年比2005年减排30%、到2030年比2005年减排42%、到2050年比2005年减排83%的碳达峰与碳中和目标。

另外，与摇摆不定的碳减排行动形成鲜明对比的是美国对待碳减排技术的态度。在发展碳减排技术上，美国自全球碳减排行动的萌芽期就开始深耕厚植，即使在全球采取消极态度对待气候变化问题时期，美国依然在国内积极推动低碳经济发展、大力扶持碳减排技术创新。总之，美国的碳减排政策经过多年的发展，逐渐形成了政府利用政策法案引导、市场自发调节的整体减排模式，通过税收、财政补贴、碳交易等手段推动行政管制与市场机制相结合，共同推进减碳政策的执行。

中国在实现碳达峰过程中，要与美国达成国际协同发展策略，首先，从坚持公平、"共同但有区别的责任"和各自能力原则方面协商碳达峰合作事宜，美国在2009年的哥本哈根世界气候大会上，持续向中国施压，希望中国在全球碳排放问题上承担更多责任，是违背了"共同但有区别的责任"原则，全球联合治理气候变暖问题的前提应该是充分尊重各国发展差异，努力探索符合各国国情的绿色低碳转型和可持续发展道路；其次，中国应该与美国在降碳减排领域广泛开展有关碳减排技术转让、技术合作开发等问题的谈判与协商工作，加快中美低碳贸易的发展，借助中美贸易发展促进美国碳减排技术外溢、提高技术减排的贡献；最后，中国同样需要做好与美国碳市场的有效对接，从碳市场的运行与管理、准入门槛、纳税时间表、碳排放权定价、碳排放量的核算标准与方法等方面，与美国开展对话，形成良好对接，以应对未来国际碳规则的制定和提升在全球碳治理中的话语权。

（三）与日本的国际协同策略

日本碳减排政策的兴起与发展受其岛国自然环境、相对稀缺的资源禀赋和远离中东等化石能源储量丰富地区的地理位置影响较大。1973年爆发的石油危机成为日本启动新能源开发、重视环境治理的开端。随着全球碳减排行动的全面启动，解决气候变化问题、获取国际领先技术优势、促进经济发展、提高国际地位、摄取政治利益等日渐成为日本制定碳减排政策的动因。日本的碳减排政策在调整能源结构、发展绿色产业、以税收补贴和绿色金融手段推进碳中和进程中，与欧盟的碳减排存在诸多相似之处。同时，在规划低碳城市建设、全面推进低碳教育、搭建官产学研相结合的低碳创新转化平台、调动社会全员积极性参与气候变暖问题的治理等领域，日本也做到了世界前列。

中国与日本毗邻，在文化和习俗上有诸多相近之处，与日本开展国际协作共同治理气候变暖问题具有天然的适宜性。首先，中国应借助RCEP的东风，大力推进环保贸易的发展，积极与日本加强环保技术的交流与合作，大力推进环保人才的培养与互换，共同推进环保教育的兴起与发展；其次，联合推出低碳城市示范区，为低碳城市发展的顶层设计与城市独特规划树立样板；最后，利用中日毗邻的地理优势，在资源与能源上互通有无，加强合作，共同开发低碳环保型新能源以替代传统高排放能源。

二 与新兴经济体的国际协同策略

截至目前，发达国家已经基本实现了碳达峰的目标，而发展中国家，尤其是新兴经济体，在经济快速增长的同时仍然无法兼顾碳减排问题，居高不下的CO_2排放量致使新兴经济体逐渐成为全球碳达峰工作的重心，统筹协调新兴经济体间的合作、共同实现碳达峰目标成为全球联合治理气候变暖问题的关键所在。本节将31个新兴经济体划分为金砖国家、东南亚国家、南美洲国家、非洲国家和其他国家，并依据前文的实证分析结论，提出中国在实现碳达峰过程中与这五类新兴经济体间的国际协同策略。

（一）与金砖国家的国际协同策略

金砖五国的CO_2排放量位于新兴工业化国家CO_2排放量的第一梯队，同时也是世界CO_2的主要排放地，这与金砖五国在新兴经济体中拥有领先的经济发展水平、较高的常住人口密度以及工业产业占主导的产业结构组成有着密切的联系。从前文的实证分析结果来看，金砖五国在实现碳达峰目标前，调整产业结构、降低工业产业比重、增加第三产业占比是实现碳达峰的重要途径，随着碳达峰目标的逐步实现，治理居民生活碳排放成为降碳减排的重点领域。

中国作为金砖五国的成员国之一，与其他金砖国家有着相似的碳排放路径，在碳达峰实现过程中也面临着同样的难题。因此，中国在协调与其他金砖国家的碳达峰路径时，首先，应从产业结构优化上实现国际协同，从低碳技术发展上实现互通有无，在加强绿色技术交流合作的同时，共同探讨推进产业绿色发展的合作路径；其次，中国应积极呼吁金砖国家在"坚持共同但有区别的责任"原则下承担碳减排责任，积极倡导多边主义以应对全球碳减问题，努力推动金砖国家全面实施《联合国气候变化框架公约》及其《巴黎协定》中对发展中国家碳减排的要求，共同争取在国际公约中的话语权；最后，中国应在积极推动全国统一碳市场建设的同时，广泛开展与金砖国家碳市场共建问题的商讨，加强碳减排的市场调节作用，发挥碳市场对低碳资源开发、低碳技术创新和应用以及绿色产业转型的催化与推动作用，共同争取国际碳市场定价权。

（二）与东南亚新兴经济体的国际协同策略

东南亚新兴经济体的CO_2排放量位于新兴工业化国家CO_2排放量的第二梯队，总体的碳排放路径与金砖国家比较类似，经济发展与产业结构依然是影响CO_2排放的主要因素，人口密度的影响作用尚未显现，经济总量不高是碳排放量低于金砖国家的主要原因，碳达峰过程中的主要问题集中在产业结构的影响上，目前东南亚国家的产业结构偏向制造业，产业结构的升级和改造以及经济发展水平的提升是这些国家实现碳达峰的重要途径和有效抓手。

中国自2010年与东盟建立自由贸易区（Free Trade Area，FTA）以来，在货物贸易、服务贸易和投资领域形成了不断开放与深化合作的局面，东南亚各国作为东盟的主要成员国，在与中国建立密切的贸易往来关系的同时，也在深化低碳经济合作方面具有较好的政策优势。中国可以借助RCEP创造的便利条件，与东南亚国家广泛开展低碳经济合作，协商建立统一的碳排放交易市场，规范碳排放交易机制，制定统一的碳核算规则，通过共同建设碳市场来推动低碳技术开发与合作、传统制造业转型和升级、低碳技术人才互访，共同克服贸易隐含碳泄漏问题，在实现碳达峰和碳中和目标的道路上携手共进，在国际碳定价权与国际低碳规则话语权上共谋互利、合作共赢。

（三）与南美洲新兴经济体的国际协同策略

南美洲国家的碳排放趋势相较于其他新兴经济体最为符合典型的EKC曲线特征，即经济发展水平与CO_2排放之间呈现明显的标准倒

"U"形趋势，随着经济发展水平的提高，碳排放量需要经历先上升后下降的两阶段非线性过程，两阶段的拐点即为碳峰值点。因此，南美洲国家实现碳达峰的过程中需要率先实现经济发展提速，只有在经济发展水平达到一定的高度才能达到碳峰值点，随着碳峰值平台期的临近，经济发展水平和常住人口密度因素对碳排放的影响程度会越来越大，产业结构的影响相对较轻，在合理布局产业结构的基础上，进一步实现生产和生活之间碳排放的平衡和统筹，是南美洲国家实现碳达峰目标的主要路径。

自20世纪50年代以来，中国就与南美洲国家在经济、政治领域广泛开展过南南合作，包括建立共同市场、相互削减关税、达成区域经济合作协议、建立贸易组织、实现最惠国待遇、资金互助、技术合作和知识共享。因此，中国与南美洲国家协同实现碳达峰具有坚实的合作基础。另外，自全球碳减排行动全面启动以来，智利通过参与世界银行森林碳伙伴基金项目，获得了对森林资源保护的资金支持，并积极开发、运营太阳能产业以实现碳达峰目标，巴西通过构建"清洁能源矩阵"、广泛运用可再生能源生产、有效保护森林不被砍伐、采用畜牧业固碳降碳实现碳达峰目标，阿根廷主要采取碳补偿方案实现碳达峰。中国在与南美国家寻求碳达峰的国际合作时，可以围绕南美洲国家的资源特征，大力发展电力脱碳技术、可再生资源开采与利用技术，充分挖掘清洁能源技术的开发与合作潜力，与南美洲新兴经济体在实现碳达峰过程中实现协同共进、共同发展。

（四）与非洲新兴经济体的国际协同策略

非洲新兴经济体需要在经历两阶段的碳排放增长之后才能实现碳达峰的目标，而且受经济发展水平的限制，非洲新兴经济体碳峰值点的人均GDP水平处于各新兴经济体的最底端。因此，非洲新兴经济在实现碳达峰过程中，既需要不断提升自身的经济发展水平、优化升级产业结构，还需要有效控制人口规模。

非洲新兴经济体的成长与发展，是推动非洲自主选择发展道路、实现经济转型的重要动力。近年来，中国与非洲新兴经济体的经贸往来发展尤为迅速，中国已然成为非洲新兴经济体最大的贸易伙伴，对非洲新兴经济体的投资也由早期的基础设施建设投资为主，逐渐向产业转移、技术合作、教育投资等多方面扩展。除此之外，非洲新兴经济体还被中国纳入"一带一路"倡议框架中,依据框架协议可以向其提供巨额的国际贷款和国际援助,这一举措能够在带动非洲新兴经济体的经济快速增长和发展的同时,将非洲新兴经济体的经济转型与中国的经济转型进行有效对接。中国基于与非洲新兴经济体共同成长、共谋发展的合作基础,可以在全球碳减排行动中开展全面合作,统筹协调产业升级与产能转移问题,引领双方在现代化农业与现代服务业领域开展深度合作,共谋碳市场定价权与国际碳排放规则的话语权,在经济转型有效对接基础上,实现碳达峰路径的有效对接与协商共赢。

(五)与其他新兴经济体的国际协同策略

新兴经济体中的爱沙尼亚、约旦、摩尔多瓦、蒙古国和土耳其五个国家的碳排放趋势符合典型的 EKC 曲线特征,即经济发展水平与 CO_2 排放之间呈现明显的标准倒"U"形趋势,这些国家的碳排放经历了先上升后下降的两阶段非线性过程,两阶段的拐点即为碳峰值点。总之,爱沙尼亚、约旦、摩尔多瓦、蒙古国和土耳其五个国家整体上会在一个较高的经济发展水平上实现碳达峰的目标,经济发展水平是决定这些国家碳排放规模的最重要因素,产业结构调整和人口结构优化也是控制碳排放的重要路径。

中国在与这五个新兴经济体开展碳达峰的国际协作时,可以借助"一带一路"倡议的合作平台,加强绿色贸易、绿色投资与绿色产业转移,共同寻求绿色创新与技术进步的切入点,合力开发低碳市场,挖掘低碳资源,共商低碳城市示范点建设问题,在获得经济快速增长、尽快达到碳峰值点的同时,优化产业结构调整、统筹国际产业转移、创新低碳城市建设。

三 与其他欠发达国家的国际协同策略

欠发达国家要想打破贫困的恶性循环,突破经济增长和发展的瓶颈期,必然要走工业化道路。然而,在工业化初期,受到薄弱的工业化基础、匮乏的资金和技术限制,只能大量依赖资源消耗来支撑经济增长。虽然通过向发达国家学习和借鉴经济发展的经验能够实现经济的跨越式增长、缩短"高耗能"发展阶段的时间,但依然无法避免温室气体的排放和对自然环境造成的不可逆破坏。在实现碳达峰过程中,与欠发达国家谈合作的前提是积极推动欠发达国家的经济发展,切实提高欠发达国家的经济水平,只有在经济增长和发展的基础上才能与欠发达国家协商发展低碳经济、促进经济实现可持续增长等问题。

中国作为发展中国家，与欠发达国家的往来与合作历史悠久，积极开展南南合作、带动后发国家脱贫致富也是中国作为有影响力大国的使命与责任。近年来，随着全球碳减排行动在国际范围内广泛开展，中国提出了"绿色'一带一路'"建设的概念，致力于将"一带一路"打造成绿色发展之路，让绿色发展和生态文明理念和实践造福共建"一带一路"国家和人民。当然，"绿色'一带一路'"在建设过程中必然会遇到诸多问题与挑战，如沿线欠发达国家粗放的经济增长模式与较低的生态环境承载力之间的矛盾，大量基础设施建设带来的建筑碳排放以及对自然环境的过度开发与改造，沿线国家多样化的投资需求与绿色投资规则水土不服以及融资难等问题，还有来自其他国家主导的全球性、区域性规则的竞争和制约，这些问题均要求中国在推动"绿色'一带一路'"建设过程中多举措并举，从顶层设计、发展理念、具体政策的制定等方面将"绿色'一带一路'"切实推行。"绿色'一带一路'"的建设理念充分调和了经济增长与环境保护的矛盾，为中国与欠发达国家协作发展、共同达峰提供了切实可行的国际协同策略。

第三节 碳达峰的行业协同策略

行业协同减碳是在实现碳达峰过程中兼顾经济增长的重要保障。本节立足中国在实现碳达峰过程中对行业发展与产业结构调整的角色定位，分别从积极调动高新技术产业在产业结构调整中的引导与示范作用、充分发挥电子信息的产业联动效应、全面优化产品结构以及有序引导产业转移四个方面，明确产业结构优化与调整的方向，破解行业协同减碳难题。

一 积极调动高新技术产业在产业结构调整中的引导与示范作用

高新技术产业是建立在高新技术产品研发、推广与应用基础上的产业集群，是知识密集型产业与技术密集型产业的综合体，具有研发投入高、附加值高、工业增长率高、能耗少等特点，对推动产业结构升级、提高劳动生产率水平、实现经济可持续发展具有重要意义。自全球碳减排行动以来，高新技术产业的高增长性与低能耗性逐渐吸引了各国的竞争，扶持高新技术产业发展逐步成为世界大国获取新的国际竞争力、实现经济可持续增长的重要动力。中国自进入经济新常态以来，不断调整经济增长与发展的思路，希望从高新技术产业的增长和发展中寻求产业转型升级之路。在"双碳"目标下，积极调动高新技术产业在产业结构调整中的引导与示范作用，充分发挥高新技术产业对产业结构优化升级的促进作用，成为中国实现碳达峰的主要路径。

高新技术产业的技术外溢效应，不仅能够有效拉动全社会劳动生产率实现整体提高，还能够改造传统产业部门的生产、经营过程、为传统产业生产和发展注入新的科技力量、催化新的产业部门和生产部门的生成。与此同时，高新技术产业部门的兴起和发展，本身就是产业结构优化与调整的重要表现。在碳达峰实现过程中，中国要充分利用高新技术产业部门对先进制造业的推动作用，利用先进制造业的技术外溢效应推动传统制造业部门的转型升级，改造传统要素生产率，提升能源产业的全要素生产率，挖掘新能源替代非可再生能源。

另外，积极调动高新技术产业在产业结构调整中的引导与示范作用，并不是无限制的扩张高新技术产业在国民经济中所占比重。薛俊宁（2013）在基于中国省际面板数据分析中国高新技术产业与碳排放强度之间的作用关系时发现，随着高新技术产业在国民经济的占比提高，高新技术产业对降碳减排的促进作用呈边际递减趋势。因此，在大力扶持高新技术产业发展时，需要协同其他产业部门综合发展，充分利用高新技术产业部门的技术优势带动其他产业部门协同共进，用技术进步和劳动生产率提高的方式推动产业结构转型升级，充分发挥产业结构优化在碳达峰目标实现过程中的推动作用。

二 充分发挥电子信息产业在产业结构优化升级中的联动效应

电子信息产业是研制和生产电子设备及各种电子元件、器件、仪器、仪表的产业，主要由电子计算机、通信雷达设备、广播电视设备、集成电路、半导体材料等生产部门组成。自晶体管和计算机发明和应用之后，电子信息产业迅速成为发展速度最快的高新技术产业，占据国民经济和居民生活的各个领域。近年来，全球经济增长受新冠疫情的冲击影响，出现持续下滑趋势，中国经济增长也面临严峻的内外部形势，电子信息产业逆势而上，成为支撑中国经济增长的中流砥柱，并充分发挥了在驱动工业经济迅速发展、加速服务业快速增长上的重要作用。另外，在本次疫情冲击下的经济恢复阶段中，电子信息产业展现出对促进信息消费、提振内需的重要作用，逐渐成为盘活经济发展、带动产业转型升级的支柱产业。随着数字经济的兴起与发展，电子信息产业在国民经济增长和发展中的联动作用越发突出，与主要工业产业部门的融合程度也在进一步加深，衍生出的数字信息技术、人工智能技术对经济增长和产业转型升级的贡献作用越来越大。

中国在实现碳达峰的过程中，应充分发挥电子信息产业在产业结构优化升级中的联动效应，充分利用电子信息产业的技术渗透作用，加速推动制造业生产智能化、农业与服务业现代化，充分挖掘电子信息产业的技术潜力，助推数字经济大发展。在充分发挥电子信息产业对产业结构优化升级联动效应的同时，夯实电子信息产业与数字经济的技术融合，突破数字技术创新的窗口期，加强数字技术在碳减排领域的深度融合与应用创新，借助数字技术实现碳排放量的精准计量与预测、碳足迹的准确定位与追踪、碳汇率的精确计量与监测，借助数字技术推动全国统一碳市场的建设，实现能源系统重塑。

三 全面优化产品结构以带动碳脱钩型产业结构生成

经济增长离不开消费拉动，然而，鼓励消费又往往会引起能源消耗的增加与CO_2排放量的增长。在低碳经济成为全球应对气候变暖问题重要推手的同时，低碳消费模式逐渐受到世界各国的广泛关注与重视。转变消费理论、倡导健康科学的生态消费观虽然能从一定程度上实现降碳减排、促进碳达峰与碳中和目标的实现，但要想从根源上纠正高碳的消费模式，从产品结构优化着手会更加有效。结合低碳经济的发展要求，逐步优化工业、农业、服务业的产品结构，在满足社会生产和消费需求的同时，实现产品生产、销售与消费过程的低碳化。

产品结构的优化升级能够倒逼产业结构转型升级，因此，中国在实现碳达峰过程中，可以通过全面优化产品结构，以低碳产品引导低碳消费的方式实现碳脱钩型产业结构生成。在全面优化产品结构以带动碳脱钩型产业结构生成的过程中，首先，中国可以从全面优化能源产品的结构入手，在资源约束条件下最大化地实现再生能源替代非再生能源、生物质能替代石油、煤炭化石能源，积极寻求新能源的开发与利用，从而带动能源产业的结构调整与优化升级，在能源产业部门率先实现碳脱钩，进而发挥能源产业部门在国民经济发展中的基础作用，带动全部产业部门实现碳脱钩；其次，依据低碳发展理念，深入产品的生产、流通、消费与回收四个阶段，设计产品结构的低碳化组合，借助清洁能源技术与碳捕捉技术，完成产品生产与消费过程中的低碳化流程设计与再造，以绿色产品生产带动绿色产品消费，再用绿色产品消费提振绿色经济发展，最终形成社会产品绿色生产、低碳消费、循环利用的闭环。

四 全球化视角统筹协调国内外产业转移，完成产业结构的空间布局优化

产业跨地区转移是整合地区资源优势、深化区域产业分工的重要方式。在全球碳达峰与碳中和目标的要求下，地区生产力要素被赋予了新的价值，风能、光能、生物质能等可再生能源成为地区稀缺资源，正在重塑地区比较优势。随着区域碳减排规制的进一步加紧，以实现碳达峰和碳中和目标为导向的跨区域、跨国家产业转移成为当前产业结构空间变动的主要趋势。发达国家向发展中国家转移高污染行业，发达地区向落后地区转移高能耗的落后产能，已成为全球联合治理全球气候变暖问题中的一个极端行为。中国作为有责任的发展中大国，在放眼全球化的视角下统筹协调国内外产业转移过程中，应立足于可持续发展的基本理念，秉承生态文明的基本发展观，统筹协调、优化布局，以产业结构的空间布局优化带动区域协同，进而实现碳达峰与碳中和目标。

中国在实现碳达峰目标过程中，需要协调好省际、城市之间的区域发展不平衡问题，从区域协同发展、共同达峰的角度优化国内产业结构的空间布局。近年来，在各地碳达峰政策引导下，各省际、城市之间的产业转移出现新态势。钢铁、煤炭等能源密集型产业开始从经济发达城市向中、小城市转移，但跨省市转移呈现下滑趋势，在同一省市内由经济发达城市向中小城市转移的趋势逐渐上升，出现这一现象的原因，一方面，受新冠疫情冲击下经济增长疲软影响，各省份在经济增长受创情况下，均在积极锁定有限资源约束下的经济增长点，从而导致地方保护主义短暂抬头；另一方面，也受到地区资源禀赋限制，实现远距离产业协作成本过高。然而，能源密集型产业向中小城市转移，无疑加大了中小城市推进碳达峰、实现碳中和目标的难度。中小城市用于降碳减排的财政资金相对于低碳转型期巨大的资金需求而言仍然有限，在中小城市大规模推广应用清洁低碳技术的经济条件也不具备，如果没有低碳清洁技术的创新、转移和扩散的相关融资机制，将导致低碳清洁技术无法在中小城市中广泛应用。因此，在协调省际、城市产业转移时，需要科学规划能源产业的区域分布，加大政策引导力度，破除地方保护阻碍，实现地区碳排放强度平衡，精准预测碳排放强度与地区碳承载力的匹配程度、低碳清洁技术在转移地的创新与适用程度。

中国基于碳达峰目标，有序引导国内产业实现梯度转移的同时，还需要立足全球化的视角，综合考量全球资源整合，借助"一带一路"这个全方位的对外开放大平台，在"走出去"与"引进来"两大机制作用下，统筹协调国内外产业转移，全面优化产业结构的空间布局。伴随"一带一路"倡议的持续推进，中国要在"双碳"目标下主动融入绿色发展理念，与更多的国家进行国际产能合作，在兼顾环境承载力的情况下加速转移落后产能，释放旧的动能，对接高端制造业和高端服务业，培育新的动能，在实现新旧动能转化的同时，兼顾全球碳排放与碳泄漏问题。依托绿色"一带一路"建设的推进，与沿线国家广泛开展清洁技术的联合开发与应用、碳捕捉技术国际合作创新与研发，有序地推动低碳产业要素的跨国与跨地区流动，建立国际产业示范区，并合理布局示范区的地理位置，在更大范围内与各国低碳产业形成良性互动、互惠互利的合作机制。

第四节　碳达峰的省际协同策略

国家在"十四五"规划中明确鼓励地方根据具体情况制定2030年前碳排放达峰行动方案，有条件的地方率先达峰，2020年年底的中央经济工作会议进一步要求各地方抓紧制定2030年前碳排放达峰行动方案，中国区域经济发展的不平衡性决定了各省份碳达峰行动时间表的差异性，各地区的通力合作和协调发展是中国碳达峰目标顺利实现的重要保障。

一　碳达峰的实现既需要追求效率也要兼顾公平，需要针对中国各省份的具体经济发展水平和CO_2排放情况，制定差异化的碳达峰时间表

在2030碳达峰目标的实现过程中，需要全国一盘棋，在国家"双碳"目标政策和战略规划的基础上，有序开展各省份的碳达峰工作，并采取适当的整合力度和有针对性地实现路径，各省份应根据自身的经济、社会、技术和产业发展情况找准在2030碳达峰目标实现过程中的角色定位。与此同时，碳达峰的实现既需要追求效率也要兼顾公平，鉴于各省份的差异化情况，一方面，注重碳达峰的效率，对于技术水平和发展程度高的省份可以率先完成碳达峰目标，同时将这些省份的经验和技术应用到其他省份的效率提升上，加强各区域之间围绕碳达峰和碳减排的合作，加快重工业和高污染地区的产业升级和改造，降低资源使用过程中的碳排放强度，依托较发达区域大力推进新能源、清洁能源和生物能源等低碳能源的使用和开发；另一方面，还要兼顾碳达峰过程中的公平性，不能一刀切，要根据不同省份的现有情况和发展趋势来制定合理、科学和可行的碳达峰行动方案和时间表，对于碳排放量较高、经济发展水平相对滞后的省份，可以在加快推进碳减排的基础上，将碳达峰的时间点适当延迟，给这些区域一定的缓冲和调整区间。总体来看，需要明确中国的碳达峰目标不是所有地区全部实现碳达峰，而是一个整体概念，这个目标的实现需要中国各省份通力合作，在国家战略和政策的引导下，实现资源共享、优势互补、共同达峰。

二 高新技术产业主导型省份需要在控制生活领域 CO_2 排放的基础上率先实现碳达峰的目标，并为其他省份提供技术和基金支持

以北京、上海和天津等为代表的高新技术产业主导型省份，经济发展水平、资金丰裕程度、技术创新水平、国际合作平台以及营商环境等各方面均处于中国各省份的前列，这也决定了在中国碳达峰目标的实现中，这些省份需要承担更多的责任。因此，以北京、上海和天津为代表的高新技术产业主导型省份，在碳达峰和碳中和目标的实现中需要扮演主导者的角色，这些省份是碳补偿过程中的"补偿主体"。研究还发现，高新技术产业主导型省份在较高的经济发展水平上达到了碳排放的峰值，产业结构的提升对碳达峰和碳中和目标的实现起到了重要作用，北京、上海和天津等省份在保持较高经济发展水平的同时，尽管工业生产领域的碳排放下降明显，但人口的聚集也带来了交通、电力和日常消费等领域 CO_2 排放的快速增长，人口密度的增长正逐渐成为高新技术产业主导型省份碳排放的重要来源，居民生活和消费领域的碳减排逐渐成为这一类别省份碳达峰的工作重心。综合来看，高新技术产业主导型省份需要在控制生活领域 CO_2 排放的基础上率先实现碳达峰的目标，同时还要为其他地区提供 CO_2 减排领域的资金、技术和政策支撑，碳中和领域新技术、新方法和新手段的研究和开发也是高新技术产业主导型省份的重点发展目标。

三 轻工业主导型省份需要在保持 CO_2 低水平排放的同时，寻找经济发展的新增长点，同时需要架起东部和西部区域合作和沟通的桥梁和纽带

轻工业主导型省份的碳排放平均数量处于全国最低水平，这些省份的主导产业在工业生产中的碳排放强度较弱，能够在保持一定的经济增长速度的基础上维持低水平的碳排放。但与此同时，河南、湖南和福建等省份的人口增长和人口集聚也一定程度上促进了生活领域 CO_2 排放的增长，轻工业主导型省份在碳达峰中的主要工作是维持低水平碳排放的同时加速经济的创新增长。总体来看，受产业结构的影响，轻工业主导型省份在较低的经济发展水平上达到了碳排放的峰值点，碳达峰之后碳排放规模的缩减趋势明显。以河南、湖南和福建为代表的轻工业主导型省份，需要在保持 CO_2 低水平排放的同时，通过与北京和上海等较发达地区的产业合作和交流，寻找经济发展的新增长点，促进经济发展水平的提升是该类地区的主要努力方向。另外，研究发现，大部分轻工业主导型省份位于中部地区，在中部崛起战略的引导下，河南和湖南等省份不仅要加快自身的经济发展，同时还要肩负起东部地区和西部地区沟通的桥梁和纽带作用，碳达峰目标的实现过程中也是如此，东部很多省份可以依靠先进的技术水平和发达的经济水平率先实现碳达峰，而能源和重工业为主的产业结构使西部省份的碳排放居高不下，产业结构调整和升级速度缓慢，因此，东部地区和西部地区的技术合作、资源共享就显得尤为重要，而中部轻工业主导型省份可以在东部引领和西部开发中扮演重要的角色。

四 重工业主导型省份主要任务是承接北京、上海和天津等地区在技术、资金和产业政策方面的支持，尽快完成对高污染、高排放产业的转型和升级

鉴于资源禀赋、发展模式和历史进程等原因，重工业主导型省份大多依托自身的资源优势建立了工业主导型的产业结构和国民经济体系，这也决定了这些省份的高碳排放增长模式，以河北、内蒙古和山西等为代表的重工业主导型省份是中国 CO_2 数量增长的主要来源，重工业主导的产业结构是造成该类省份碳排放规模较大的主要原因，该类省份的碳排放需要经历两阶段的上升之后才能达到碳峰值，以能源开采和重工业为主导的产业结构虽然一定程度上促进了各省份经济的增长，但也带来

了较为严重的环境问题和可持续发展问题，这些省份的产业转型和节能减排是中国 2030 碳达峰目标能否实现的决定因素，也是碳中和工作的重心所在。因此，重工业主导型省份的碳达峰目标任重道远，产业结构的转型和升级迫在眉睫，该类型地区是碳补偿过程中的"受偿主体"，主要任务是承接北京、上海和天津等地区在技术、资金和产业政策方面的支持，尽快完成对高污染、高排放产业的转型和升级，同时利用自身的资源优势，发展新能源和绿色环保产业，通过控制 CO_2 的排放数量为地区以及中国整体的碳中和目标的实现贡献力量。

综合来看，不同省份 CO_2 的排放数量和排放趋势存在明显的差异性，而经分析发现，经济发展水平、工业结构和人口密度等变量是导致碳排放省际差异的主要原因。因此，中国各省份的异质性碳达峰路径需要结合这些因素去具体分析，不同类型省份需要群策群力，根据各地区的特点和发展情况，在兼顾效率与公平原则基础上共同实现中国 2030 碳达峰和 2060 碳中和的目标。

第五节　碳达峰的城市协同策略

区域经济发展的不平衡性是中国经济发展的重要特征，各省级行政单位碳达峰路径的研究从区域协同视角探究了中国碳达峰目标实现的可行路径，而鉴于各省份内部区域发展的复杂性和差异性，需要进一步将中国碳达峰区域协同策略的研究从省级层面延伸至城市层面，从而对省份内部不同城市碳排放的趋势进行细化分析，为各省份内部各城市碳达峰行动方案的制定提供依据。中国各主要代表性城市肩负着服务周边、辐射区域、引领当地经济发展的使命，中国碳达峰目标的顺利实现需要各城市群通力协作，群策群力。

一　各城市应当因地制宜，分梯次有序确定碳达峰目标

中国各城市的资源环境禀赋、产业布局、发展历程和科技水平等经济社会因素存在较大差异，这也决定了各城市之间碳排放的差异性，中国的 2030 碳达峰目标是一个兼具整体性和差异性的国家宏观目标，既要追求国家整体碳减排的水平，也要结合各城市的特点制定差异化的碳达峰行动方案和实现路径。在 2030 碳达峰目标的实现过程中，不能一刀切，

需要针对中国各城市的具体经济发展水平和 CO_2 排放情况，结合本地区碳排放的基本情况、产业结构的发展进程和经济发展基本水平等因素，科学合理制定差异化的碳达峰时间表，并采取适当的整合力度和有针对性地实现路径，坚持分类施策、因地制宜、上下联动，梯次有序推进碳达峰。

二　国家碳达峰目标的实现需要各城市准确定位、协同推进

不同的城市群应根据自身的技术、经济和社会发展情况找准在2030碳达峰目标实现过程中的角色定位，碳达峰目标的实现既需要追求效率也要兼顾公平，各类型城市要优势互补、资源共享，在区域统筹协调下，坚持全国一盘棋，共同实现碳达峰的整体目标。产业结构偏向服务和技术型的城市群是国家和地方碳达峰目标实现的主力军，在碳减排的过程中起到引导作用，应当依靠城市自身的技术、资金和资源优势尽快实现碳达峰，同时为其他高碳排放城市的产业升级和转型提供支持和合作，并将资源优势投入碳中和的技术研发和应用当中，引领中国碳中和的趋势和步伐。轻工业城市群需要在保持自身低碳经济发展的同时，加快新兴产业和战略性产业的构建，将新能源汽车、清洁能源生产、生物资源开发等低碳产业的发展作为重要方向。能源型和重工业型城市群则需要在碳达峰中找准自身的定位，稳步开展碳减排工作，积极引进技术和资金，加快自身的产业结构转型和升级，合理安排碳达峰的行动方案，争取早日实现碳达峰的目标。

三　碳排放情况比较乐观的发达地区要巩固减排成果，在率先实现碳达峰的基础上进一步降低碳排放，为全国提供碳减排经验和技术支撑

以宁波和徐州为代表的技术型城市 CO_2 排放情况在各类城市中较为乐观，技术型城市群的人均GDP水平普遍高于能源型、重工业型和轻工业型城市，由此可见，技术型城市很好地协调了 CO_2 排放和经济发展之间的关系，然而在技术型城市的发展中，尽管生产性碳排放仍然是 CO_2 的主要来源，但是生活领域的碳排放也逐渐成为不可忽视的问题，在维持稳健 CO_2 排放水平的前提下进一步实现高质量生产和生活的平衡是技术型城市的发展目标。以北京和上海为代表的服务型城市经济发展水平遥遥领先于其他城市，在一个较高的经济发展水平上实现碳达峰的目标，但城市人口密度也在各类城市中处于最高水平，服务型城市会与此同时受到人口密度所带来的生活碳排放的影响，与其他类型城市 CO_2 排放来

源于工业生产不同，服务型城市的 CO_2 主要来源于居民生活领域，大量的人口聚集导致该类城市的 CO_2 排放均值高于其他城市，所以，生活领域 CO_2 排放的治理和碳中和成为服务型城市的主要任务，在已经实现经济的高水平低碳发展的基础上，降低生活中的碳排放成为服务型城市下一步的发展重心。

综合来看，技术型城市和服务型城市在碳达峰和碳中和目标的实现中需要扮演主导者的角色，这两类城市是碳补偿过程中的"补偿主体"，需要在控制生活领域 CO_2 排放的基础上率先实现碳达峰目标，同时还要为其他城市群提供 CO_2 减排领域的技术支撑，碳中和领域新技术、新方法和新手段的研究和开发是技术型城市和服务型城市的重点发展目标。

四 产业结构较轻、能源结构较优的轻工业型发展地区要坚持绿色低碳发展，力争率先实现碳达峰

以汕头和绍兴为代表的轻工业类城市 CO_2 排放处于各类城市中的最低一级，CO_2 的平均排放数量和最小数值明显优于其他各类型城市，主要是因为轻工业类城市的人均 GDP 水平偏低，均值、最小值和最大值均低于其他城市，因此，轻工业类城市的低 CO_2 排放是以低经济发展水平为代价的，在保持 CO_2 低水平排放的同时，如何促进经济发展水平的提升是这类城市的主要问题。综合来看，轻工业城市相对于能源型和重工业型城市来说较早实现了碳达峰，但这一目标是一种低经济发展水平下的碳达峰目标，且日益增长的人口密度将从生活领域逐渐对轻工业城市的碳排放产生影响。因此，在正确处理 CO_2 排放与经济发展之间的关系、实现生产和生活之间碳平衡的同时，寻找新的经济增长点成为轻工业城市的发展重心。轻工业型城市需要在保持 CO_2 低水平排放的同时，通过与技术型城市和服务型城市的产业合作和交流，寻找绿色经济发展的新增长点，推进经济社会发展的全面绿色转型，加快发展循环经济，加强资源综合利用，不断提升绿色低碳发展水平，扩大绿色低碳产品供给和消费，倡导绿色低碳生活方式。

五 产业结构偏重、资源主导型的中西部地区城市要把节能降碳摆在突出位置，大力优化调整产业结构和能源结构

二氧化碳的排放在各类型城市中存在明显的差异，碳排放的最高值出现在能源型城市中，重工业型城市的排放量也处于较高水平，虽然依靠丰富的能源资源，包头、克拉玛依和鄂尔多斯等能源型城市的人均

GDP领先于其他城市，但这一工业结构决定了两类城市的碳排放和碳中和道路任重道远，产业结构的转型和升级迫在眉睫，要实现碳达峰目标还需要一个较长的过程，产业结构调整是能源型城市发展的必经之路。重工业型城市虽然在CO_2的排放总量上略低于能源型城市，但是高污染、高排放的重工业结构对该类城市的持续碳排放产生了显著性的影响，如何将固化的产业结构进行改造和升级成为重工业型城市的主要发展问题。综合来看，工业结构决定了能源型城市和重工业型城市的碳达峰目标任重道远，产业结构的转型和升级迫在眉睫，这两类城市是碳补偿过程中的"受偿主体"，主要任务是通过技术型城市和服务型城市在技术、资金方面的支持，尽快完成对高污染、高排放产业的转型和升级，同时利用自身的资源优势，发展新能源和绿色环保产业，逐步实现碳排放增长与经济增长脱钩，力争与全国同步实现碳达峰，通过控制CO_2的排放数量为碳中和目标的整体实现贡献力量。

综上所述，不同城市类别受经济发展水平、工业结构和人口密度的影响，CO_2的排放数量和排放趋势异质性明显，需要根据不同城市存在的问题和发展定位来制定具体的碳排放和碳中和路径，在实现碳达峰和碳中和目标的过程中，需要兼顾效率与公平的原则，进行区域统筹和城市协调，共同致力于"双碳"目标的顺利实现。

第六节　小结

本章基于区域经济发展不平衡的视角，围绕中国碳达峰的区域协同策略展开研究，首先，分层次对中国在碳达峰过程中的角色进行了定位，将中国在实现碳达峰过程中的国际角色界定为有责任的发展中大国，既要如期完成碳达峰目标，还要规范碳达峰后30年的碳排放路径，实现碳中和目标；其次，将各行业在碳达峰中的角色界定为以高新技术产业为支柱，带动其他产业部门协同共进，实现产业结构转型升级，从而推动碳达峰目标实现；再次，从区域异质性和行业异质性的角度对中国30个省市在碳达峰中的角色进行了界定；最后，从产业发展程度的角度对中国247个城市在碳达峰中的角色进行了分类界定。与此同时，基于碳达峰过程中的角色定位，分别从国际、行业、省际和城市四个方面，提出了中国碳达峰的区域协同策略。

在国际层面，中国积极参与全球碳治理，发挥发展中大国的责任和担当，在全球碳减排中贡献自身的力量。在与发达国家碳减排的协作过程中，中国首先需要尽快完善与欧盟碳市场的连接机制，提升国际碳定价话语权，与美国达成国际协同发展策略，从坚持公平、"共同但有区别的责任"和各自能力原则方面协商碳达峰合作事宜，广泛开展有关碳减排技术转让、技术合作开发等问题的谈判与协商工作，加大中美低碳贸易的发展，做好与美国碳市场的有效对接。借助 RCEP 的东风，大力推进环保贸易的发展，积极与日本加强环保技术的交流与合作，大力推进环保人才的培养与互换，共同推进环保教育的兴起与发展，在资源与能源上互通有无，加强合作，共同开发低碳环保型新能源以替代传统高排放能源；在与新兴经济体碳减排的协作过程中，可以借助"一带一路"的合作平台，加强绿色贸易、绿色投资与绿色产业转移，共同寻求绿色创新与技术进步的切入点，合力开发低碳市场，挖掘低碳资源，共商低碳城市示范点建设问题，引领新兴经济体在获得经济快速增长、尽快达到碳峰值点的同时，加快产业结构调整、统筹国际产业转移、创新低碳城市建设；在与欠发达国家碳减排的协作过程中，切实提高欠发达国家的经济水平，注重经济增长与碳减排的协调和发展，在经济增长和发展的基础上，才能与欠发达国家协商发展低碳经济、促进经济实现可持续增长等问题。

在行业层面，在实现碳达峰的过程中，中国应遵循自身特有的经济发展规律，在加强基础研发能力和应用创新能力的同时，加大高新技术产业在产业结构优化调整过程中的引导与示范作用，为降碳减排创造坚实的技术基础，加快推进以云计算、大数据、物联网、人工智能、第五代移动通信、虚拟现实、数字孪生为代表的新一代数字技术，借力数字经济全面推动信息产业大发展，并积极促进信息技术产业与农业、工业、服务业的深度融合；充分发挥电子信息产业在产业结构优化升级中的联动效应、通过发展新技术、新产业、新业态、新模式，改变相对传统的生产方式和管理模式，促进供需精准匹配，为优化调整产业结构、节能降碳提供全方位的技术支持；在大力扶持高新技术产业发展时，需要协同其他产业部门综合发展，充分利用高新技术产业部门的技术优势带动其他产业部门协同共进，用技术进步和劳动生产率提高的方式推动产业结构转型升级，全面优化产品结构以带动碳脱钩型产业结构生成，充分发挥产业结构优化在碳达峰目标实现过程中的推动作用，以全球化视角统筹协调国内外产业转移、完成产业结构的空间布局优化。

在省级层面，碳达峰的实现既需要追求效率也要兼顾公平，需要针对中国各省份的具体经济发展水平和 CO_2 排放情况，制定差异化的碳达峰时间表。鉴于各省份的差异化情况，对于技术水平和发展程度高的省份可以率先完成碳达峰目标，同时将这些省份的经验和技术应用到其他省份的效率提升上，加强各区域之间围绕碳达峰和碳减排的合作，加快重工业和高污染地区的产业升级和改造，降低资源使用过程中的碳排放强度，依托较发达区域大力推进新能源、清洁能源和生物能源等低碳能源的使用和开发，对于碳排放量较高、经济发展水平相对滞后的省份，可以在加快推进碳减排的基础上，将碳达峰的时间点适当延迟，给这些区域一定的缓冲和调整区间。具体来看，中国高新技术产业主导型省份需要在控制生活领域 CO_2 排放的基础上率先实现碳达峰的目标，并为其他省份提供技术和基金支持；轻工业主导型省份需要在保持 CO_2 低水平排放的同时，寻找经济发展的新增长点，同时需要架起东部和西部区域合作和沟通的桥梁和纽带；重工业主导型省份主要任务是承接北京、上海和天津等地区在技术、资金和产业政策方面的支持，尽快完成对高污染、高排放产业的转型和升级。

在城市层面，需要针对中国各城市的具体经济发展水平和 CO_2 排放情况，结合本地区碳排放的基本情况、产业结构的发展进程和经济发展基本水平等因素，科学合理制定差异化的碳达峰时间表，并采取适当的整合力度和有针对性地实现路径，坚持分类施策、因地制宜、上下联动，梯次有序推进碳达峰。不同的城市群应根据自身的技术、经济和社会发展情况找准在2030碳达峰目标实现过程中的角色定位，碳达峰目标的实现既需要追求效率也要兼顾公平，各类型城市要优势互补、资源共享，在区域统筹协调下，坚持全国一盘棋，共同实现碳达峰的整体目标。碳排放情况比较乐观的发达地区要巩固减排成果，在率先实现碳达峰的基础上进一步降低碳排放，为全国提供碳减排经验和技术支撑。产业结构偏向服务和技术型的城市群是国家和地方碳达峰目标实现的主力军，在碳减排的过程中起到引导作用，应当依靠城市自身的技术、资金和资源优势尽快实现碳达峰，同时为其他高碳排城市的产业升级和转型提供支持和合作，并将资源优势投入碳中和的技术研发和应用当中，引领中国碳中和的趋势和步伐；产业结构较轻、能源结构较优的轻工业型发展地区要坚持绿色低碳发展，力争率先实现碳达峰。轻工业城市群需要在保持自身低碳经济发展的同时，加快新兴产业和战略性产业的构建，将新能源汽车、清洁能源生产、生物资源开发等低碳产业的发展作为重要方向；产业结构偏重工业、资源主导型的中西部地区城市要把节能降碳摆在突出位置，大力优化调整产业结构和能源结构。能源型和重工业型城市群则需要在碳达峰中找准自身的定位，稳步开展碳减排工作，积极引进技术和资金，加快自身的产业结构转型和升级，合理安排碳达峰的行动方案，争取早日实现碳达峰的总体目标。

第九章 结论与展望

本书以全球碳治理和中国的"双碳"目标为背景,首先,对二氧化碳核算的理论进行阐述和延伸,对现有碳核算方法进行综合比较,并结合区域投入产出数据将碳核算方法拓展到区域层面,以中国的区域经济发展事实为依据,对世界主要的 31 个新兴经济体以及中国各省份和各城市的碳排放量进行测算,追寻各区域的差异化碳足迹;其次,结合 EKC 曲线的基本理论,分析碳排放的经济和社会影响因素,从非线性视角出发,结合门限模型的基本思想,基于拓展的 EKC 机制,分析经济社会发展对碳排放的多阶段、非线性影响机制;再次,在区域碳排放数据核算的基础上,结合 PSTR 模型实证探究世界主要新兴经济体、中国各省份和各城市的异质性碳达峰路径,明确各区域的具体碳达峰的峰值点和 EKC 曲线的异质性变化趋势;最后,基于效率与公平视角对中国、各省份和各城市在全球和区域碳达峰目标实现过程中的角色进行定位,并提出中国碳达峰目标实现的区域协同策略,为中国"双碳"目标的顺利实现提供了重要的数据依据和研究基础,并为中国各区域碳达峰差异性行动方案的制定提供了理论和现实依据,明确了各区域在碳达峰和碳中和目标实现过程中的发展方向。

第一节 研究结论

一 碳排放测算方面的结论

(一)碳排放量的测算在世界范围内至今仍没有形成统一的标准

目前国内外的碳排放测算主要从碳排放规模的计算和测度两个大的视角展开,前者适合于宏观和中观层面 CO_2 的计算,尤其在国家和产业层面的计算领域适用性较强,后一类测算方法适用于微观企业层面具体碳排放的测度,对技术层面数据准确性的要求较高。目前,围绕排放因子法和质量守恒法的宏观层面测算方法使用较为普遍，各国家和机构发布的碳排放数据大部分以此类方法为依据，而实地测量法受操作过程和实施难度的限制，使用的较少，但后一种方法已经开始被世界各国所重视，用来从微观层面把握企业的碳排放情况，两大类排放方法存在互为补充的关系。

（二）以"金砖国家"为代表的新兴经济体是目前世界 CO_2 排放数量持续增加的重要源头

俄罗斯、印度、巴西、印度尼西亚、南非、土耳其、泰国、阿根廷和埃塞俄比亚 9 个国家的 CO_2 排放位居 30 个新兴经济体的前列，"金砖国家"表现尤为明显，是世界 CO_2 排放数量持续增加的主要动力和来源。其中，俄罗斯和印度两个国家的碳排放量遥遥领先其他各国，印度尼西亚的碳排放量在 2010 年之后便超过巴西，但这两个国家与印度和俄罗斯的碳排放量相差较大。另外，缅甸、柬埔寨和老挝三个东南亚国家的 CO_2 排放数量近几年呈现快速增长势头，成为东南亚地区碳排放的主要来源。

俄罗斯、印度、印度尼西亚、南非、巴西、土耳其、泰国和阿根廷这些国家的燃料使用中，化石燃料仍然占据绝对主导地位，说明以"金砖国家"为代表的新兴经济体是目前世界 CO_2 排放数量持续增加的主要源头，其中，印度的碳排放增长速度较快，已经超越俄罗斯成为 30 个新兴经济体中碳排放最多的国家。另外，通过研究发现，埃塞俄比亚虽然 CO_2 排放总量排名较高，但是化石燃料的碳排放量却很少，说明埃塞俄比亚的燃料结构中，化石燃料的比重很低。另外，随着经济社会的发展，缅甸、柬埔寨和老挝三个东盟国家因为化石燃料使用产生的 CO_2 排放数量近几年呈现快速增长态势。与此同时，埃塞俄比亚和巴西是生物燃料导致碳排放量迅速增加的第一国家梯队，其次是肯尼亚、缅甸、危地马拉和泰国。综合来看，生物燃料使用较多的国家主要是生物资源丰富或者农业为主且经济发展相对落后的国家，这些国家目前对生物燃料的使用还主要停留在粗放型的使用模式下，因此对全球的 CO_2 排放造成了不利的影响，如何合理地使用生物燃料，进而通过一定的技术手段提升生物燃料的使用效率是下一步的研究重点。

（三）中国要顺利实现"双碳"目标，需要重点对电力、化工和金属冶炼等高碳排产业进行转型和升级

中国的国民经济各行业中，电力、蒸汽、热水的生产和供应产业的

CO_2 排放数量近年来稳居第一，占全国 CO_2 排放总量的比例超过 50%，成为中国 CO_2 的主要来源。黑色金属冶炼与压制、非金属矿产和运输、仓储、邮电服务三个行业的 CO_2 排放数量处于第二梯队，三个行业也是中国"双碳"目标实现过程中需要重点关注的行业。化工原料及化工产品和石油加工和炼焦两个大产业门类由于对化石燃料的消耗规模较大，这两类产业的 CO_2 治理是中国碳减排工作的重心所在。另外，中国碳排放量较多的行业还包括煤炭开采与选矿、农、林、牧、渔、水利、批发、零售贸易和餐饮服务和有色金属冶炼与压制等。综合来看，虽然中国碳排放密集型行业的 CO_2 排放量依然维持在较高水平，但有一半以上的行业近年来已经呈现出碳排放下降的趋势，中国要顺利实现"双碳"目标，需要重点对电力、化工和金属冶炼等高碳排产业进行转型和升级，通过技术创新和清洁生产来降低该部分产业的碳排放。

（四）中国各省份的碳排放呈现明显的差异性，而工业结构的不同是造成这种差异性的主要原因

首先，CO_2 排放量最高的省份包括山东、河北、江苏、河南、内蒙古，领先于其他各省份，广东、辽宁、山西三个省份紧随之后，这 8 个省份是中国碳排放的主要来源，总量占全国的 1/2 以上。其次，碳排放规模处于中间层次的省份包括湖北、湖南、陕西、黑龙江、吉林、云南、贵州等，这些省份大部分处于中部地区，且近 10 年的 CO_2 排放数量增长较慢，产业结构和生产方式相对稳定。然后，上海、广西、新疆、江西、重庆等省份在碳排放上处于较低水平，而天津、甘肃、北京、宁夏、青海、海南 6 个省份则处于全国碳排放的最低水平，这些省份也是中国碳排放较少、碳达峰目标有望最先实现的地区。

河南、湖北、四川、吉林四个省份在 2012 年前后 CO_2 排放量开始出现下降趋势，这些省份 2018 年的碳排放量已经低于 2010 年前后的水平，表明这些省份的碳达峰工作成效显著。另外，以山东、河北、江苏、新疆为代表的省份，碳排放数量增长幅度较大，山东、河北、江苏三个省份依然是中国 CO_2 排放最多的地区，碳达峰目标任重道远，新疆近年来的碳增长尤其明显，是中国碳排放增长速度最快的省份，产业结构和能源结构的调整迫在眉睫。另外，中国各省份的碳排放情况相对于 2010 年前后发生了一些明显变化，河北超过山东成为碳排放最高的省份，河北、山东、江苏和内蒙古是中国 2018 年碳排放量最高的四个省份，然后是广东、辽宁和山西，这些省份处于碳排放的第一梯队，远高于其他省份，由分析可知，高碳排放主要是由这些省份的产业结构所决定的，这些省份的整体产业结构偏向能源和重工业领域，能源消耗和碳排放强度均处于较高水平。综合来看，中国各省份的碳排放呈现明显的差异性，而工业结构的不同是造成这种差异性的主要原因，能源产业和重工业领域的碳排放强度较高，轻工业对 CO_2 的排放影响较弱，服务业和高新技术产业的碳排放量则最少。

（五）中国各城市的碳排放规模存在明显的不均衡性，各城市存在异质性的碳排放路径

首先，碳排放最多的第一梯队城市包括上海、唐山、苏州、重庆、天津、鄂尔多斯和邯郸，其中上海、苏州、天津和重庆的经济体量较大，发展水平相对较高，而唐山和鄂尔多斯属于典型的重工业型城市，因此，碳排放量领先全国其他城市；其次，包头、榆林、南京、石家庄、安阳和北京属于 CO_2 排放较多的第二梯队城市，北京和南京属于发达城市行列，而产业结构偏向工业化是包头和榆林等城市碳排放量居高不下的主要原因；再次，碳排放量较高的城市还包括武汉、广州、宁波、鞍山、徐州、太原、淄博、本溪、济宁、无锡、枣庄、运城、郑州、青岛、呼和浩特、马鞍山和六盘水，这些碳排放规模较大的城市主要分为两类：一类是经济发展水平较高、人口较为密集、城镇化水平高的发达城市，另一类是产业结构以能源为主或重工业为主的资源型城市，这两类城市是中国 CO_2 排放的主要来源；最后，碳排放规模最小的城市梯队包括天水、鹰潭、武威、六安、雅安、亳州、商洛、贺州、随州、抚州、梧州、定西、张家界、白山和黄山，这些城市大部分以旅游业作为城市经济发展的命脉，服务业占比相对较高，因此碳排放量相对较低。

另外，通过分析各城市 2010—2017 年的碳排放变化趋势可以发现，鄂尔多斯、榆林、滨州、东营、晋城、乌鲁木齐、潍坊、商丘、银川、渭南和莱芜等城市近年来的碳排放量增长速度较快，这些城市的主导产业以重工业为主，产业结构的调整和升级速度相对滞后，是决定中国碳达峰目标能否顺利实现的重点和关键地区；安阳、北京、太原、济宁、枣庄和青岛等城市近年来 CO_2 排放量下降的趋势日益明显，这些城市成为中国碳达峰行动方案落实效果最佳的地区。由此可见，一个地区的经济发展水平、产业结构、技术水平、人口密集程度和城市化水平等经济

社会因素是决定 CO_2 排放数量大小的主要因素,中国要顺利实现碳达峰和碳中和的目标,需要综合考虑各方面的因素,并进行区域的统筹协调推进。

二 碳排放影响因素方面的研究结论

(一)二氧化碳排放规模的增长是经济社会诸多因素共同作用的结果

碳排放规模的不断增长是经济社会诸多因素共同作用的结果,厘清碳排放影响因素的具体作用,是降低碳排放量、实现碳达峰目标的重要前提。第二次世界大战以来,世界各国和地区在快速推进工业化和城市化进程中,也为经济可持续发展带来了沉重的 CO_2 排放负担。作为全球最大的发展中国家,中国经历了经济发展阶段的迭代转折、产业结构的跨越式升级、人口规模和结构的大幅度调整以及技术创新的起步和腾飞,使得 CO_2 排放量的影响因素在中国更加复杂多样。尽管学术界围绕中国碳排放的影响因素问题开展了大量研究工作,但随着经济社会的不断发展变化,各经济社会因素的具体影响及其作用机制也在随之转变。碳减排和碳治理需要综合各方面的因素,通过统筹协调共同实现碳达峰的目标,经济发展、产业结构、人口集聚和技术进步等因素在不同的经济发展阶段对 CO_2 的排放产生着差异化的影响。

(二)经济增长与 CO_2 排放量之间的关系存在多重作用机制,经济增长方式和经济增长理念的变化直接决定了碳排放的规模

在经济社会发展的过程中, CO_2 作为工业生产和居民生活的产物,其排放数量的变化也逐渐成为衡量经济发展阶段和特征的重要指标。在经济发展的初期,随着工业生产的扩大,经济快速增长的同时, CO_2 排放量呈现快速攀升趋势,此阶段的 CO_2 排放量与经济增长呈现直接的正向关系;伴随着环境问题的日益恶化和经济增长方式的转变, CO_2 排放量在第二阶段的增长速度逐渐趋缓;在经济发展的高水平阶段, CO_2 排放量与经济增长之间呈现较为明显的负向关系,碳排放与经济之间实现了和谐发展的目标。从经济增长方式的角度来看,经济增长方式越合理, CO_2 排放量越小,在经济发展初期的粗放型增长模式下,对经济增长速度和数量的追求,使经济增长建立在大量资源和要素投入的基础上。当经济增长模式从粗放型转变为集约型时,经济从单纯的高数量和高速度增长转向高质量增长, CO_2 排放量将逐渐达到峰值,并开始下降,经济增长方式和经济增长理念的变化直接决定了碳排放的规模。

（三）产业结构的演变直接决定了 CO_2 排放的轨迹和趋势，产业结构的改造和升级是碳减排的必经之路

从产业结构的视角来看，产业结构的合理与否也直接决定了 CO_2 排放量，全球产业结构从第一、第二产业向第三产业的演变过程，也是碳排放量从快速增长到增速放缓再到逐渐下降的转变过程。经济发展的不同阶段，产业结构也在不断调整和完善，不同产业结构下经济发展对碳排放会产生差异化的影响，产业结构效应也是 EKC 曲线的重要内在机制。产业结构从农业向制造业，从制造业向服务业的两次转变是 EKC 曲线呈现倒"U"形的重要原因，农业主导型和服务业主导型产业结构下，CO_2 排放均处于较低水平，而工业主导尤其是重工业主导下的经济发展，将导致大量自然资源的使用和污染物的排放，此时的产业结构与环境质量呈现负向关系，当经济发展在技术带动下转向服务业和知识密集型产业时，环境质量逐渐得到改善。与此同时，产业结构的差异性也导致了区域、省际和城市间碳达峰时间和路径的异质性，随着经济社会的发展，产业结构变动与碳排放的关系越发密切。

（四）人口的增长和聚集逐渐成为生活领域 CO_2 排放的主要来源，也是碳达峰之后的碳治理重点领域

人口增长与集聚影响碳排放量的更深层次原因是人口向城市集聚引致生活方式城市化而产生碳排放，随着人口由农村向城市转移以及城市化和现代化进程的不断加快，建筑业与交通运输业碳排放会快速增加，城市化进程中居民在提升生活品质、享受现代化生活方式的同时，也会大量增加日常生活中的衣食住行消耗，扩张房屋居住面积、频繁使用家用电器、多样化消耗衣物食品、频繁购置和使用日常出行交通工具，均会导致碳排放量的增加，加重居民消费时的碳排放量负担。人口向城市集聚虽然是导致城市碳排放量增加的重要原因，但从世界各国的碳排放情况来看，大部分发达国家或地区的城市人均碳排放量却远低于全国平均水平，新兴工业化国家或地区的城市碳排放量则远高于农村地区的碳排放量，欠发达国家或地区的城乡碳排放量则相差不大，因此，城市化与现代化并不是导致碳排放量增加的根本原因，降碳减排也不能成为阻止城市化和现代化推进的障碍，低碳环保的生活方式才是当前全球碳减排趋势下推进城市化与现代化进程的正确方式。中国作为人口大国，由于人口集聚所产生的碳排放压力比世界其他国家都要严峻，正确处理好

人口集聚与 CO_2 排放量的关系，是中国达成"双碳"目标、实现经济社会可持续发展的关键任务。

（五）技术进步的速度和水平与 CO_2 排放量息息相关，碳治理和碳捕捉等技术的创新和应用是碳排放目标实现的关键

技术进步是经济发展过程中的另一项重要指标和衡量标准，同时也是经济发展影响碳排放的重要机制之一。技术的革新和进步可以提高自然资源的使用效率，减少资源的浪费和盲目开采，从而减轻人类活动对生态环境的影响，同时碳治理方面技术水平的提升可以减少生产过程中的 CO_2 排放，加强对 CO_2 的处理和中和，减少碳排放对人类造成的影响。另外，新能源、清洁技术和循环技术的开发和使用，可以在经济发展过程中寻找更加环保的资源替代物，削弱生产对自然与环境的影响，技术进步效应在 EKC 曲线的每个阶段均起到了正向的促进作用，有利于经济发展和环境保护的协调运行。与此同时，技术进步还决定了碳排放的强度，经济增长模式的转变和产业结构的优化调整都离不开技术进步的推动，技术进步不仅改变了传统能源和电力等高耗能产业的增长效率，同时也为太阳能、风能和氢燃料等新兴能源产业的兴起提供了重要支撑，所以技术进步的速度和水平与 CO_2 排放量息息相关。

三 碳排放影响机制方面的研究结论

（一） CO_2 排放量与经济增长之间的关系通过经济增长方式的转变、产业结构的调整和技术的进步三种机制发挥着作用

一个国家的经济发展水平、产业结构演变、人口集聚程度和科技发展水平与该国的 CO_2 排放规模呈现直接的相关性，这些经济社会因素通过市场经济的内在机理和生产生活的一般性规律对碳排放产生着直接的影响， CO_2 排放量与经济增长在不同发展阶段存在直接的相关关系，这种关系通过经济增长方式的转变、产业结构的调整和技术的进步三种机制发挥着作用。

（二）经济发展水平与 CO_2 排放之间呈现多阶段的非线性平滑转换关系

通过对 CO_2 排放轨迹和趋势的分析可知，在不同的经济发展阶段，一个国家的二氧化碳排放量的增长呈现差异化的多机制变化特征，同时在不同经济发展阶段之间呈现连续转换的关系。总体来看，经济发展水平与 CO_2 排放之间表现出明显的非线性关系，且呈现倒"U"形特征，

在倒"U"形曲线的顶点达到碳峰值点。经济发展水平和碳排放之间呈现的倒"U"形或者倒"N"形关系并不规则,更多的 EKC 倒"U"形曲线并非严格的中间对称,且倒"U"形或倒"N"形的拐点转换速度和转换趋势也呈现多样化的特征。中国各区域的经济发展水平与 CO_2 排放之间呈现多阶段的非线性平滑转换关系,不同经济发展水平的省际和城市群具有差异化的 EKC 曲线特征。

四 碳达峰国别异质性路径的研究结论

（一）人均 GDP 对世界主要新兴经济体 CO_2 排放的影响呈现出先上升后下降的倒"U"形关系

31 个新兴经济体的整体 PSTR 模型结果显示,人均 GDP 对世界主要新兴经济体 CO_2 排放的影响呈现出先上升后下降的倒"U"形关系,两机制的拐点即为碳峰值点,拐点处的人均 GDP 为 6.477 千美元,高于目前 31 个新兴经济体的平均值,说明大部分新兴经济体目前仍处在碳达峰的拐点前端,这与 EKC 曲线的关系描述基本一致,也符合前文关于经济发展和 CO_2 排放关系的基本假设,且拐点的转换速度较快,说明新兴经济体已经意识到碳减排的重要性,在全球碳治理背景下,各国家相应出台了一系列围绕 CO_2 减排方面的政策和措施,并确定了碳达峰和碳中和的基本时间点和行动方案。

（二）"金砖五国"的碳排放轨迹呈现第一阶段上升、后两阶段下降的不规则倒"U"形非线性趋势

国别异质性碳排放路径研究发现,"金砖五国"的碳排放轨迹呈现第一阶段上升、后两阶段下降的不规则倒"U"形非线性趋势,且碳达峰之后碳排放的两阶段下降趋势呈现一急一缓的特征,且在人均 GDP 为 4.937 千美元左右时达到 CO_2 的排放峰值点,之后开始出现下降趋势,碳峰值点的经济发展水平略低于全样本,但 CO_2 排放量在 31 个新兴经济体中占比最高,经济发展水平、工业结构和常住人口密度决定了金砖国家的 CO_2 排放路径,在碳排放的前期阶段,产业结构调整是金砖国家实现碳达峰的重要途径,随着碳达峰目标的逐渐实现,人口集聚带来的生活领域碳排放需要引起足够的重视。

（三）东南亚国家的碳排放阶段趋势为前两阶段上升、第三阶段下降的典型三阶段倒"U"形

东南亚国家的碳排放阶段趋势为前两阶段上升、第三阶段下降的典

型三阶段倒"U"形,两个人均 GDP 拐点分别为 2.074 千美元和 4.111 千美元,当人均 GDP 达到 4.111 千美元时,碳排放达到了峰值点,碳峰值点的经济发展水平相对较低,东南亚五国虽然在 CO_2 的排放总量上远低于金砖国家,但是经济体量是造成碳排放差距的主要原因,目前东南亚五国的产业结构偏向制造业,产业结构的升级和改造以及经济发展水平的提升是这些国家实现碳达峰和碳中和目标的重要途径和有效抓手。

(四)南美洲经济体在相对较高的经济发展水平上实现了碳峰值的目标,经济发展水平和常住人口密度等因素对碳排放的影响相对较大

南美洲八国的碳排放趋势符合典型的 EKC 曲线特征,即经济发展水平与 CO_2 排放之间呈现明显的标准倒"U"形趋势,这些国家的碳排放经历了先上升后下降的两阶段非线性过程,两阶段的拐点即为碳峰值点,EKC 曲线拐点的人均 GDP 为 14.458 千美元,说明南美洲经济体在相对较高的经济发展水平上实现了碳峰值的目标,经济发展水平和常住人口密度因素对碳排放的影响相对较大,产业结构的影响相对较弱,在合理布局产业结构的基础上,这些国家需要进一步实现生产和生活之间碳排放的平衡和统筹。

(五)非洲新兴经济体的碳排放在经历了一快一慢两阶段的增长之后,达到碳排放的峰值点

非洲新兴经济体的碳排放在经历了一快一慢两阶段的增长之后,达到碳排放的峰值点,越过峰值点之后,碳排放开始出现下降的趋势,即 EKC 曲线呈现出三阶段的非线性特征,CO_2 排放在人均 GDP 为 0.728 千美元和 2.591 千美元两个拐点实现了三个机制之间的转化,在人均 GDP 达到 2.591 千美元时,碳排放达到最大值,之后经济发展与 CO_2 排放的关系达到了 EKC 曲线的下降部分,非洲新兴经济体需要在经历两阶段的碳排放增长之后才能实现碳达峰的目标,而且受经济发展水平的限制,这些国家碳峰值点的人均 GDP 水平处于各新兴经济体的最底端,说明非洲各国的碳减排之路任重道远,在不断转变产业结构的同时,还要控制人口规模,提升自身的经济发展水平。

(六)爱沙尼亚、约旦、摩尔多瓦、蒙古国和土耳其五个国家符合典型的 EKC 曲线特征

这五个国家符合典型的 EKC 曲线特征,即经济发展水平与 CO_2 排放之间呈现明显的标准倒"U"形趋势,这些国家的碳排放经历了先上升后

下降的两阶段非线性过程，两阶段的拐点即为碳峰值点，EKC 曲线拐点的人均 GDP 为 8.09 千美元，说明这些新兴经济体在相对较高的经济发展水平上实现了碳峰值的目标，经济发展水平是决定这些国家碳排放规模的最重要因素，产业结构调整和人口结构优化也是控制碳排放的重要路径。

五 中国碳达峰省际异质性路径的研究结论

（一）中国各省份的经济发展水平与 CO_2 排放之间呈现明显的倒"U"形关系

随着经济发展水平的提升，中国各省份的 CO_2 排放数量总体以碳峰值点为拐点呈现先上升、后下降的两阶段非线性关系，产业结构是决定中国各省份碳排放数量的核心因素，人均 GDP 和常住人口密度同样会对碳达峰和碳减排目标的实现产生重要影响。

（二）不同类型省份的 CO_2 排放路径存在明显的差异性

碳达峰的省际异质性研究表明，不同类型省份的 CO_2 排放路径均一定程度上符合 EKC 曲线的倒"U"形特征，但受经济发展水平、产业结构和人口密度等因素的影响，碳达峰目标的实现路径和碳峰值点存在明显的差异性。

以北京、上海和天津为代表的高新技术产业主导型省份，其 EKC 曲线呈现标准的先上升、后下降的两阶段倒"U"形特征，该类省份碳峰值点的经济发展水平较高，同时人口密度的增长所带来的生活领域的碳排放也逐渐成为 CO_2 排放增长的原因和下一步碳减排的主攻领域；以河南、湖南和福建为代表的轻工业主导型省份，其经济增长和 CO_2 排放之间呈现第一阶段上升、后两阶段下降的三阶段不规则倒"U"形特征，轻工业主导型省份在经济发展的第一阶段末期，在较低的经济发展水平上就达到了碳峰值点，之后两阶段碳排放开始呈现不同幅度的下降，在保持较低碳排放水平的同时，寻找经济发展的新增长点成为该类省份的工作重心；以河北、山东和内蒙古等为代表的重工业主导型省份，碳排放在经历了两阶段的 CO_2 不断增加之后，才迎来碳排放的下降期，碳峰值点出现在第二阶段和第三阶段的拐点，重工业主导的产业结构是造成该类省份碳排放规模较大的主要原因，该类省份的节能减排工作是中国碳达峰和碳中和目标顺利实现的关键所在。

六 中国碳达峰城市异质性路径的研究结论

（一）经济发展水平决定了城市 CO_2 排放的规模和变化轨迹

人均 GDP 对中国城市 CO_2 排放的影响呈现出先上升后下降的倒"U"形特征，曲线的拐点即为碳峰值点，碳峰值点之前，人均 GDP 与 CO_2 排放呈现明显的正向关系，碳峰值点之后，CO_2 的排放量开始越过峰值呈现递减趋势。

（二）产业结构和常住人口密度也是影响中国各城市 CO_2 排放的主要因素

产业结构对城市 CO_2 排放的影响在倒"U"形曲线的拐点前后均较为显著，产业结构转型和升级也是 CO_2 排放轨迹转移的重要驱动力，常住人口的集聚和城市化进程的加快正从生活领域对 CO_2 排放产生影响。

（三）受经济社会因素的影响中国不同类型城市的碳达峰路径存在明显异质性

能源型和重工业型城市碳达峰点的 CO_2 数值相对较高，是中国 CO_2 的主要来源，且受工业结构制约，这两类城市需要在经历两阶段 CO_2 排放不断增长的趋势之后，才能实现碳达峰目标；轻工业型、技术型和服务型三类城市的碳峰值点明显优于全国的平均碳峰值水平，且三类城市均在经济发展的第一阶段末期实现了碳达峰目标，之后两阶段 CO_2 排放开始呈现递减趋势，但随着经济发展水平的逐渐提升，生活领域逐渐成为三类城市中 CO_2 不可忽视的来源；技术型城市较好地协调了经济增长和 CO_2 排放之间的关系，轻工业型城市在维持 CO_2 较低水平的同时经济发展水平也相对滞后，人口的大量集聚使服务型城市保持较高经济发展水平的同时，也面临较为严峻的生活领域碳排放问题。

七 碳达峰区域协同策略方面的思考

（一）在 2030 碳达峰目标的实现过程中，不能一刀切，需要针对中国各省、市、自治区的具体经济发展水平和 CO_2 排放情况，制定差异化的碳达峰时间表

各省份应根据自身的经济、社会、技术和产业发展情况找准在 2030 碳达峰目标实现过程中的角色定位，并采取适当的整合力度和有针对性地实现路径，碳达峰目标的实现既需要追求效率也要兼顾公平；以北京、上海和天津为代表的高新技术产业主导型省份，在碳达峰和碳中和目标的实现中需要扮演主导者的角色，这些省份是碳补偿过程中的"补偿主

体",需要在控制生活领域 CO_2 排放的基础上率先实现碳达峰的目标,同时还要为其他地区提供 CO_2 减排领域的资金、技术和政策支撑,碳中和领域新技术、新方法和新手段的研究和开发也是高新技术产业主导型省份的重点发展目标;以河南、湖南和福建为代表的轻工业主导型省份,需要在保持 CO_2 低水平排放的同时,通过与北京和上海等较发达地区的产业合作和交流,寻找经济发展的新增长点,促进经济发展水平的提升是该类地区的主要努力方向;以河北、山东和内蒙古为代表的重工业主导型省份的碳达峰目标任重道远,产业结构的转型和升级迫在眉睫,该类型地区是碳补偿过程中的"受偿主体",主要任务是承接北京、上海和天津等地区在技术、资金和产业政策方面的支持,尽快完成对高污染、高排放产业的转型和升级,同时利用自身的资源优势,发展新能源和绿色环保产业,通过控制 CO_2 的排放数量为地区以及中国整体碳达峰目标的实现贡献力量。总而言之,不同类型的省份需要群策群力,根据各地区的特点和发展情况,在兼顾效率与公平原则基础上共同实现中国 2030 碳达峰和 2060 碳中和的目标。

(二)各城市应当因地制宜,分梯次有序实现碳达峰目标

在碳达峰目标的实现过程中,需要针对各城市的具体经济发展水平和 CO_2 排放情况,结合本地区资源环境禀赋、产业布局、发展阶段等因素,科学合理制定差异化的碳达峰时间表,并采取适当的整合力度和有针对性地实现路径,坚持分类施策、因地制宜、上下联动、梯次有序推进碳达峰。不同城市群应根据自身技术、经济和社会发展情况找准在碳达峰目标实现过程中的角色定位,既要追求效率也要兼顾公平,各城市要优势互补、资源共享,在区域统筹协调下坚持全国一盘棋,共同实现碳达峰目标。

(三)中国碳达峰目标的实现需要各城市准确定位、协同推进

碳排放情况比较乐观的发达地区要巩固碳减排成果,在率先实现碳达峰的基础上进一步降低碳排放。技术型和服务型城市在"双碳"目标的实现中需要扮演主导者的角色,这两类城市是碳补偿过程中的"补偿主体",在控制生活领域 CO_2 排放的基础上率先实现碳达峰目标,同时还要为其他城市群提供 CO_2 减排领域的技术支撑,碳中和领域新技术、新方法和新手段的研究和开发是技术型和服务型城市的重点发展目标;产业结构较轻、能源结构较优的轻工业型地区要坚持绿色低碳发展,力争率先

实现碳达峰。以汕头和绍兴为代表的轻工业型城市，要在保持 CO_2 低水平排放的同时，通过与技术型和服务型城市的产业合作和交流，寻找绿色经济的新增长点，推进经济社会发展的全面绿色转型，加快发展循环经济，提升资源综合利用效率和绿色低碳发展水平，扩大绿色产品供给和消费，倡导低碳生活方式；产业结构偏重、资源主导型的中西部地区要把节能降碳摆在突出位置，大力优化产业结构和能源结构。工业结构决定了能源型和重工业型城市的碳达峰目标任重道远，产业结构的转型和升级迫在眉睫，这两类城市是碳补偿过程中的"受偿主体"，主要任务是通过技术型和服务型城市在技术、资金方面的支持，尽快完成对高污染、高排放产业的转型和升级，同时利用自身资源优势，发展新能源和绿色环保产业，逐步实现碳排放与经济增长脱钩，力争与全国同步实现碳达峰。

第二节　展望

面对日益严峻的全球温室气体排放问题，越来越多的国家和地区开始提出本国碳达峰和碳中和的目标，并逐渐围绕 CO_2 减排制定了一系列相关政策和制度，碳减排领域的技术创新和国际合作也逐步推进。在此基础上，本书以中国的"双碳"目标为研究背景，基于碳排放的影响因素和运行机制，重点分析了世界主要新兴经济体、中国各省份和各城市的碳排放异质性路径，并据此提出了中国碳达峰的区域协同路径。

与此同时，由于篇幅和研究时间的限制，本书还存在一些可以继续完善、拓展和延伸的研究问题。首先，国别碳排放路径的研究对象为31个世界主要新兴经济体，而欧美等发达国家的碳达峰和碳中和路径也值得深入研究，相关经验需要我们在实现碳达峰目标的过程中借鉴和学习；其次，中国区域异质性碳达峰路径的研究对30个省份、247个全国代表性城市进行了聚类分析，鉴于各个省级单位区域经济发展和碳排放趋势的差异性，下一步需要对每个省份内部各城市和区域的碳达峰具体情况进行详细研究，为全国各省、市、自治区，以及各省级单位内部区域碳达峰行动方案的制定提供详细数据资料和依据；再次，本书的主要研究对象是碳达峰，而中国"双碳"目标的实现离不开碳中和的具体措施和行动，碳达峰和碳中和密不可分，以碳达峰的区域异质性路径研究为基础，下一步需要对中国碳中和目标实现的具体路径进行研究，同样从区域协同的视角为中国碳中和目标的实现建言献策；最后，"双碳"目标的实现是中国的宏观国家战略，与各行各业和各领域均有一定的关联性，"双碳"目标的实现需要全国一盘棋，对各行业、各区域进行统筹和协调。因此，以碳排放影响机制和异质性趋势的研究为基础，碳排放与经济、管理、环境、贸易和金融等各领域和各学科的交叉研究将成为下一步的研究趋势和研究重点，这些也是本研究团队下一步的研究目标和研究计划。

一 国别碳达峰路径的拓展

作为"金砖五国"的成员，中国是世界新兴经济体的主要代表，依据《新兴经济体二氧化碳排放报告2021》的标准，对与中国经济发展进展和经济发展特征相近的世界30个主要新兴经济体碳达峰路径的研究能够为中国"双碳"目标的实现提供重要的经验。

在世界主要新兴经济体加快推进碳减排、力争实现碳达峰目标的同时，在经济发展水平和碳达峰领域处于领先地位的发达国家，很多已经实现了碳达峰目标，而且正在向碳中和目标的实现迈进。OECD的统计数据显现，截至2020年，世界已经实现碳排放达峰的国家数量为54个，其中大部分是发达国家（见表9-1）。

表9-1　　　　　　　　世界主要国家碳达峰实现时间

序号	国家	碳达峰时间	序号	国家	碳达峰时间
1	法国	1991	11	巴西	2004
2	立陶宛	1991	12	葡萄牙	2005
3	英国	1991	13	澳大利亚	2006
4	波兰	1992	14	加拿大	2007
5	瑞典	1993	15	意大利	2007
6	芬兰	1994	16	西班牙	2007
7	比利时	1996	17	美国	2007
8	丹麦	1996	18	冰岛	2008
9	荷兰	1996	19	日本	2012
10	瑞士	2000	20	韩国	2018

资料来源：OECD数据整理。

欧美等发达国家在碳达峰目标实现过程中的做法和经验值得我们学习和借鉴，这些国家经过 EKC 曲线的拐点之后，碳排放开始逐渐下降，并在长期的碳治理过程中加强了碳中和技术的创新。目前，发达国家在碳捕捉、碳汇、碳固化和新能源等领域处于全球领先地位。因此，对发达国家碳减排路径和碳中和技术领域的研究是本书的下一步研究方向和目标，以期为中国的碳达峰和碳中和目标的实现提供经验借鉴。

二 中国区域碳达峰路径的深化

本书对中国 30 个省份和 247 个代表性城市的异质性碳达峰路径进行了研究，研究分类主要以产业结构为关系簇指标，并基于工业结构划分研究对象，进行中国碳排放的区域大类分析，在此基础上，本书的研究还可以进一步细化和深化。

一方面，中国 CO_2 的排放趋势是国民经济和社会发展等各领域综合作用的结果，受到诸多经济和社会因素的影响，本书的研究以产业结构这一强关系簇为分类依据，对中国 30 个主要省份和 247 个代表性城市进行了聚类分析，而经济发展水平、技术创新水平和常住人口密度等指标同样对中国的区域碳排放产生着重要影响，因此下一步分别以这三类指标为聚类分析的核心指标，对中国的区域碳达峰路径进行多视角的研究和分析，以求全方位、多视角和多领域地解读和剖析中国各省份和各城市的异质性碳达峰路径；另一方面，本书碳达峰区域异质性的分析建立在对中国 30 个省份和 247 个代表性城市大类分析的基础上，而每个省份内部各区域和各城市的经济社会发展以及碳排放情况也存在较大的差异性，因此，下一步需要对重点省份内部区域碳达峰路径的差异性进行研究，直至拓展到全部 30 个代表性省份，以期全面剖析中国各区域的细化碳达峰情况，并最终形成更加全面、清晰的中国区域碳达峰计划表和全景图。

综合来看，鉴于各个省级单位区域经济发展和碳排放趋势的差异性，本书研究的下一步计划按照经济发展水平、技术发展水平和常住人口密度等指标对中国的区域研究对象进行进一步划分和研究。同时，对每个省份内部各城市和区域的碳达峰具体情况进行详细分析，为全国、各省份以及各省级单位内部区域碳达峰行动方案的制定提供详细的数据资料和实证依据。

三 中国碳中和路径和策略的延伸

碳达峰与碳中和两个目标之间是相互联系、相互促进的关系，碳达峰目标的实现需要为下一步碳中和行动方案提前布局，碳中和技术的创新和碳中和最终目标的达成会进一步地降低碳排放，加速碳达峰目标的实现速度和实现质量。相关数据显示，截至2023年年底，全球已经有超过100个国家提出了碳达峰和碳中和的双重目标，见表9-2所示，不丹和苏里南共和国已经实现了碳中和的目标，以英国和法国为代表的6个国家已经实现了碳中和立法，西班牙、智利和斐济三个国家正在立法中，中国、德国和日本等代表性国家已经进行了碳中和的政策宣示，这些国家均预计在2050年前后实现本国的碳中和目标。

表9-2　　　　　　　　　世界主要国家碳中和进程

序号	国家	碳中和进程和时间	序号	国家	碳中和进程和时间
1	不丹	已实现	14	冰岛	政策宣示（2040）
2	苏里南共和国	已实现	15	德国	政策宣示（2050）
3	瑞典	已立法（2045）	16	瑞士	政策宣示（2050）
4	英国	已立法（2050）	17	挪威	政策宣示（2050）
5	法国	已立法（2050）	18	爱尔兰	政策宣示（2050）
6	丹麦	已立法（2050）	19	葡萄牙	政策宣示（2050）
7	新西兰	已立法（2050）	20	哥斯达黎加	政策宣示（2050）
8	匈牙利	已立法（2050）	21	斯洛文尼亚	政策宣示（2050）
9	西班牙	立法中（2050）	22	马绍尔群岛	政策宣示（2050）
10	智利	立法中（2050）	23	南非	政策宣示（2050）
11	斐济	立法中（2050）	24	韩国	政策宣示（2050）
12	芬兰	政策宣示（2035）	25	中国	政策宣示（2060）
13	奥地利	政策宣示（2040）	26	日本	政策宣示（21世纪下半叶）

资料来源：OECD数据整理。

本书的主要研究对象是中国的区域碳减排情况和差异化碳达峰路径，而中国2030碳达峰和2060碳中和目标的实现是相辅相成的，碳达峰目标的实现进程和质量是碳中和的基础和保障，碳中和的推进速度和技术创新水平是加速碳达峰目标实现的主要力量。因此，以碳达峰的区域异质性路径研究为基础，沿着本书的主要研究思路，下一步研究团队将对中国碳中和目标实现的具体路径进行研究，并重点关注发达国家碳中和技术的发展和碳中和目标实现的进程，并以现有的碳中和研究为依据，结合中国碳达峰目标的实现情况和具体的区域经济发展现状，从区域协同的视角为中国碳中和目标的实现建言献策。

四　碳排放与相关领域的交叉和拓展研究

2030碳达峰和2060碳中和是中国对世界做出的正式承诺和政策宣示，《"十四五"规划和二〇三五远景目标》进一步将"双碳"目标的实现上升到国家战略层面，2021年《中共中央 国务院关于完整准确全面贯彻新发展理念做好碳达峰碳中和工作的意见》和《2030年前碳达峰行动方案的通知》相继出台，把碳达峰、碳中和纳入了国家发展全局。因此，"双碳"目标的实现是中国的宏观国家战略，与国民经济和社会发展各领域均有一定的关联性，"双碳"目标的实现需要全国一盘棋，各行业、各区域需要统筹协调、资源共享、共同推进。

与此同时，碳达峰和碳中和目标的实现还涉及多个研究领域和学科门类，不仅涉及资源使用、技术进步、碳排放强度、能源消耗、碳捕捉、碳固化和碳汇集等直接领域，还涉及产业结构升级、交通工具的调控、生活领域的协调、政策法规的出台、碳减排工作的管理和统筹、碳中和项目的承接和运行、碳市场的交易、碳中和相关金融衍生产品的使用等等。因此，以碳排放影响机制和异质性趋势的研究为基础，碳排放与经济、管理、环境、贸易和金融等各领域的交叉研究将成为下一步的研究趋势和研究重点，这些也是本研究团队下一步的研究目标和研究计划。

参考文献

安国俊：《碳中和目标下的绿色金融创新路径探讨》，《南方金融》2021年第2期。

安虎森、周亚雄：《区际生态补偿主体的研究：基于新经济地理学的分析》，《世界经济》2013年第2期。

白强、董洁、田园春：《中国碳排放权交易价格的波动特征及其影响因素研究》，《统计与决策》2022年第5期。

包群、彭水军：《经济增长与环境污染：基于面板数据的联立方程估计》，《世界经济》2006年第11期。

薄凡、庄贵阳：《"双碳"目标下低碳消费的作用机制和推进政策》，《北京工业大学学报》（社会科学版）2022年第1期。

卞勇、曾雪兰：《基于三部门划分的能源碳排放总量目标地区分解》，《中国人口·资源与环境》2019年第10期。

蔡博峰、曹丽斌、雷宇等：《中国碳中和目标下的二氧化碳排放路径》，《中国人口·资源与环境》2021年第1期。

蔡博峰、吕晨、董金池等：《重点行业/领域碳达峰路径研究方法》，《环境科学研究》2022年第2期。

曹翔、高瑀、刘子琪：《农村人口城镇化对居民生活能源消费碳排放的影响分析》，《中国农村经济》2021年第10期。

柴麒敏、徐华清：《基于IAMC模型的中国碳排放峰值目标实现路径研究》，《中国人口·资源与环境》2015年第6期。

陈菡、陈文颖、何建坤：《实现碳排放达峰和空气质量达标的协同治理路径》，《中国人口·资源与环境》2020年第10期。

陈啸、薛英岚：《普惠金融发展可以减少中国碳排放吗？——基于LMDI分解法的时间序列分析》，《财经问题研究》2021年第5期。

陈向阳：《人口、消费的规模与结构对碳排放的影响：理论机制与实证分析》,《环境经济研究》2021 年第 3 期。

陈诗一、许璐:《"双碳"目标下全球绿色价值链发展的路径研究》,《北京大学学报》(哲学社会科学版) 2022 年第 2 期。

陈诗一、祁毓:《实现碳达峰、碳中和目标的技术路线、制度创新与体制保障》,《广东社会科学》2022 年第 2 期。

程海森、马婧、樊昕晔:《京津冀能源消费、经济增长与碳排放关系研究》,《现代管理科学》2017 年第 11 期。

成金华、易佳慧、吴巧生:《碳中和、战略性新兴产业发展与关键矿产资源管理》,《中国人口·资源与环境》2021 年第 9 期。

程秋旺、许安心、陈钦:《"双碳"目标背景下农业碳减排的实现路径——基于数字普惠金融之验证》,《西南民族大学学报》(人文社会科学版) 2022 年第 2 期。

丛建辉、石雅、高慧、赵永斌:《"双碳"目标下中国省域碳排放责任核算研究——基于"收入者责任"视角》,《上海财经大学学报》2021 年第 6 期。

丛建辉、常盼、刘庆燕:《基于三维责任视角的中国分省碳排放责任再核算》,《统计研究》2018 年第 4 期。

丛建辉、刘学敏、赵雪如:《城市碳排放核算的边界界定及其测度方法》,《中国人口·资源与环境》2014 年第 4 期。

邓荣荣、张翱祥:《中国城市数字金融发展对碳排放绩效的影响及机理》,《资源科学》2021 年第 11 期。

邓旭、谢俊、滕飞:《何谓"碳中和"?》,《气候变化研究进展》2021 年第 1 期。

董亮:《"碳中和"前景下的国际气候治理与中国的政策选择》,《外交评论》2021 年第 6 期。

董庆前、李治宇:《碳排放约束下区域经济绿色增长影响因素研究》,《经济体制改革》2022 年第 2 期。

董战峰、葛察忠、毕粉粉等:《碳达峰政策体系建设的思路与重点任务》,《中国环境管理》2021 年第 6 期。

董直庆、王辉:《市场型环境规制政策有效性检验——来自碳排放权交易政策视角的经验证据》,《统计研究》2021 年第 10 期。

范爱军、郑志强、马永健:《贸易政策、全球价值链位置与中国二氧化碳排放》,《山东大学学报》(哲学社会科学版) 2021 年第 6 期。

范英、衣博文:《能源转型的规律、驱动机制与中国路径》,《管理世界》2021 年第 8 期。

伏润民、缪小林:《中国生态功能区财政转移支付制度体系重构——基于拓展的能值模型衡量的生态外溢价值》,《经济研究》2015 年第 3 期。

高春艳、牛建广、王斐然:《钢材生产阶段碳排放核算方法和碳排放因子研究综述》,《当代经济管理》2021 年第 8 期。

高新才、韩雪:《黄河流域碳排放的空间分异及影响因素研究》,《经济经纬》2022 年第 1 期。

顾佰和、谭显春、谭显波等:《制造系统生产单元碳排放核算模型》,《中国管理科学》2018 年第 10 期。

郭劲光、万家瑞:《我国能源消费的网络关联特征及其优化路径——碳达峰与碳中和视角的思考》,《江海学刊》2021 年第 4 期。

郭艺、罗芳:《长江经济带引致碳排放与经济增长的关联和空间特征——基于最终生产核算的 MRIO 模型》,《生态经济》2019 年第 9 期。

韩晶、姜如玥、孙雅雯:《数字服务贸易与碳排放——基于 50 个国家的实证研究》,《国际商务》2021 年第 6 期。

韩中、陈耀辉、时云:《国际最终需求视角下消费碳排放的测算与分解》,《数量经济技术经济研究》2018 年第 7 期。

何艳秋、陈柔、朱思宇等:《策略互动和技术溢出视角下的农业碳减排区域关联》,《中国人口·资源与环境》2021 年第 6 期。

贺晋瑜、何捷、王郁涛等:《中国水泥行业二氧化碳排放达峰路径研究》,《环境科学研究》2022 年第 2 期。

胡鞍钢:《中国实现 2030 年前碳达峰目标及主要途径》,《北京工业大学学报》(社会科学版) 2021 年第 3 期。

黄晶、孙新章、张贤:《中国碳中和技术体系的构建与展望》,《中国人口·资源与环境》2021 年第 9 期。

黄志辉、纪亮、尹洁等:《中国道路交通二氧化碳排放达峰路径研究》,《环境科学研究》2022 年第 2 期。

姜国刚、左鹏、陈思文、李利亭:《中国地区经济增长对碳排放量的非线性影响研究》,《生态经济》2021 年第 12 期。

金玲、郝成亮、吴立新等：《中国煤化工行业二氧化碳排放达峰路径研究》，《环境科学研究》2022年第2期。

金书秦、林煜、牛坤玉：《以低碳带动农业绿色转型：中国农业碳排放特征及其减排路径》，《改革》2021年第5期。

李海萍、龙宓、李光一：《基于DMSP/OLS数据的区域碳排放时空动态研究》，《中国环境科学》2018年第7期。

李菁、李小平、郝良峰：《技术创新约束下双重环境规制对碳排放强度的影响》，《中国人口·资源与环境》2021年第9期。

李琳、赵桁：《"两业"融合与碳排放效率关系研究》，《经济经纬》2021年第5期。

李娜娜、赵月、王军锋：《中国城市居民收入和储蓄增长对家庭能耗碳排放的区域异质性及政策应对》，《生态经济》2022年第1期。

李少林、杨文彤：《碳达峰、碳中和理论研究新进展与推进路径》，《东北财经大学学报》2022年第2期。

李永明、张明：《碳达峰、碳中和背景下江苏工业面临的挑战、机遇及对策研究》，《现代管理科学》2021年第5期。

李小冬、朱辰：《我国建筑碳排放核算及影响因素研究综述》，《安全与环境学报》2020年第1期。

李响、张楠、宋培：《碳排放交易制度的节能减排效应及作用机制研究——基于合成控制法的经验证据》，《现代财经》2022年第4期。

李彦：《福建碳排放交易试点的现状、问题与建议》，《宏观经济管理》2018年第2期。

李焱、李佳蔚、王炜瀚、黄庆波：《全球价值链嵌入对碳排放效率的影响机制——"一带一路"沿线国家制造业的证据与启示》，《中国人口·资源与环境》2021年第7期。

李忱息、刘培、李政：《城市能源系统碳达峰路径最优化》，《清华大学学报》（自然科学版）2022年第4期。

李治国、王杰、车帅：《碳达峰约束下中国工业增长与节能减排的双赢发展》，《环境经济研究》2021年第2期。

李治国、王杰：《中国城乡家庭碳排放核算及驱动因素分析》，《统计与决策》2021年第20期。

李治国、王杰：《中国碳排放权交易的空间减排效应：准自然实验与政策溢出》，《中国人口·资源与环境》2021年第1期。

林伯强、刘希颖：《中国城市化阶段的碳排放：影响因素和减排策略》，《经济研究》2010年第8期。

林伯强、蒋竺均：《中国二氧化碳的环境库兹涅茨曲线预测及影响因素分析》，《管理世界》2009年第4期。

林伯强：《碳中和进程中的中国经济高质量增长》，《经济研究》2022年第1期。

刘朝、吴纯、李增刚：《中国对"一带一路"沿线国家直接投资的碳排放效应》，《中国人口·资源与环境》2022年第1期。

刘红光、何铮、刘潇潇等：《我国石化产业碳达峰、碳中和实现路径研究》，《当代石油石化》2022年第2期。

刘红光、张子孟、郭杰：《中国区域间价值链中隐含的碳排放转移研究》，《管理评论》2021年第9期。

刘红琴、王高天、陈品文、杨红娟：《地区电力行业碳排放水平测算及其特点分析》，《生态经济》2018年第4期。

刘侃：《中国2060年碳中和目标及其落实路径研究》，《生态经济》2021年第11期。

刘炯：《生态转移支付对地方政府环境治理的激励效应——基于东部六省46个地级市的经验证据》，《财经研究》2015年第2期。

刘娟：《人口因素对城乡居民生活能源碳排放的作用对比研究》，《生态经济》2018年第5期。

刘军、岳梦婷：《区域旅游业碳排放及其影响因素——基于旅游流动性视角》，《中国人口·资源与环境》2021年第7期。

刘庆燕、方恺、丛建辉：《山西省贸易隐含碳排放的空间—产业转移及其影响因素研究——基于MRIO-SDA跨期方法》，《环境经济研究》2019年第2期。

刘仁厚、王革、黄宁、丁明磊：《中国科技创新支撑碳达峰、碳中和的路径研究》，《广西社会科学》2021年第8期。

刘晓龙、崔磊磊、李彬、杜祥琬：《碳中和目标下中国能源高质量发展路径研究》，《北京理工大学学报》（社会科学版）2021年第3期。

刘亦文：《碳减排约束政策对中国城市空气质量的影响研究》，《湖南大学学报》（社会科学版）2022年第2期。

刘元欣、邓欣蕊：《我国碳排放影响因素的实证研究——基于固定效应面板分位数回归模型》，《山西大学学报》（哲学社会科学版）2021年第6期。

刘志华、徐军委、张彩虹：《科技创新、产业结构升级与碳排放效率——基于省际面板数据的PVAR分析》，《自然资源学报》2022年第2期。

鲁万波、仇婷婷、杜磊：《中国不同经济增长阶段碳排放影响因素研究》，《经济研究》2013年第4期。

吕洁华、张泽野：《中国省域碳排放核算准则与实证检验》，《统计与决策》2020年第3期。

吕越、马明会：《全球价值链嵌入对中国碳减排影响的实证研究》，《国际经济合作》2021年第6期。

吕指臣、胡鞍钢：《中国建设绿色低碳循环发展的现代化经济体系：实现路径与现实意义》，《北京工业大学学报》（社会科学版）2021年第6期。

吕竹青：《抢抓变革机遇抢占未来发展制高点——河北省碳达峰碳中和路径研究》，《环境经济》2021年第14期。

马丁、陈文颖：《中国2030年碳排放峰值水平及达峰路径研究》，《中国人口·资源与环境》2016年第5期。

马晓微、陈丹妮、兰静可、李川东：《收入差距与居民消费碳排放关系》，《北京理工大学学报》（社会科学版）2019年第6期。

马九杰、崔恒瑜：《农业保险发展的碳减排作用：效应与机制》，《中国人口·资源与环境》2021年第10期。

麻林巍、袁园、李政：《2050年我国低碳能源系统的形态、特征描绘和敏感性分析》，《清华大学学报》（自然科学版）2022年第4期。

麦文隽：《系统动力学中的系统思想及其在"碳中和"愿景目标中的应用研究——以交通行业减碳为例》，《系统科学学报》2022年第1期。

毛显强、钟瑜、张胜：《生态补偿的理论探讨》，《中国人口·资源与环境》2002年第4期。

孟凡鑫、李芬、刘晓曼等：《中国"一带一路"节点城市CO_2排放特征分析》，《中国人口·资源与环境》2019年第1期。

孟昕、梁志浩：《低碳消费偏好下碳排放配额分配方式的减排效应》，

《财经问题研究》2022年第2期。

倪鹏飞、刘高军、宋璇涛：《中国城市竞争力聚类分析》，《中国工业经济》2003年第7期。

欧阳志远、史作廷、石敏俊等：《"碳达峰碳中和"：挑战与对策》，《河北经贸大学学报》2021年第5期。

庞凌云、翁慧、常靖等：《中国石化化工行业二氧化碳排放达峰路径研究》，《环境科学研究》2022年第2期。

彭水军、张文城、卫瑞：《碳排放的国家责任核算方案》，《经济研究》2016年第3期。

彭水军、张文城、孙传旺：《中国生产侧和消费侧碳排放量测算及影响因素研究》，《经济研究》2015年第1期。

彭水军、包群：《中国经济增长与环境污染——基于广义脉冲响应函数法的实证研究》，《中国工业经济》2006年第5期。

彭文生：《中国实现碳中和的路径选择、挑战及机遇》，《上海金融》2021年第6期。

齐绍洲、付坤：《低碳经济转型中省级碳排放核算方法比较分析》，《武汉大学学报》（哲学社会科学版）2013年第2期。

钱萍、马彩虹：《中国能源消费碳排放时空动态变化》，《西南大学学报》（自然科学版）2019年第10期。

曲越、秦晓钰、黄海刚、汪惠青：《碳达峰碳中和的区域协调：实证与路径》，《财经科学》2022年第1期。

邵帅、李欣、曹建华、杨莉莉：《中国雾霾污染治理的经济政策选择——基于空间溢出效应的视角》，《经济研究》2016年第9期。

邵帅、张曦、赵兴荣：《中国制造业碳排放的经验分解与达峰路径——广义迪氏指数分解和动态情景分析》，《中国工业经济》2017年第3期。

邵帅、范美婷、杨莉莉：《经济结构调整、绿色技术进步与中国低碳转型发展——基于总体技术前沿和空间溢出效应视角的经验考察》，《管理世界》2022年第2期。

史丹、李鹏：《"双碳"目标下工业碳排放结构模拟与政策冲击》，《改革》2021年第12期。

史育龙、郭巍：《高质量推进我国城镇化与碳达峰的国际经验镜鉴——基于 OECD 数据考察》，《生态经济》2022 年第 4 期。

束兰根、辛晴：《碳达峰视角下的中国地级以上城市碳排放与经济发展相关性研究》，《电子科技大学学报》（社会科学版）2021 年第 5 期。

宋德勇、朱文博、王班班：《中国碳交易试点覆盖企业的微观实证：碳排放权交易、配额分配方法与企业绿色创新》，《中国人口·资源与环境》2021 年第 1 期。

宋德勇、卢忠宝：《中国碳排放影响因素分解及其周期性波动研究》，《中国人口·资源与环境》2009 年第 3 期。

宋杰鲲、牛丹平、曹子建、张凯新：《考虑碳转移的我国省域碳排放核算与初始分配》，《华东经济管理》2017 年第 11 期。

苏涛永、郁雨竹、潘俊汐：《低碳城市和创新型城市双试点的碳减排效应——基于绿色创新与产业升级的协同视角》，《科学学与科学技术管理》2022 年第 1 期。

孙继荣：《绿色经济与"碳中和"战略》，《清华管理评论》2022 年第 3 期。

孙建卫、赵荣钦、黄贤金等：《1995—2005 年中国碳排放核算及其因素分解研究》，《自然资源学报》2010 年第 8 期。

孙鹏博、葛力铭：《通向低碳之路：高铁开通对工业碳排放的影响》，《世界经济》2021 年第 10 期。

孙耀华、李忠民：《中国各省区经济发展与碳排放脱钩关系研究》，《中国人口·资源与环境》2011 年第 5 期。

谭丹、黄贤金：《我国东、中、西部地区经济发展与碳排放的关联分析及比较》，《中国人口·资源与环境》2008 年第 3 期。

谭飞燕、张力、李孟刚：《基于 MRIO 模型的京津冀贸易隐含碳排放核算》，《统计与决策》2018 年第 24 期。

唐国平、孙洪锋、陈曦：《碳排放权交易制度与企业投资行为》，《财经论丛》2022 年第 4 期。

唐赛、付杰文、武俊丽：《中国典型城市碳排放影响因素分析》，《统计与决策》2021 年第 23 期。

田丹宇：《我国碳排放权的法律属性及制度检视》，《中国政法大学学报》2018 年第 3 期。

田建国、庄贵阳、陈楠：《全球价值链分工对中日制造业贸易隐含碳的影响》,《中国地质大学学报》(社会科学版) 2019 年第 2 期。

田华征、马丽:《中国工业碳排放强度变化的结构因素解析》,《自然资源学报》2020 年第 3 期。

涂建明、迟颖颖、石羽珊、李宛:《基于法定碳排放权配额经济实质的碳会计构想》,《会计研究》2019 年第 9 期。

涂正革:《中国的碳减排路径与战略选择——基于八大行业部门碳排放量的指数分解分析》,《中国社会科学》2012 年第 3 期。

王灿、张雅欣:《碳中和愿景的实现路径与政策体系》,《中国环境管理》2020 年第 6 期。

王超、杨宝臣:《碳市场对商品、金融市场的溢出效应分析》,《南开学报》(哲学社会科学版) 2021 年第 5 期。

王栋:《碳达峰背景下我国石油化工企业参与碳排放权交易市场建设路径分析》,《现代管理科学》2021 年第 5 期。

王锋、吴丽华、杨超:《中国经济发展中碳排放增长的驱动因素研究》,《经济研究》2010 年第 2 期。

王凯、唐小惠、甘畅、刘浩龙:《中国服务业碳排放强度时空格局及影响因素》,《中国人口·资源与环境》2021 年第 8 期。

王慧慧、余龙全、曾维华:《基于职居分离调整的北京市交通碳减排潜力研究》,《中国人口·资源与环境》2018 年第 6 期。

王丽娟、张剑、王雪松等:《中国电力行业二氧化碳排放达峰路径研究》,《环境科学研究》2022 年第 2 期。

王丽娟、邵朱强、熊慧等:《中国铝冶炼行业二氧化碳排放达峰路径研究》,《环境科学研究》2022 年第 2 期。

王靖添、马晓明:《中国交通运输碳排放影响因素研究——基于双层次计量模型分析》,《北京大学学报》(自然科学版) 2021 年第 6 期。

王少洪:《碳达峰目标下我国能源转型的现状、挑战与突破》,《价格理论与实践》2021 年第 8 期。

王文举、向其凤:《国际贸易中的隐含碳排放核算及责任分配》,《中国工业经济》2011 年第 10 期。

王文涛、刘纪化、揭晓蒙等:《海洋支撑碳中和技术体系框架构建的思考与建议》,《中国海洋大学学报》(自然科学版) 2022 年第 3 期。

王宪恩、赵思涵、刘晓宇等:《碳中和目标导向的省域消费端碳排放减排模式研究——基于多区域投入产出模型》,《生态经济》2021 年第 5 期。

王新平:《双碳目标下中国能源工业转型路径》,《煤炭经济研究》2021 年第 6 期。

王育宝、何宇鹏:《土地利用变化及林业温室气体排放核算制度与方法实证》,《中国人口·资源与环境》2017 年第 10 期。

王育宝、何宇鹏:《增加值视角下中国省域净碳转移权责分配》,《中国人口·资源与环境》2021 年第 1 期。

王雅楠、罗岚、陈伟、王博文:《中国产业结构调整视角下的碳减排潜力分析——基于 EIO-LCA 模型》,《生态经济》2019 年第 11 期。

王泳璇、朱娜、李锋、曹小磊:《人口迁移视角下城镇化对典型领域碳排放驱动效应研究——以辽宁省为例》,《环境科学学报》2021 年第 7 期。

汪旭颖、李冰、吕晨等:《中国钢铁行业二氧化碳排放达峰路径研究》,《环境科学研究》2022 年第 2 期。

魏文栋、张鹏飞、李佳硕:《区域电力相关碳排放核算框架的构建和应用》,《中国人口·资源与环境》2020 年第 7 期。

魏文栋、陈竹君、耿涌等:《循环经济助推碳中和的路径和对策建议》,《中国科学院院刊》2021 年第 9 期。

吴昊玥、何宇、黄瀚蛟、陈文宽:《中国种植业碳补偿率测算及空间收敛性》,《中国人口·资源与环境》2021 年第 6 期。

新时代企业高质量发展研究中心课题组:《中国企业的碳中和战略:理论与实践》,《外国经济与管理》2022 年第 2 期。

夏炎、吴洁:《中国碳生产率减排目标分配机制研究——基于不同环境责任界定视角》,《管理评论》2018 年第 5 期。

肖雁飞、万子捷、刘红光:《我国区域产业转移中"碳排放转移"及"碳泄漏"实证研究——基于 2002—2007 年区域间投入产出模型的分析》,《财经研究》2014 年第 2 期。

信瑶瑶、唐珏岚:《碳中和目标下的我国绿色金融:政策、实践与挑战》,《当代经济管理》2021 年第 10 期。

徐国泉、蔡珠、封士伟:《基于二阶段 LMDI 模型的碳排放时空差异及影响因素研究——以江苏省为例》,《软科学》2021 年第 10 期。

徐苑琳：《企业环境成本的核算方法与应用研究》，《价格理论与实践》2018年第6期。

徐政、左晟吉、丁守海：《碳达峰、碳中和赋能高质量发展：内在逻辑与实现路径》，《经济学家》2021年第11期。

许晔、王钧、刘爽爽等：《深圳市主要道路交通碳排放特征与低碳交通发展情景研究》，《北京大学学报》（自然科学版）2018年第1期。

姚亮、刘晶茹：《中国八大区域间碳排放转移研究》，《中国人口·资源与环境》2010年第12期。

严刚、郑逸璇、王雪松等：《基于重点行业/领域的我国碳排放达峰路径研究》，《环境科学研究》2022年第2期。

闫云凤：《中国外资企业碳足迹的追踪与溯源》，《中国人口·资源与环境》2021年第8期。

杨博文：《习近平新发展理念下碳达峰、碳中和目标战略实现的系统思维、经济理路与科学路径》，《经济学家》2021年第9期。

杨晨、胡珮琪、刁贝娣等：《粮食主产区政策的环境绩效：基于农业碳排放视角》，《中国人口·资源与环境》2021年第12期。

杨世明：《创新持续、创新质量对碳排放的影响效应研究——基于2006—2017年的省际面板数据》，《生态经济》2021年第12期。

杨曦、孟椿雨、林竞立、王佳豪：《非首都功能疏解政策下北京四大功能区碳排放时空演化及区域异质性影响研究》，《中国地质大学学报》（社会科学版）2021年第2期。

殷俊明、邓倩、江丽君、黄楠：《嵌入碳排放的三重预算模型研究》，《会计研究》2020年第7期。

于法稳、林珊：《碳达峰、碳中和目标下农业绿色发展的理论阐释及实现路径》，《广东社会科学》2022年第2期。

余碧莹、赵光普、安润颖等：《碳中和目标下中国碳排放路径研究》，《北京理工大学学报》（社会科学版）2021年第2期。

苑清敏、吴静：《基于投入产出的京津冀产业碳核算及差异研究》，《统计与决策》2018年第2期。

原嫄、周洁：《中国省域尺度下产业结构多维度特征及演化对碳排放的影响》，《自然资源学报》2021年第12期。

袁闪闪、陈潇君、杜艳春等：《中国建筑领域CO_2排放达峰路径研究》，《环境科学研究》2022 年第 2 期。

张保留、吕连宏、吴静等：《农村居民生活碳达峰路径及对策》，《环境科学研究》2021 年第 9 期。

张晨露、张凡：《生态保护、产业结构升级对碳排放的影响——基于长江经济带数据的实证》，《统计与决策》2022 年第 3 期。

张城、田晓飞、阚欢迎、刘志峰：《面向低碳认证的家电产品碳排放核算方法研究》，《合肥工业大学学报》（自然科学版）2018 年第 9 期。

张华明、元鹏飞、朱治双：《中国城市人口规模、产业集聚与碳排放》，《中国环境科学》2021 年第 5 期。

张继宏、程芳萍：《"双碳"目标下中国制造业的碳减排责任分配》，《中国人口·资源与环境》2021 年第 9 期。

张梅、黄贤金、揣小伟：《中国城市碳排放核算及影响因素研究》，《生态经济》2019 年第 9 期。

张平、郭青华、许玥玥：《我国碳中和债券的实践、挑战与发展路径——基于"下一代欧盟"绿色债券框架的比较研究》，《经济纵横》2022 年第 2 期。

张诗卉、李明煜等：《中国省级碳排放趋势及差异化达峰路径》，《中国人口·资源与环境》2021 年第 9 期。

张为付、杜运苏：《中国对外贸易中隐含碳排放失衡度研究》，《中国工业经济》2011 年第 4 期。

张小丽、崔学勤、王克、傅莎、邹骥：《中国煤电锁定碳排放及其对减排目标的影响》，《中国人口·资源与环境》2020 年第 8 期。

张晓娣：《正确认识把握我国碳达峰碳中和的系统谋划和总体部署——新发展阶段党中央双碳相关精神及思路的阐释》，《上海经济研究》2022 年第 2 期。

张晓梅、杨军、丛建辉：《中国多尺度温室气体统计核算框架体系构建》，《统计与决策》2018 年第 7 期。

张晓萱、秦耀辰、吴乐英、马晓哲：《农业温室气体排放研究进展》，《河南大学学报》（自然科学版）2019 年第 6 期。

张希良、黄晓丹、张达等：《碳中和目标下的能源经济转型路径与政策研究》，《管理世界》2022 年第 1 期。

张贤、李凯、马乔、樊静丽：《碳中和目标下 CCUS 技术发展定位与展望》,《中国人口·资源与环境》2021年第9期。

张贤、郭偲悦、孔慧等:《碳中和愿景的科技需求与技术路径》,《中国环境管理》2021年第1期。

张雄智、王岩、魏辉煌等:《特定农产品碳足迹评价及碳标签制定的探索》,《中国农业大学学报》2018年第1期。

张修凡、范德成:《碳排放权交易市场对碳减排效率的影响研究——基于双重中介效应的实证分析》,《科学学与科学技术管理》2021年第11期。

张友国:《疫情对中国碳脱钩进程的潜在影响——基于动态CGE模型的分析》,《中国软科学》2021年第8期。

张友国、白羽洁:《区域差异化"双碳"目标的实现路径》,《改革》2021年第11期。

张雅欣、罗荟霖、王灿:《碳中和行动的国际趋势分析》,《气候变化研究进展》2021年第1期。

张艳、郑贺允、葛力铭:《资源型城市可持续发展政策对碳排放的影响》,《财经研究》2022年第1期。

张洋、江亿、胡姗、燕达:《基于基准值的碳排放责任核算方法》,《中国人口·资源与环境》2020年第11期。

张忠杰:《中国多区域隐含碳贸易的核算和结构分解分析》,《统计与决策》2017年第13期。

张卓群、张涛、冯冬发:《中国碳排放强度的区域差异、动态演进及收敛性研究》,《数量经济技术经济研究》2022年第4期。

赵领娣、吴栋:《中国能源供给侧碳排放核算与空间分异格局》,《中国人口·资源与环境》2018年第2期。

赵玉焕、钱之凌、徐鑫:《碳达峰和碳中和背景下中国产业结构升级对碳排放的影响研究》,《经济问题探索》2022年第3期。

赵志耘、李芳:《碳中和技术经济学的理论与实践研究》,《中国软科学》2021年第9期。

赵若楠、董莉、白璐等:《光伏行业生命周期碳排放清单分析》,《中国环境科学》2020年第6期。

赵玉焕、钱之凌、徐鑫:《碳达峰和碳中和背景下中国产业结构升级对碳排放的影响研究》,《经济问题探索》2022年第3期。

钟茂初：《"双碳"目标有效路径及误区的理论分析》，《中国地质大学学报》（社会科学版）2022 年第 1 期。

周宏春、霍黎明、管永林等：《碳循环经济：内涵、实践及其对碳中和的深远影响》，《生态经济》2021 年第 9 期。

周伟铎、庄贵阳：《雄安新区零碳城市建设路径》，《中国人口·资源与环境》2021 年第 9 期。

庄贵阳、魏鸣昕：《城市引领碳达峰、碳中和的理论和路径》，《中国人口·资源与环境》2021 年第 9 期。

庄贵阳、窦晓铭、魏鸣昕：《碳达峰碳中和的学理阐释与路径分析》，《兰州大学学报》（社会科学版）2022 年第 1 期。

朱东波、任力、刘玉：《中国金融包容性发展、经济增长与碳排放》，《中国人口·资源与环境》2018 年第 2 期。

朱佳琳、胡荣、张军峰等：《中国航空器碳排放测算与演化特征研究》，《武汉理工大学学报》（交通科学与工程版）2020 年第 3 期。

Agras J., Chapman D., "A dynamic approach to the Environmental Kuznets Curve hypothesis", *Ecological Economics*, Vol. 28, No. 2, 1999.

Ang B. W., "LMDI decomposition approach: A guide for implementation", *Energy Policy*, No. 86, 2015.

Arimura T. H., Sugino M, "Does stringent environmental regulation stimulate environment related technological innovation?", *Sophia Economic Review*, Vol. 52, No. 1, 2007.

Ariyama T., Sato M., "Optimization of ironmaking process for reducing CO_2 emissions in the integrated steel works", *ISIJ international*, Vol. 46, No. 12, 2006.

Begum R. A., Sohag K., Abdullah S. M. S., et al., "CO_2 emissions, energy consumption, economic and population growth in Malaysia", *Renewable and Sustainable Energy Reviews*, No. 41, 2015.

Benveniste H., Boucher O., Guivarch C., et al., "Impacts of nationally determined contributions on 2030 global greenhouse gas emissions: uncertainty analysis and distribution of emissions", *Environmental Research Letters*, Vol. 13, No. 1, 2018.

Bows A., Anderson K., "Contraction and convergence: an assessment of the CCOptions model", *Climatic Change*, Vol. 91, No. 3, 2008.

Breyer C., Koskinen O., Blechinger P, "Profitable climate change mitigation: The case of greenhouse gas emission reduction benefits enabled by solar photovoltaic systems", *Renewable and Sustainable Energy Reviews*, No. 49, 2015.

Bumpus A. G., "The matter of carbon: understanding the materiality of tCO$_2$e in carbon offsets", *Antipode*, Vol. 43, No. 3, 2011.

Chai Q. M., Xu H. Q., "Modeling an emissions peak in China around 2030: synergies or trade-offs between economy, energy and climate security", *Advances in Climate Change Research*, Vol. 5, No. 4, 2014.

Chen W., He Q., "Intersectoral burden sharing of CO$_2$ mitigation in China in 2020", *Mitigation and Adaptation Strategies for Global Change*, Vol. 21, No. 1, 2016.

Cheng B., Dai H., Wang P., et al., "Impacts of low-carbon power policy on carbon mitigation in Guangdong Province, China", *Energy Policy*, 2016.

Cheng K., Pan G., Smith P., et al., "Carbon footprint of China's crop production—An estimation using agro-statistics data over 1993–2007", *Agriculture, ecosystems & environment*, Vol. 142, No. 3-4, 2011.

Chini C. M., Djehdian L. A., Lubega W N, et al, "Virtual water transfers of the US electric grid", *Nature Energy*, Vol. 3, No. 12, 2018.

Choi Y., Zhang N., Zhou P., "Efficiency and abatement costs of energy-related CO$_2$ emissions in China: A slacks-based efficiency measure", *Applied Energy*, No. 98, 2012.

Cole M. A., Elliott R. J. R., Shimamoto K, "Industrial characteristics, environmental regulations and air pollution: an analysis of the UK manufacturing sector", *Journal of Environmental Economics and Management*, Vol. 50, No. 1, 2005.

Colletaz G., Hurlin C., "Threshold Effects of the Public Capital Productivity: An International Panel Smooth Transition Approach", *Document de recherche du LEO*, 2006.

Cui R. Y., Hultman N., Edwards M R, et al., "Quantifying operational lifetimes for coal power plants under the Paris goals", *Nature communications*, Vol. 10, No. 1, 2019.

Davis S. J, Caldeira K., Matthews H D, "Future CO_2 emissions and climate change from existing energy infrastructure", *Science*, Vol. 329, No. 5997, 2010.

Den Elzen M., Fekete H., Höhne N, et al., "Greenhouse gas emissions from current and enhanced policies of China until 2030: can emissions peak before 2030?", *Energy Policy*, No. 89, 2016.

Diao Z. W., Shi L., "Life cycle assessment of photovoltaic panels in China", *Research of Environmental Sciences*, Vol. 24, No. 5, 2011.

Dong B., Zhang M., Mu H., et al., "Study on decoupling analysis between energy consumption and economic growth in Liaoning Province", *Energy Policy*, No. 97, 2015.

Dong F., Han Y., Dai Y., et al., "How Carbon Emission Quotas Can be Allocated Fairly and Efficiently among Different Industrial Sectors: The Case of Chinese Industry", *Polish Journal of Environmental Studies*, Vol. 27, No. 6, 2018.

Dong Y., Ishikawa M., Liu X., et al., "An analysis of the driving forces of CO_2 emissions embodied in Japan–China trade", *Energy Policy*, Vol. 38, No. 11, 2010.

Du H., Guo J., Mao G., et al., "CO_2 emissions embodied in China–US trade: Input–output analysis based on the emergy/dollar ratio", *Energy Policy*, Vol. 39, No. 10, 2011.

Du K., Li P., Yan Z., "Do green technology innovations contribute to carbon dioxide emission reduction? Empirical evidence from patent data", *Technological Forecasting and Social Change*, No. 146, 2019.

Ellerman A. D., Buchner B. K., "Over-allocation or abatement? A preliminary analysis of the EU ETS based on the 2005–06 emissions data", *Environmental and Resource Economics*, Vol. 41, No. 2, 2008.

Fan M., Shao S., Yang L., "Combining global Malmquist–Luenberger index and generalized method of moments to investigate industrial total factor CO_2 emission performance: A case of Shanghai (China)", *Energy Policy*,

No. 79, 2015.

Fang K., Zhang Q., Long Y., et al., "How can China achieve its Intended Nationally Determined Contributions by 2030? A multi-criteria allocation of China's carbon emission allowance", *Applied Energy*, No. 241, 2019.

Fthenakis V. M., Kim H. C., "Greenhouse-gas emissions from solar electric- and nuclear power: A life-cycle study", *Energy Policy*, Vol. 35, No. 4, 2007.

Fu Y., Liu X., Yuan Z., "Life-cycle assessment of multi-crystalline photovoltaic (PV) systems in China", *Journal of Cleaner Production*, No. 86, 2015.

Galeotti M., Lanza A., Pauli F., "Reassessing the environmental Kuznets curve for CO_2 emissions: A robustness exercise", *Ecological Economics*, Vol. 57, No. 1, 2006.

Gambhir A., Lawrence K. C., Tong D., et al., "Reducing China's road transport sector CO_2 emissions to 2050: Technologies, costs and decomposition analysis", *Applied Energy*, No. 157, 2015.

Geels F. W., Berkhout F, Van Vuuren D. P., "Bridging analytical approaches for low-carbon transitions", *Nature climate change*, Vol. 6, No. 6, 2016.

Gerlagh R., "Measuring the value of induced technological change", *Energy Policy*, Vol. 35, No. 11, 2007.

Goglio P., Smith W. N., Grant B B, et al., "A comparison of methods to quantify greenhouse gas emissions of cropping systems in LCA", *Journal of Cleaner Production*, No. 172, 2018.

Gong D. R., Chen D., Yuan Z. Z., "Mathematics calculation model and application of CO_2 emission of photovoltaic (PV) power generation system", *Renewable Energy Resources*, Vol. 31, No. 9, 2013.

Gonzalez A., Terasvirta T., Van Dijk D, and Yang Y. K, "Panel Smooth Transition Regression Models", *Working Paper Series in Economics and Finance, Stockholm School of Economics*, No. 604, 2017.

Green F., Stern N., "China's changing economy: implications for its carbon dioxide emissions", *Climate Policy*, Vol. 17, No. 4, 2017.

Gu G., Wang Z., "Research on global carbon abatement driven by R&D investment in the context of INDCs", *Energy*, No. 148, 2018.

Guan D., Meng J., Reiner D. M., et al., "Structural decline in China's CO_2 emissions through transitions in industry and energy systems", *Nature Geoscience*, Vol. 11, No. 8, 2018.

Guo J, Zhang Z., Meng L., "China's provincial CO_2 emissions embodied in international and interprovincial trade", *Energy Policy*, No. 42, 2012.

Hagmann D, Ho E H, Loewenstein G, "Nudging out support for a carbon tax", *Nature Climate Change*, Vol. 9, No. 6, 2019.

Hansen, B, E, "Threshold effects in non-dynamic panels: Estimation, testing, and inference", *Journal of Econometrics*, Vol. 93, No. 2, 1999.

Hao H., Geng Y., Li W., et al., "Energy consumption and GHG emissions from China's freight transport sector: scenarios through 2050", *Energy Policy*, No. 85, 2015.

He W., Yang Y., Wang Z., et al., "Estimation and allocation of cost savings from collaborative CO_2 abatement in China", *Energy Economics*, No. 72, 2018.

Höhne N., Den Elzen M., Escalante D., "Regional GHG reduction targets based on effort sharing: a comparison of studies", *Climate Policy*, Vol. 14, No. 1, 2014.

Jalil A., Mahmud S. F., "Environment Kuznets curve for CO_2 emissions: a cointegration analysis for China", *Energy policy*, Vol. 37, No. 12, 2009.

Ji L., Liang S., Qu S., et al., "Greenhouse gas emission factors of purchased electricity from interconnected grids", *Applied Energy*, No. 184, 2016.

Jia J., Fan Y., Guo X., "The low carbon development (LCD) levels' evaluation of the world's 47 countries (areas) by combining the FAHP with the TOPSIS method", *Expert Systems with Applications*, Vol. 39, No. 7, 2012.

Jiang J., Ye B., Liu J., "Peak of CO_2 emissions in various sectors and provinces of China: Recent progress and avenues for further research", *Renewable and Sustainable Energy Reviews, No. 112, 2019.

IPCC, "IPCC Guidelines for national greenhouse gas inventories", Institute for Global Environmental Strategies (IGES), 2006.

Kasman A., Duman Y. S., "CO_2 emissions, economic growth, energy consumption, trade and urbanization in new EU member and candidate countries: a panel data analysis", Economic modelling, No. 44, 2015.

Ketchen D. J., Shook C. L., "The application of cluster analysis in strategic management research: an analysis and critique", Strategic management journal, Vol. 17, No. 6, 1996.

Kuik O., Brander L., Tol R. S. J., "Marginal abatement costs of greenhouse gas emissions: A meta-analysis", Energy Policy, Vol. 37, No. 4, 2009.

Kumar S., Managi S., Jain R. K., "CO_2 mitigation policy for Indian thermal power sector: Potential gains from emission trading", Energy Economics, No. 86, 2020.

Li F., Wu F., Chen L., "Harmonious allocation of carbon emission permits based on dynamic multiattribute decision-making method", Journal of Cleaner Production, No. 248, 2020.

Li H., Qin Q., "Challenges for China's carbon emissions peaking in 2030: a decomposition and decoupling analysis", Journal of Cleaner Production, No. 207, 2019.

Li J. S., Chen G. Q., Lai T. M., et al., "Embodied greenhouse gas emission by Macao", Energy Policy, No. 59, 2013.

Li Y. J., Xu W. Q., Zhu T. Y., et al., "CO_2 emissions from BF-BOF and EAF steelmaking based on material flow analysis", Advanced Materials Research, Trans Tech Publications Ltd., No. 518, 2012.

Lin B., Ouyang X., "Analysis of energy-related CO_2 (carbon dioxide) emissions and reduction potential in the Chinese non-metallic mineral products industry", Energy, No. 68, 2014.

Lindner S., Liu Z., Guan D., et al., "CO_2 emissions from China's power sector at the provincial level: Consumption versus production perspectives", Renewable and Sustainable Energy Reviews, No. 19, 2013.

Liu B., Wang D., Xu Y., et al., "Embodied energy consumption of the construction industry and its international trade using multi-regional input-output analysis", *Energy and Buildings*, No. 173, 2018.

Liu Z., Guan D., Wei W., et al., "Reduced carbon emission estimates from fossil fuel combustion and cement production in China", *Nature*, Vol. 524, No. 7565, 2015.

Long R., Li J., Chen H., et al., "Embodied carbon dioxide flow in international trade: A comparative analysis based on China and Japan", *Journal of environmental management*, No. 209, 2018.

Ma X., Wang C., Dong B., et al., "Carbon emissions from energy consumption in China: its measurement and driving factors", *Science of the total environment*, No. 648, 2019.

Meinshausen M., Jeffery L., Guetschow J, et al., "National post-2020 greenhouse gas targets and diversity-aware leadership", *Nature Climate Change*, Vol. 5, No. 12, 2015.

Meng B., Xue J., Feng K., et al., "China's inter-regional spillover of carbon emissions and domestic supply chains", *Energy Policy*, No. 61, 2013.

Mi Z., Zhang Y., Guan D., et al., "Consumption-based emission accounting for Chinese cities", *Applied energy*, No. 184, 2016.

Monasterolo I., Raberto M., "The impact of phasing out fossil fuel subsidies on the low-carbon transition", *Energy Policy*, No. 124, 2019.

Morrison G. M., Yeh S., Eggert A. R., et al., "Comparison of low-carbon pathways for California", *Climatic Change*, Vol. 131, No. 4, 2015.

Mu H., Li L., Li N., et al., "Allocation of carbon emission permits among industrial sectors in Liaoning province", *Energy Procedia*, No. 104, 2016.

Muradov N. Z., Veziroğlu T. N., "'Green' path from fossil-based to hydrogen economy: an overview of carbon-neutral technologies", *International journal of hydrogen energy*, Vol. 33, No. 23, 2008.

Naegele H., Zaklan A., "Does the EU ETS cause carbon leakage in European manufacturing?", *Journal of Environmental Economics and Manage-*

ment, No. 93, 2019.

Narayan P. K., Saboori B., Soleymani A., "Economic growth and carbon emissions", *Economic Modelling*, No. 53, 2016.

Niu D., Wang K., Wu J., et al., "Can China achieve its 2030 carbon emissions commitment? Scenario analysis based on an improved general regression neural network", *Journal of Cleaner Production*, No. 243, 2020.

Otto F. E. L., Frame D. J., Otto A., et al., "Embracing uncertainty in climate change policy", *Nature Climate Change*, Vol. 5, No. 10, 2015.

Panayotou T., "Empirical tests and policy analysis of environmental degradation at different stage of economic development", *International labor office*, *Technology and employment programme*, Working Paper, WP238, 1993.

Pehl M., Arvesen A., Humpenöder F., et al., "Understanding future emissions from low-carbon power systems by integration of life-cycle assessment and integrated energy modelling", *Nature Energy*, Vol. 2, No. 12, 2017.

Peng J., Lu L., Yang H., "Review on life cycle assessment of energy payback and greenhouse gas emission of solar photovoltaic systems", *Renewable and sustainable energy reviews*, No. 19, 2013.

Peng T., Ou X., Yuan Z., et al., "Development and application of China provincial road transport energy demand and GHG emissions analysis model", *Applied Energy*, No. 222, 2018.

Pfeiffer A., Millar R., Hepburn C., et al, "The '2·C capital stock' for electricity generation: Committed cumulative carbon emissions from the electricity generation sector and the transition to a green economy", *Applied Energy*, No. 179, 2016.

Qu S., Wang H., Liang S., et al., "A Quasi-Input-Output model to improve the estimation of emission factors for purchased electricity from interconnected grids", *Applied Energy*, No. 200, 2017.

Qu S., Li Y., Liang S., et al., "Virtual CO_2 emission flows in the global electricity trade network", *Environmental Science & Technology*, Vol. 52, No. 11, 2018.

Ramaswami A., Jiang D., Tong K., et al., "Impact of the economic structure of cities on urban scaling factors: Implications for urban material and energy flows in China", *Journal of Industrial Ecology*, Vol. 22, No. 2, 2018.

Ribeiro H. V., Rybski D., Kropp J. P., "Effects of changing population or density on urban carbon dioxide emissions", *Nature Communications*, Vol. 10, No. 1, 2019.

Rogelj J., Forster P. M., Kriegler E., et al., "Estimating and tracking the remaining carbon budget for stringent climate targets", *Nature*, Vol. 571, No. 7765, 2019.

Saboori B., Sulaiman J., Mohd S., "Economic growth and CO_2 emissions in Malaysia: a cointegration analysis of the environmental Kuznets curve", *Energy policy*, No. 51, 2012.

Shan Y., Liu J., Liu Z., et al., "New provincial CO_2 emission inventories in China based on apparent energy consumption data and updated emission factors", *Applied Energy*, No. 184, 2016.

Shan Y., Guan D., Liu J., et al., "Methodology and applications of city level CO_2 emission accounts in China", *Journal of Cleaner Production*, No. 161, 2017.

Shan Y., Guan D., Hubacek K., et al., "City-level climate change mitigation in China", *Science advances*, Vol. 4, No. 6, 2018.

Shan Y., Guan D., Zheng H., et al., "China CO_2 emission accounts 1997-2015", *Scientific data*, Vol. 5, No. 1, 2018.

Sheinbaum-Pardo C, Mora-Pérez S, Robles-Morales G, "Decomposition of energy consumption and CO_2 emissions in Mexican manufacturing industries: Trends between 1990 and 2008", *Energy for Sustainable Development*, Vol. 16, No. 1, 2012.

Shui B., Harriss R. C., "The role of CO_2 embodiment in US-China trade", *Energy Policy*, Vol. 34, No. 18, 2006.

Sinn H. W., "Public policies against global warming: a supply side approach", *International Tax and Public Finance*, Vol. 15, No. 4, 2008.

Smith P., Davis S. J., Creutzig F., et al., "Biophysical and economic limits to negative CO_2 emissions", *Nature climate change*, Vol. 6, No. 1, 2016.

Soytas U., Sari R., Ewing B. T., "Energy consumption, income, and carbon emissions in the United States", *Ecological Economics*, Vol. 62, No. 3-4, 2007.

Stuhlmacher M., Patnaik S., Streletskiy D., et al., "Cap-and-trade and emissions clustering: A spatial-temporal analysis of the European Union Emissions Trading Scheme", *Journal of environmental management*, No. 249, 2019.

Tang B. J., Ji C. J., Hu Y. J., et al., "Optimal carbon allowance price in China's carbon emission trading system: Perspective from the multi-sectoral marginal abatement cost", *Journal of Cleaner Production*, No. 253, 2020.

Tokarska K. B., Arora V. K., Gillett N. P., et al., "Uncertainty in carbon budget estimates due to internal climate variability", *Environmental Research Letters*, Vol. 15, No. 10, 2020.

Tong D., Zhang Q., Zheng Y., et al., "Committed emissions from existing energy infrastructure jeopardize 1.5·C climate target", *Nature*, Vol. 572, No. 7769, 2019.

Van Kooten G. C., Eagle A. J., Manley J., et al., "How costly are carbon offsets? A meta-analysis of carbon forest sinks", *Environmental science & policy*, Vol. 7, No. 4, 2004.

Van Vuuren D. P., Stehfest E., Gernaat D. E. H. J., et al., "Energy, land-use and greenhouse gas emissions trajectories under a green growth paradigm", *Global Environmental Change*, No. 42, 2017.

Wang H., Wei W., "Coordinating technological progress and environmental regulation in CO_2 mitigation: The optimal levels for OECD countries & emerging economies", *Energy Economics*, No. 87, 2020.

Wang H., Yang Y., Keller A. A., et al., "Comparative analysis of energy intensity and carbon emissions in wastewater treatment in USA, Germany, China and South Africa", *Applied Energy*, No. 184, 2016.

Wang J., Zhao T., Wang Y., "How to achieve the 2020 and 2030 emissions targets of China: Evidence from high, mid and low energy-consumption industrial sub-sectors", *Atmospheric Environment*, No. 145, 2016.

Wang K., Zhang X., Wei Y. M., et al., "Regional allocation of CO_2

emissions allowance over provinces in China by 2020", *Energy Policy*, No. 54, 2013.

Wang M., Feng C., "Decomposition of energy-related CO$_2$ emissions in China: an empirical analysis based on provincial panel data of three sectors", *Applied Energy*, No. 190, 2017.

Wang Y., Zhang X., Kubota J., et al., "A semi-parametric panel data analysis on the urbanization-carbon emissions nexus for OECD countries", *Renewable and Sustainable Energy Reviews*, No. 48, 2015.

Wang Y., Zhou S., Huo H., "Cost and CO$_2$ reductions of solar photovoltaic power generation in China: Perspectives for 2020", *Renewable and Sustainable Energy Reviews*, No. 39, 2014.

Wara M. W., Victor D. G., "A realistic policy on international carbon offsets", *Program on Energy and Sustainable Development Working Paper*, No. 74, 2008.

Wei W., Wu X., Li J., et al., "Ultra-high voltage network induced energy cost and carbon emissions", *Journal of Cleaner Production*, No. 178, 2018.

Wu F., Huang N., Liu G., et al., "Pathway optimization of China's carbon emission reduction and its provincial allocation under temperature control threshold", *Journal of Environmental Management*, No. 271, 2020.

Xu L., Zhang S., Yang M., et al., "Environmental effects of China's solar photovoltaic industry during 2011-2016: a life cycle assessment approach", *Journal of Cleaner Production*, No. 170, 2018.

Yan X., Fang Y., "CO$_2$ emissions and mitigation potential of the Chinese manufacturing industry", *Journal of Cleaner Production*, No. 103, 2015.

Ye B., Jiang J. J., Li C., et al., "Quantification and driving force analysis of provincial-level carbon emissions in China", *Applied Energy*, No. 198, 2017.

Yi W. J., Zou L. L., Guo J., et al., "How can China reach its CO$_2$ intensity reduction targets by 2020? A regional allocation based on equity and development", *Energy Policy*, Vol. 39, No. 5, 2011.

Yin X., Chen W., Eom J., et al., "China's transportation energy consumption and CO_2 emissions from a global perspective", *Energy Policy*, No. 82, 2015.

Yuan J., Xu Y., Hu Z., et al., "Peak energy consumption and CO_2 emissions in China", *Energy Policy*, No. 68, 2014.

Zafirakis D., Chalvatzis K. J., Baiocchi G., "Embodied CO_2 emissions and cross-border electricity trade in Europe: Rebalancing burden sharing with energy storage", *Applied Energy*, No. 143, 2015.

Zhang B., Qiao H., Chen B., "Embodied energy uses by China's four municipalities: a study based on multi-regional input-output model", *Ecological Modelling*, No. 318, 2015.

Zhang H., Dong L., Li H., et al., "Analysis of low-carbon industrial symbiosis technology for carbon mitigation in a Chinese iron/steel industrial park: a case study with carbon flow analysis", *Energy Policy*, No. 61, 2013.

Zhang Q., Li Y., Xu J., et al., "Carbon element flow analysis and CO_2 emission reduction in iron and steel works", *Journal of Cleaner Production*, No. 172, 2018.

Zhang X., Karplus V. J., Qi T., et al., "Carbon emissions in China: How far can new efforts bend the curve?", *Energy Economics*, No. 54, 2016.

Zhang Y., "Scale, technique and composition effects in trade-related carbon emissions in China", *Environmental and Resource Economics*, Vol. 51, No. 3, 2012.

Zheng H., Zhang Z., Wei W., et al., "Regional determinants of China's consumption-based emissions in the economic transition", *Environmental Research Letters*, Vol. 15, No. 7, 2020.